深圳市人文社会科学重点研究基地成果
国家高端智库综合开发研究院（中国·深圳）出品

THEORY AND PRACTICE OF
HIGH QUALITY DEVELOPMENT
OF MARINE ECONOMY

海洋经济高质量发展理论与实践

安然◎著

北京

图书在版编目（CIP）数据

海洋经济高质量发展理论与实践／安然著. --北京：中国经济出版社，2022.7

ISBN 978-7-5136-6995-5

Ⅰ.①海…　Ⅱ.①安…　Ⅲ.①海洋经济-经济发展-研究-中国　Ⅳ.①P74

中国版本图书馆 CIP 数据核字（2022）第 118289 号

策划编辑　赵静宜
责任编辑　黄傲寒
责任印制　马小宾
封面设计　久品轩

出版发行　中国经济出版社
印 刷 者　北京科信印刷有限公司
经 销 者　各地新华书店
开　　本　710mm×1000mm　1/16
印　　张　19.75
字　　数　354 千字
版　　次　2022 年 7 月第 1 版
印　　次　2022 年 7 月第 1 次
定　　价　88.00 元
广告经营许可证　京西工商广字第 8179 号

中国经济出版社　网址 www.economyph.com　社址 北京市东城区安定门外大街 58 号　邮编 100011
本版图书如存在印装质量问题，请与本社销售中心联系调换（联系电话：010-57512564）

前言

海洋对人类社会的生存和发展具有重要意义，海洋不仅孕育了生命，联通了世界，更是人类经济社会实现可持续发展的重要战略资源和可扩展的重要战略空间。随着人类对海洋认知的不断加深，海洋开发利用的层次和水平也逐渐得到提升，海洋经济对全球经济发展的贡献稳步增大。2015 年，美国海洋和五大湖经济提供了 320 万个就业岗位，创造了 3200 亿美元的 GDP（国内生产总值），相当于贡献了美国 2.3% 的就业机会和 1.8% 的国内生产总值。[①]2018 年以来，欧盟海洋经济相关产业创造了 450 万个直接就业岗位，营业额约为 6500 亿欧元，海洋能、海洋生物技术和水下机器人等新兴领域发展迅速，并将在欧盟实现碳中和、碳循环和生物多样性经济的进程中发挥重要作用。[②]据经济合作与发展组织（OECD）预测，到 2030 年，全球海洋生产总值将达到 3 万亿美元，海上风能、海水养殖、鱼类加工、船舶修造等海洋产业将实现显著增长，各类海洋产业预计将创造 4000 万个就业岗位。[③]海洋经济在全球经济新一轮增长中将发挥越来越重要的作用。

建设海洋强国既是我国的国家战略，也是中华民族伟大复兴的必然选择。党和国家高度重视海洋经济发展，党的十八大报告提出，要“提高海洋资源开发能力，发展海洋经济，保护海洋生态环境，坚决维护国家海洋权益”。党的十九大报告进一步要求“坚持陆海统筹，加快建设海洋强国”。发达的海洋经济是建设海洋强国的重要支撑，2019 年我国海洋生产总值超过人民币 8.9 万亿元，海洋经济对国民经济增长的贡献率达到 9.1%。[④]当前，我国经济已由高速

---

① 参见美国国家海洋和大气管理局（NOAA）的《美国海洋和五大湖经济报告》（2018）。

② 参见欧盟联合研究中心（JRC）、欧盟环境海洋事务与渔业委员会的《2021 年度蓝色经济报告》。

③ 参见 OECD 的《2030 年海洋经济展望》。

④ 参见国家发展改革委、自然资源部的《中国海洋经济发展报告 2020》。

增长阶段转向高质量发展阶段。海洋经济是实现我国经济高质量发展的战略要地，推动海洋经济高质量发展是我国当前和今后一段时期内确定海洋经济发展思路、制定路线和实施宏观调控的根本要求。推动海洋经济高质量发展，顺应世界经济发展潮流，符合人类经济社会发展规律，关系到我国现代化建设的历史进程。科学而深刻理解海洋经济高质量发展的内涵，系统总结海洋经济高质量发展的概念特征，构建海洋经济高质量发展的理论体系，梳理、借鉴国内外海洋经济高质量发展的创新实践，对于推进我国海洋经济持续、健康、高质量发展具有重要的理论和现实意义。

目　录

第一篇　理论基础

第二篇　他山之石

第三篇　创新实践

第一篇 理论基础

第一章
海洋经济高质量发展的现实意义

第一节　经济高质量发展是我国新时代的重要特征

党的十九届五中全会提出，“十四五”时期，经济社会发展要以推动高质量发展为主题，这是根据我国发展阶段、发展环境、发展条件变化做出的科学判断。党的十九届六中全会通过的《中共中央关于党的百年奋斗重大成就和历史经验的决议》进一步强调，必须实现创新成为第一动力、协调成为内生特点、绿色成为普遍形态、开放成为必由之路、共享成为根本目的的高质量发展，推动经济发展质量变革、效率变革、动力变革。

一、纵向分析

高质量发展贯穿我国经济社会发展的各个阶段，关系着我国社会主义现代化建设全局，是党和国家对经济快速发展过程中的资源短缺、环境恶化、区域结构性失衡、发展方式粗放等问题的系统反思和全面总结。随着经济发展阶段的变化，国家的经济发展战略也在不断调整。

（一）转变经济增长方式——高质量发展萌芽

经济增长方式由粗放型向集约型转变是高质量发展的第一步。1995 年，党的十四届五中全会提出了两个具有全局意义的根本性转变，一是经济体制从传统的计划经济向社会主义市场经济转变；二是经济增长方式由粗放型向集约型转变。其中，经济增长方式由原来只注意“量”的粗放型向注重“质”的集约型转变，已经显现出“高质量发展”的思想。

（二）可持续发展——协调的高质量发展

可持续发展能有效协调经济增长中的各种问题，是高质量发展探索实践的重要路径。党的十五大提出实施可持续发展战略，就是为了解决经济增长带来的环境问题，要求在不损害后代人利益的前提下，满足当代人的需求，兼顾当前与未来发展的需要。可持续发展战略旨在解决经济发展中存在的各种不持续问题，要求在保持经济快速稳定增长的同时，控制人口增长，保护良好的生态环境，强调经济可持续发展、社会可持续发展和生态环境可持续发展。

（三）科学发展观——以人为本的高质量发展

科学发展观统筹兼顾经济社会与人的发展，进一步完善了高质量发展的社会人文属性。党的十六届三中全会和党的十七大报告中多次明确了科学发展观的要义，即坚持以人为本，统筹兼顾经济社会和人的发展，实现覆盖面广、各方面协调统一的可持续发展。2012 年，党的十八大再次强调坚持科学发展观是推进我国现代化建设的基本原则。面对资源约束趋紧、生态环境恶化、环境承载力下降等严峻形势，我们应以生态环境建设为突破点，全方位完善经济建设、文化建设、政治建设和社会建设的各个系统，促进可持续发展。

（四）绿色发展——基于新发展理念的高质量发展

以绿色发展为代表的新发展理念成为高质量发展遵循的基本路线。2015 年，党的十八届五中全会首次提出绿色发展观的概念，确立了创新、协调、绿色、开放、共享的新发展理念，是我国坚持科学发展观、加快转变经济发展方式的主要路径。从新发展理念来看，创新是现代经济发展的第一动力，过去主要依赖劳动力数量优势和物质资源大量投入的经济发展方式，越来越难以推动中国经济的现代化建设进程；人与自然、经济与环境、经济与社会、国内与国际的协调问题，产业、城乡、区域结构的协调问题，以及劳动、资本、技术、制度的协调问题亟待进一步解决；绿色发展越来越成为新时代人民优质生活的迫切需求；国际经济环境复杂多变，机遇与挑战并存；共同富裕是社会主义的本质，收入差距大、财富分化问题亟待进一步解决。

（五）高质量发展——新时代全面系统的高质量发展

党的十九大对高质量发展的论述是围绕建设现代化经济体系这个战略目标而展开的，由效益优先为落脚点，以加快建设产业体系和经济体制两方面为着力点，以供给侧结构性改革为主线，加上质量变革、效率变革、动力变革，共同为建设现代化经济体系作保证。从根本上讲，供给侧结构性改革就是要通过大力提高供给侧质量，推动质量变革、效率变革、动力变革，从而实现经济高质量发展。三大变革的实质就是加快转变经济发展方式、优化经济结构和转换增长动力，以动力变革来推动效率变革，进而促进质量变革，由此形成质量效益明显提高、稳定性和可持续性明显增强的高质量发展新局面。

高质量发展是以可持续发展为目的的，是可持续发展的必要途径。国家经济只有实现高质量发展，才能实现稳中求进，从而实现长久的繁荣昌盛。高质量发展是在科学发展的基础上进一步与国情融合的结果。绿色发展是高质量发展的重要标志，高质量发展以绿色发展为导向，实现经济、社会和生态环境的可持续发展。转向高质量发展，既是我国经济增长解决结构性矛盾和突破资源环境瓶颈的必然选择，也是我国建立现代化经济体系、实现社会主义现代化建设的必经之路。推进经济高质量发展符合我国社会矛盾的现实变化，不仅有助于我国经济持续、健康、稳定发展，而且有助于我国“两个一百年”奋斗目标的实现。

二、横向分析

我国坚持创新和完善宏观调控，针对优化产业结构、统筹可持续发展、推进区域发展、优化国土空间、加快对外开放等方面发布了一系列高质量发展政策。

（一）制造业创新高质量发展

通过制造业创新发展，带动国民经济高质量增长。2015 年《国务院关于印发〈中国制造 2025〉的通知》，对中国提高制造业创新能力和发展水平的工作目标和总体任务予以明确。2017 年，《中共中央　国务院关于开展质量提升行动的指导意见》提出要在巩固国家质量基础设施基础上加快突破质量提升瓶颈的进程，进一步使重点领域的发展质量得到全面提升。

（二）产业转型升级高质量发展

深化国家创新驱动发展战略，加快产业转型升级。一是夯实产业基础设施建设，优化区域创新性战略布局，大力推动产业技术革新，鼓励全社会创新、创业，以营造良好的发展环境；二是推动重点领域物流发展，提高物流国际化和信息化水平；三是强调生物产业高质量发展，形成高端化、经济化、商业化的新格局；四是推进高端人工智能领域发展，实现科技创新体系构建；五是加快粮食产业转型升级，着力推进农业供给侧结构性改革；六是加快促进创新、创业发展动力升级，进一步推动科技创新和金融服务发展。

（三）生态环境绿色高质量发展

国家从生态环境、可持续发展角度提升经济发展质量。2003 年的《国务院关于印发中国 21 世纪初可持续发展行动纲要的通知》将中国 21 世纪初可持续发展总体目标确定为：可持续发展能力不断增强，经济结构调整取得显著成效。2018 年，为进一步细化可持续发展工作，国务院印发《打赢蓝天保卫战三年行动计划》，要求调整优化产业结构，推进产业绿色发展；加快调整能源结构，构建清洁、低碳、高效的能源体系；积极调整运输结构，发展绿色交通体系等。

（四）区域协调高质量发展

深化区域体制改革，形成区域内高质量发展、区域间优势互补的经济布局。2003 年《国务院办公厅关于进一步加强农村税费改革试点工作的通知》中强调，要加大税费改革配套政策的整体推进力度，确保改革试点工作顺利进行。2019 年国务院办公厅在《数字乡村发展战略纲要》中明确提出，要充分发挥地理、制度优势和超大体量市场的优势，推动全面开放，不断提升产业链现代化发展水平。同年，《国务院关于推进国家级经济技术开发区创新提升打造改革开放新高地的意见》提出要把各类开发区建设成高水平营商环境的示范区，强调加强资源要素保障，以推进高质量赶超发展，加速实现经济转型升级。

（五）国土空间优化高质量发展

国土资源的集约、节约、高效利用，对于促进一个国家或地区人口、资源、环境协调发展，以及保障国土资源安全具有重大意义。2010 年，国务院印发《全国主体功能规划区——构建高效、协调、可持续的国土空间开发格局》，按照开发内容将国土空间划分为城市化地区、农产品主产区和重点生态功能区三大主体功能空间。2020 年，《中共中央关于制定国民经济和社会发展第十四个五年规划和二〇三五年远景目标的建议》提出，坚持实施主体功能区战略，要立足资源环境承载能力，发挥各地比较优势，逐步形成城市化地区、农产品主产区、重点生态功能区三大空间格局。构建优势互补、高质量发展的国土空间格局，不仅有利于为人民提供高质量的生活环境，而且有利于保障我国粮食和生态安全，从而为我国到 2035 年基本实现社会主义现代化奠定基础。

(六) 对外贸易开放高质量发展

国家要深化对外贸易，进一步扩大开放领域，激发市场活力。2012 年国务院转发了《关于加快培育国际合作和竞争新优势的指导意见》，提出加快落实“走出去”战略，强化国际经济贸易合作，稳步推进金融国际化。2018 年国务院在《关于同意深化服务贸易创新发展试点的批复》中强调要进一步扩大对外开放，加快优化营商环境进程，最大限度激发市场活力，打造服务贸易制度创新高地。2019 年国务院印发《关于促进综合保税区高水平开放高质量发展的若干意见》，提出要对标高质量发展要求，加大市场统筹协调力度，加快综合保税区创新升级，全面推进对外开放。

第二节　海洋经济是我国战略性新兴产业的重要组成

“十四五”时期，我国将积极拓展海洋经济发展空间，建设现代海洋产业体系。重点围绕海洋工程、海洋资源、海洋环境等领域突破一批关键核心技术。培育壮大海洋工程装备、海洋生物医药产业，推进海水淡化和海洋能规模化利用，提高海洋文化旅游开发水平。优化近海绿色养殖布局，建设海洋牧场，发展可持续远洋渔业。建设一批高质量海洋经济发展示范区和特色化海洋产业集群，全面提高北部、东部、南部三大海洋经济圈发展水平。以沿海经济带为支撑，深化与周边国家的涉海合作。

一、海洋是《中国制造 2025》突破发展的重点领域

《中国制造 2025》是我国实施制造强国战略第一个 10 年的行动纲领，要求瞄准新一代信息技术、高端装备、材料、生物医药等战略重点，引导社会各类资源集聚，推动优势和战略产业快速发展，将海洋工程装备及高技术船舶作为突破发展的重点领域之一（见表 1－1），提出大力发展深海探测、资源开发利用、海上作业保障装备及其关键系统和专用设备。推动深海空间站、大型浮式结构物的开发和工程化。提高海洋工程装备综合试验、检测与鉴定能力，提高海洋开发利用水平。突破豪华邮轮设计建造技术，全面提升液化天然气船等高技术船舶的国际竞争力，掌握配套设备集成化、智能化、模块化设计制造核心技术。

表1-1　海洋工程装备和高技术船舶发展方向与重点

<table>
<tr><td rowspan="4">海洋资源开发装备</td><td rowspan="4">海洋资源包括海洋油气资源、海洋矿产资源、海洋生物资源、海水化学资源、海洋能源、海洋空间资源等。海洋资源开发装备就是用于各类海洋资源勘探、开采、储存、加工等方面的装备</td><td>深海探测装备。重点发展深水物探船、工程勘察船等水面海洋资源勘探装备；大力发展载人深潜器、无人潜水器等水下探测装备；推进海洋观测网络及技术、海洋传感技术提升研究及产业化</td></tr>
<tr><td>海洋油气资源开发装备。重点提升自升式钻井平台、半潜式钻井平台、半潜式生产平台、半潜式支持平台、钻井船、浮式生产储卸装置（FPSO）等主流装备技术能力，加快技术提升步伐；大力提升液化天然气浮式生产储卸装置（LNG－FPSO）、深吃水立柱式平台（SPAR）、张力腿平台（TLP）、浮式钻井生产储卸装置（FDPSO）等新型装备研发水平，形成产业化能力</td></tr>
<tr><td>其他海洋资源开发装备。重点瞄准针对未来的海洋资源开发需求，开展海底金属矿产勘探开发装备、天然气水合物等开采装备、波浪能/潮流能等海洋可再生能源开发装备等新型海洋资源开发装备的前瞻性研究，形成技术储备</td></tr>
<tr><td>海上作业保障装备。重点开展半潜运输船、起重铺管船、风车安装船、多用途工作船、平台供应船等海上工程辅助及工程施工类装备的开发，加快深海水下应急作业装备及系统的开发和应用</td></tr>
<tr><td rowspan="2">海洋空间资源开发装备</td><td rowspan="2">海洋空间资源是与海洋开发利用有关的海上、海中和海底的地理区域的总称。我们将对海上、海中和海底空间进行综合利用的装备统称为海洋空间资源开发装备</td><td>深海空间站。突破超大潜深作业与居住型深海空间站关键技术，具备载人自主航行、长周期自给及水下能源中继等基础功能，可集成若干专用模块（海洋资源的探测模块、水下钻井模块、平台水下安装模块、水下检测/维护/维修模块），携带各类水下作业装备，实施深海探测与资源开发作业</td></tr>
<tr><td>海洋大型浮式结构物。以南海开发为主要目标，结合南海岛礁建设，通过突破海上大型浮体平台核心关键技术，按照能源供应、物资储存补给、资源开发利用、飞机起降等不同功能需要，依托典型岛礁开展浮式平台建设</td></tr>
<tr><td rowspan="2">综合试验检测平台</td><td rowspan="2">综合试验检测平台是海洋工程装备总体及配套设备研发设计的基础，是创新的源泉和发展的动力</td><td>数值水池。以缩小我国在船舶设计理论、技术水平方面与国际领先者的差距为目标，通过分阶段实施，建立能够实际指导船舶和海工研发、设计的数值水池</td></tr>
<tr><td>海洋工程装备海上试验场。以系统解决我国海洋工程装备关键配套设备自主化及产业化根本问题为目标，通过建设海洋工程装备海上试验场，实现对各类平台设备及水下设备的耐久性和可靠性的试验，加快我国海洋工程装备的国产化进程</td></tr>
<tr><td rowspan="2">高技术船舶</td><td rowspan="2">船舶领域下一步发展的重点：一是实现产品绿色化、智能化，二是实现产品结构高端化</td><td>高技术、高附加值船舶。抓住技术复杂船型需求持续活跃的有利时机，快速提升LNG（液化天然气）船、大型LPG（液化石油气）船等产品的设计建造水平，打造高端品牌；突破豪华邮轮设计建造技术；积极开展北极新航道船舶、新能源船舶等的研制</td></tr>
<tr><td>超级节能环保船舶。通过突破船体线型设计技术、结构优化技术、减阻降耗技术、高效推进技术、排放控制技术、能源回收利用技术、清洁能源及可再生能源利用技术等，研制具有领先水平的节能环保船舶，大幅降低船舶的能耗和排放水平</td></tr>
</table>

（续表）

高技术船舶	船舶领域下一步发展的重点：一是实现产品绿色化、智能化，二是实现产品结构高端化	智能船舶。通过突破自动化、计算机、网络通信、物联网等关键信息技术，实现船舶的机舱自动化、航行自动化、机械自动化、装载自动化，并实现航线规划、船舶驾驶、航姿调整、设备监控、装卸管理等功能，提高船舶的智能化水平
核心配套设备	配套领域下一步发展的重点：一是推动优势配套产品集成化、智能化、模块化发展，掌握核心设计制造技术；二是加快船舶和海工配套自主品牌产品的开发和产业化	动力系统。重点推进船用低中速柴油机自主研制、船用双燃料/纯气体发动机研制，突破总体设计技术、制造技术、实验验证技术；研发高压共轨燃油喷射系统、智能化电控系统、EGR（废气再循环）系统、SCR（选择性催化还原）装置等柴油机关键系统和部件，实现集成供应；推动新型推进装置、发电机、电站、电力推进装置等电动及传动装置研制，形成成套供应能力
		机电控制设备。以智能化、模块化和系统集成为重点突破方向，提高甲板机械、舱室设备、通导设备等配套设备的标准性和通用性，实现设备的智能化控制和维护、自动化操作等
		海工装备专用设备。提高钻井系统、动力定位系统、单点系泊系统、水下铺管系统等海洋工程专用系统的研制水平，形成产业化能力
		水下生产系统及关键设备。重点突破水下采油井口、采油树、管汇、跨接管、海底管线和立管等水下生产系统技术与关键水下产品及控制系统技术，实现产业化应用

资料来源：《中国制造2025》解读之——推动海洋工程装备及高技术船舶发展。

二、海洋是国家超前布局培育的战略性产业领域

我国将海洋工程装备产业纳入“十三五”国家战略性新兴产业发展规划，以全球视野前瞻布局空天海洋等核心领域，培育未来发展新优势，掌握未来产业发展主动权，为我国经济社会持续发展提供战略储备、拓展战略空间。

（一）增强海洋工程装备国际竞争力

我国要推动海洋工程装备向深远海、极地海域发展和多元化发展，实现主力装备结构升级，提升设计能力和配套系统发展水平，形成覆盖科研开发、总装建造、设备供应、技术服务的完整产业体系。

一是重点发展主力海洋工程装备。加快推进物探船、深水半潜平台、钻井船、浮式生产储卸装置、海洋调查船、半潜运输船、起重铺管船、多功能海洋工程船等主力海工装备系列化研发，构建服务体系，使相关领域设计建造能力居世界前列。

二是加快发展新型海洋工程装备。突破浮式钻井生产储卸装置、浮式液化天然气储存和再气化装置、深吃水立柱式平台、张力腿平台、极地钻井平台、海上试验场等的研发设计和建造技术，建立规模化生产制造工艺体系，使相关领域产品性能及可靠性达到国际先进水平。

三是加强关键配套系统和设备的研发及产业化。产学研用相结合，提高升降锁紧系统、深水锚泊系统、动力定位系统、自动控制系统、水下钻井系统、柔性立管深海观测系统等关键配套设备的设计制造水平，大力研发海洋工程用高性能发动机，提升专业化配套能力。

（二）发展新一代深海、远海和极地技术装备及系统

我国要建立深海区域研究基地，发展海洋遥感与导航、水声探测、深海传感器、无人和载人深潜、深海空间站、深海观测系统、“空—海—底”一体化通信定位、新型海洋观测卫星等的关键技术和装备。大力研发深远海油气矿产资源、可再生能源、生物资源等的开发利用装备和系统，研究海上大型浮式结构物，支持海洋资源利用关键技术研发和产业化应用，培育海洋经济新增长点。大力研发极地资源开发利用装备和系统，发展极地机器人、核动力破冰船等装备。

（三）加强军民融合重大项目建设

我国要面向建设海洋强国，适应军地海洋资源调查、海域使用、海洋观测预报、海洋环境保护和岛礁建设需求，研发军民两用高性能装备和材料技术；开展军民通用标准化工程，促进军民技术双向转移。[①]

三、海洋是国家“十四五”重点研发计划的重要方向

为全面贯彻落实建设海洋强国战略部署，科技部启动了国家重点研发计划“深海和极地关键技术与装备”重点专项（见表1－2）。该专项着眼国家发展与安全的长远利益，紧扣深海、极地领域关键技术和装备，坚持自立自强，坚持重点突破，坚持实际能力的巩固与提升：一是着力突破深海科学考察、探测作业、资源开发的系列关键技术，促进深海装备产业发展；二是建成世界上最完备的深潜装备集群，形成世界领先的深海进入能力；三是着力攻克极地空天地海立体探测、极地保障与资源开发利用及其环境保护技术，显著提升极地监测预报能力。

表1－2 “深海和极地关键技术与装备”重点专项支持方向

方向	内容
深海进入、探测与作业技术装备	超长续航水下滑翔机产品开发
	全国产千米级通透轻型载人潜水器研制
	船载重型深海作业装备研制
深海油气及天然气水合物资源勘探开发利用	深海无隔水管泥浆回收循环钻井技术装备研发
	海洋天然气水合物、浅层气、深部气目标评价及合采技术研发

① 参见《国务院关于印发“十三五”国家战略性新兴产业发展规划的通知》（国发〔2016〕67号）。

（续表）

极地探测、保护与可持续利用	北极航道通信导航保障关键技术研究与系统研发
	北极海冰自主卫星探测及微波综合试验
	极地多栖无人艇研制
	极地大深度冰盖快速钻探技术与装备研发
前沿和颠覆性技术	深海微型核能发电系统研发
	深海多金属结核非连续采矿模式及其原理样机研究

资料来源："深海和极地关键技术与装备"重点专项申报指南。

第三节　海洋经济处于转型与高质量发展的关键期

一、我国海洋经济发展经历的宏观政策演进阶段

我国海洋经济发展主要依托国家宏观海洋政策指导及沿海地区制定的海洋政策法规，以1949—2020年国家海洋政策中"首现词"和"热点词"作为同类政策划分依据，可划分5个宏观政策演进阶段（如图1－1）：

（一）改革开放前期（1949—1977年）

海洋经济粗放发展期，主要为满足日常生活需要而获取海洋资源，虽存在经济生产活动，但海洋开发力度与破坏力度较为有限。

（二）改革开放起始阶段（1978—1990年）

海洋经济以数量增长为主，以开发保护为辅，海洋大开发热潮出现，海洋开发阈值逐渐超出海洋自我恢复与可承载范围，海洋环境保护政策开始出现。

（三）海洋经济可持续理念确立阶段（1991—2000年）

海洋经济高质量发展萌芽，开始追求低消耗、少污染、高产出的海洋经济增长方式，传统粗放型增长方式已不能满足海洋经济良性发展需要，增长理念逐渐转变。

（四）海洋经济数量增长兼顾质量阶段（2001—2010年）

确立海洋经济、生态双线并行的阶段，寻求经济活动与开发保护之间的平衡点，成为现阶段海洋经济发展的关注重点。

（五）新常态背景下海洋经济向质量效益型转变阶段（2011年至今）

沿海政策由简单松散型转向系统紧密型，政策关注点从海洋经济发展速度向海洋经济发展质量转变。基于此政策背景，推动我国海洋经济高质量发展已成为建设海洋强国的重要内容。

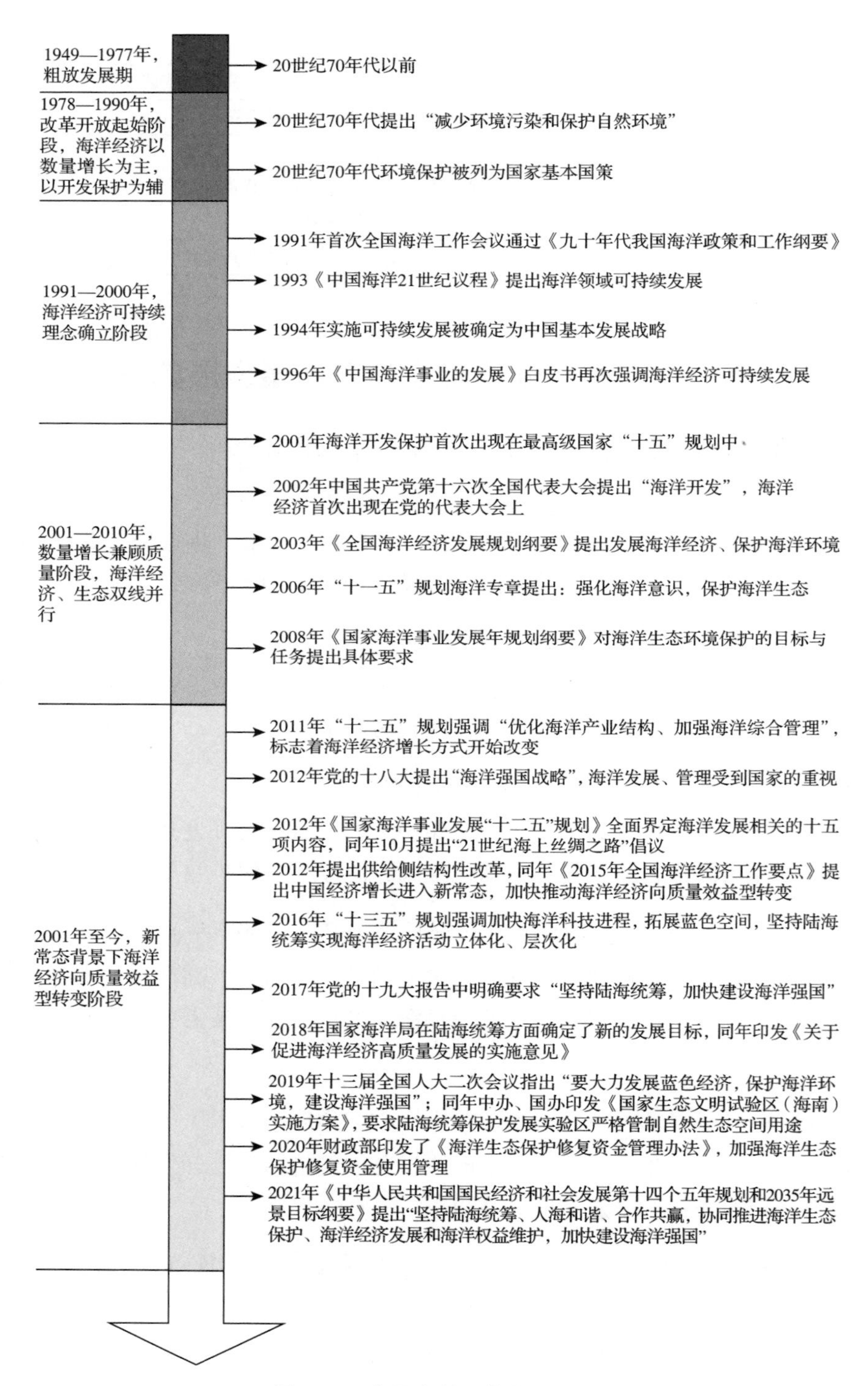

图 1－1　中国海洋政策发展历程

二、我国海洋经济处于向高质量发展的战略转型期

从海洋经济增长速度来看，我国海洋经济发展正从高速增长向常态增长转换。2015—2019 年，我国海洋生产总值年均增速达 7. 8%。海洋经济总量不断扩大，海洋生产总值由 2015 年的 6. 6 万亿元人民币增加到 2019 年的 8. 9 万亿元人民币，占沿海地区生产总值的比重由 2015 年的 16. 8% 提高到 2019 年的 17. 1%，海洋经济在沿海地区国民经济中占有越来越重要的地位（如图 1 – 2）。《中国海洋经济发展报告 2020》显示，2019 年，海洋经济对国民经济增长的贡献率达到 9. 1%，拉动国民经济增长 0. 6 个百分点。

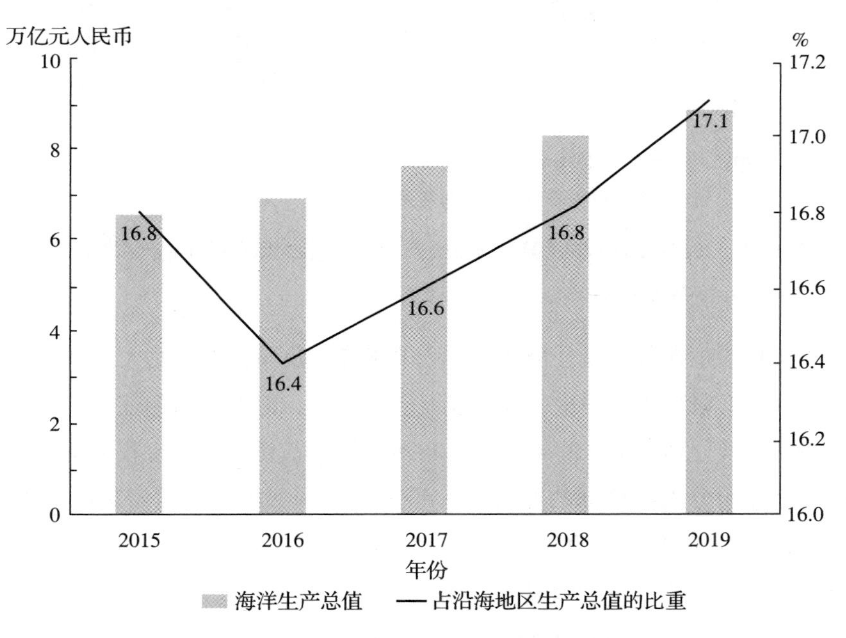

图 1 – 2　2015—2019 年我国海洋生产总值情况

资料来源：2018—2019 年《中国海洋经济统计公报》。

海洋经济结构持续优化，2019 年，海洋经济三大产业增加值分别占我国海洋生产总值的 4. 2%、35. 8% 和 60. 0%（如图 1 – 3），其中，海洋第三产业拉动海洋生产总值增长近 5 个百分点。海洋产业转型升级速度加快，智能船舶研发、绿色环保船舶建造取得新突破；以海洋生物医药、海水利用为代表的海洋新兴产业快速发展，增速达到 7. 7%，高于同期我国海洋经济增速 1. 5 个百分点。涉海工业企业效益保持稳定，2019 年，我国重点监测的规模以上涉海工业企业营收利润率为 10. 1%，高于全国同期 4. 3 个百分点。涉海市场主体数量大幅增长。我

国与“海上丝绸之路”沿线国家和地区海运进出口总额较上年增长 4.6 个百分点。海洋对外贸易总体向好发展，2019 年，海运出口贸易总额为 16601 亿美元，比上年增长了 0.2 个百分点。

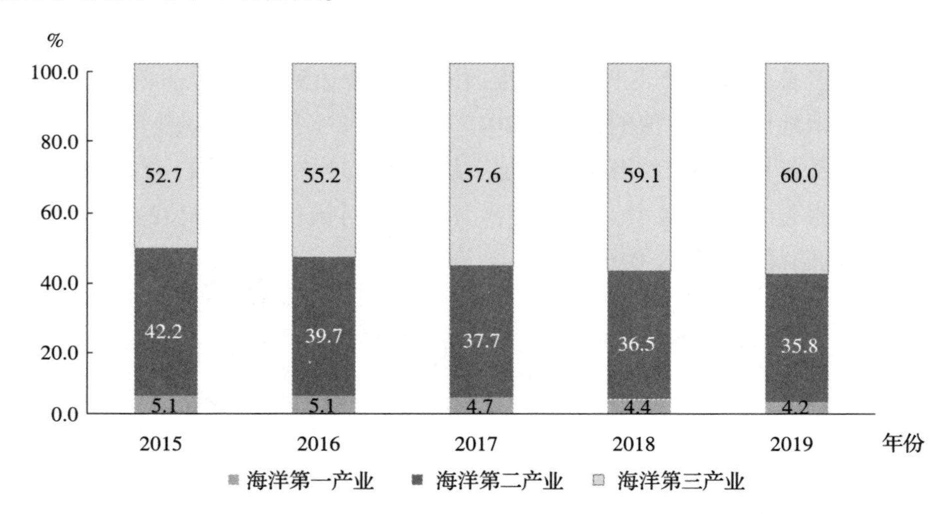

图 1-3　2015—2019 年我国海洋三大产业增加值占我国海洋生产总值的比重

资料来源：2018—2019 年《中国海洋经济统计公报》。

第一，我国正在着力提升全球产业竞争优势。我国世界造船大国地位得到进一步巩固，海洋工程装备总装建造水平进入第一方阵，2020 年造船完工量、新接订单量、手持订单量分别占全球的 43.1%、48.8% 和 44.7%，海洋工程装备交付、新接和手持订单金额分别占全球的 53.4%、43.9% 和 44.9%。海运船队运力规模持续壮大，2020 年达 3.1 亿载重吨，位居世界第二。港口规模位居世界第一，2020 年沿海港口完成货物吞吐量和集装箱吞吐量分别达到 94.8 亿吨和 2.3 亿标准箱，智慧港口、绿色港口建设迈出新一步，上海洋山港建成全球最大的全自动码头。海洋工程建筑技术水平全球领先，港珠澳大桥建设创多项世界纪录。

第二，我国正在着力推进新旧动能转换。中央财政通过海洋经济创新发展示范等大力支持海洋新兴产业发展，引导创新要素向优势区域集聚，提升了海洋科技创新能力，成果应用产业化、资本化速度明显加快，2012—2020 年海洋新兴产业增加值年均增速超过 10%。我国自主研发的海洋药物占全球已上市品类的近 30%，海洋糖类药物研发进入国际先进行列。人民银行、海洋局等八部委联合印发《关于改进和加强海洋经济发展金融服务的指导意见》，提出涵盖信贷、证券、保险、基金等方面的系列支持政策，主要银行支持海洋经济发展的贷款余额保持在6000亿~7000亿元人民币。自然资源部与深圳证券交易所联合发布“蓝色100”股票价格指数，并连续5年举办海洋中小企业投融资路演，为近200家科技型企业和海洋科技成果搭建投融资对接平台。

第三，我国正在着力保障能源、水资源和食品安全。海洋产业在保障国家能源、水资源安全和优质蛋白供给等方面发挥着重要作用。海洋能源供给保障能力持续增强，海洋原油占全国原油产量的比重稳中有升，海洋油气勘探开发实现从水深300米到3000米的跨越，天然气水合物试采实现从探索性试采到试验性试采的重大跨越。截至2020年，我国海上风电累计装机容量达到999.6万千瓦，跃升至全球第二位。我国自主研发的兆瓦级潮流能发电机组连续运行时间保持世界领先水平。海水淡化工程规模达到165万吨/日，较2012年增长114个百分点，为我国沿海缺水城市和海岛水资源安全提供了重要保障。我国海洋渔业向多元、生态、深远海方向发展，现代化海洋牧场综合试点有序推进，海产品供应持续增加，2020年达3314.38万吨，较2012年增长了14.7个百分点。

第四，我国正在着力提升海洋科技创新能力。以“蛟龙”号、“深海勇士”号、“奋斗者”号、“海斗”号、“潜龙”号、“海龙”号等潜水器为代表的海洋探测运载作业技术实现质的飞跃。我国自主建造具有世界先进水平的“雪龙2”号破冰船，填补了我国在极地科考重大装备领域的空白。首套自主研发的浅水水下采油树系统取得了国际权威认证。全球首个半潜式波浪能养殖一体化平台“澎湖号”和全潜式深远海养殖装备“深蓝一号”交付使用。我国自主设计的3000吨级专业浮标作业船投入使用。我国完成首次环球海洋综合考察并取得多项突破性成果。我国大力推进国家全球海洋立体观测网工程，基本实现对管辖海域的长期业务化观测。新一代具有完全自主知识产权的海洋数值预报系统投入运行，针对风暴潮、海啸、海浪等海洋灾害预警报的准确率和时效性均得到有效提升。

第五，我国正在着力拓展海洋经济发展新空间。我国已累计获取并保藏了2.2万余株深海菌种资源，建成国际上保藏菌种最多的深海微生物菌种库，深海来源微生物菌群数量位居世界前列，申获了200余项国际、国内发明专利，快速提升了我国深海基因知识产权的拥有量。《中华人民共和国深海海底区域资源勘探开发法》的出台迈出了我国深海法治化第一步。我国在国际海底区域已拥有5块勘探矿区，面积达23.4万平方千米。我国组织开展了38次南极考察、12次北冰洋考察和16次北极站科学考察，形成“雪龙”号船、“雪龙2”号船和南极长城、中山、昆仑、泰山站，以及北极黄河等站点为主体的极地立体化协同考察体系。我国积极参与极地事务，承办第40届南极条约协商会议，发布《中国的北极政策》《中国的南极事业》。中俄两国合作开展北极航道相关考察研究，共建“冰上丝绸之路”取得积极进展。

三、我国海洋经济发展面临不充分、不协调、不可持续问题

我国海洋经济快速发展的同时，还面临新动能培育滞后、创新动力不足等诸多挑战[①]，存在诸多不充分、不协调、不可持续问题，主要表现在以下 5 个方面。

（一）科技创新不足

科技创新不足制约了海洋经济高质量发展。一是我国海洋科技缺乏自主创新能力，海洋产业关键技术自给率低，国产化水平不够高。基础性、前瞻性、关键性技术的整合攻关能力不足，产学研合作机制不畅，成果转化率不够高。配套政策不完善导致创新动力不足，企业研发热情不够高，鼓励自主创业健康发展的环境尚未全面形成，以企业为核心的海洋创新体系尚未建立。二是与海洋经济发展密切相关的基础领域研究水平不够高，在深水、绿色、安全、药物等海洋高技术领域的研究水平与国际先进水平相比尚有较大差距。[②]如海洋药物和生物制品领域，我国主要是仿制品或少量自主知识产权药物的衍生品，原创型药物少，技术与品种积累相对薄弱，普遍存在提炼技术不高、产出率低等问题，我国海洋药物技术产业化率仅为 5%，国外海洋药物技术产业化率已达到 30% 左右。三是我国在高端船舶和海洋装备制造领域，以集成制造为主，核心技术和关键配件高度依赖进口。此外，在海上风电领域，目前我国的海上风电项目还主要布局在潮间带和近海，而欧洲的海上风电项目已逐步向深远海布局，平均水深已经达到 29 米。同时，我国海上风电机组的单机容量与欧洲国家相比也存在一定的差距，欧洲在建的海上风电场大多使用 6 兆瓦及以上的大容量机组，我国海上风电机组的单机容量还是 4 兆瓦，6 兆瓦风电机组的仍是样机，尚未批量吊装。

（二）动力转换滞后

目前，我国海洋经济仍以传统海洋产业为主，海洋战略性新兴产业和海洋高端服务业规模较小，航运服务业、邮轮游艇业尚处于起步阶段，海洋产业发展中的重要领域和关键环节仍面临着质量不高、水平较低的现实。受技术、成本和国

① 参见中国海洋大学海洋发展研究院副院长韩立民在 2020 海洋经济高质量发展大会上的发言。

② 王宏. 着力推进海洋经济高质量发展 [N]. 学习时报，2019 - 11 - 22.

际环境等多重因素影响，海洋船舶等传统海洋产业结构性过剩严重。海洋工程装备制造规模虽实现了全球领先，但研发设计环节仍主要依托与欧美发达国家合作，总体水平仍处于第三梯队；我国船企新接订单目前仍以油船、散货船以及集装箱船三大传统主力船型为主，汽船、油船等高附加值船舶占比较低，尽管新船成交数量高居世界首位，但新船接单金额单价却位居新加坡、韩国之后。“双碳”目标的实施为海洋交通运输、海洋油气等产业发展带来阶段性挑战。海洋旅游业尚未恢复到往年同期水平，且高品质旅游发展不充分。虽然近年来以海洋药物和生物制品、海洋能、海水淡化等为代表的海洋新兴产业发展较快，但体量仍然偏小，短期内还难以弥补传统产业下滑所造成的损失。

（三）开发方式粗放

开发方式粗放阻碍了海洋经济高质量发展。近海过度捕捞导致生态系统退化，生物资源减少，渔获低值化问题比较明显。近岸粗放式用海造成自然岸线减少，空间资源趋紧。沿海重工业聚集对部分海域生态环境持续施压，一些地区陆源污染仍然严重，尽管围填海活动已经被叫停，但滨海湿地和自然岸线保护面临的形势依然十分严峻，近岸海域资源环境超载问题仍然比较突出，部分海湾、滩涂湿地、海草、珊瑚礁等典型海洋生态系统健康状况不佳，赤潮等生态灾害时有发生，海洋垃圾污染问题逐步显现，海洋资源环境承载能力下降。沿海产业低质同构现象普遍存在。大部分沿海地区产业规划布局大同小异，沿海重工业、港口布局还存在高密度、低效率的现象，大量以消耗海洋资源为代价建设的产业新城、产业园区处于废弃或低效运行状态。用海矛盾突出增加了海洋生态安全风险。[①]

（四）统筹协调缺乏

统筹协调能力不足约束了海洋经济高质量发展。大部分沿海省份陆海统筹发展层次不高，陆海空间功能布局、基础设施建设、资源配置等协调不够，部分港口海铁联运衔接不足，综合运输能力和效率有待进一步提高，土地和海域使用政策衔接不畅，资源节约、集约利用水平不高。港区集运区、临港产业园区和城市居民生活区布局混杂，影响城市环境和居民生活质量，也带来潜在的安全风险。区域间海洋经济发展产业链、资金链、技术链缺乏统筹协调，地方保护主义现象

---

① 王宏．着力推进海洋经济高质量发展［N］．学习时报，2019－11－22．

依然存在。政府在海洋资源资产价值评估、海洋产权交易、海洋数据服务、企业信息对接平台建设等领域仍需要开拓创新，为海洋经济创造更好的发展环境，减少企业间、政企间和银企间信息不对称造成的问题。

（五）全球竞争加剧

当前，全球新一轮海洋科技革命和产业变革正在发生，世界各国高度重视海洋科技发展，纷纷加强战略部署，抢先布局前沿性基础研究和颠覆性技术，力争形成先发优势。作为发展海洋产业经济、提高国际竞争力、增强综合国力、保障国家安全的战略支撑，海洋科技创新已成为全球竞争的焦点。我国海洋经济既是高度外向型经济，也是技术密集型产业集群，不利的外部形势，不仅在贸易领域，而且在技术创新、产业升级、产能输出等多个领域形成阻碍，对我国海洋经济发展构成不利影响。同时，我国参与涉海国际规则制定的能力有待增强，为国际社会提供的海洋公共服务产品不多，高素质涉海国际人才队伍和有影响力的智库建设不够。

参考文献

[1] 张治河，郭星，易兰. 经济高质量发展的创新驱动机制［J］. 西安交通大学学报（社会科学版），2019（6）.

[2] 朱佳. 国家中心城市经济高质量发展水平测度研究［D］. 西安：西安理工大学，2020.

[3] 胡鞍钢，周绍杰. 习近平新时代中国特色社会主义经济思想的发展背景、理论体系与重点领域［J］. 新疆师范大学学报（哲学社会科学版），2019（2）.

[4] 侯翔. 地方政府竞争对经济高质量发展影响研究［D］. 广州：华南理工大学，2020.

[5] 谷树忠. 国土经济学通论［M］. 北京：高等教育出版社，2012.

[6] 肖金成，黄红燕，李瑞鹏. 我国国土经济高质量发展的内涵、任务与对策［J］. 河北经贸大学学报，2021（4）.

[7] 徐丛春，胡洁. "十三五"时期海洋经济发展情况、问题与建议［J］. 海洋经济，2020（5）.

第二章
海洋经济高质量发展的理论基础

我国海洋经济的发展正处在从高速增长向高质量增长转变的阶段，促进海洋经济高质量发展是建设海洋强国的必由之路，因此，深刻理解海洋经济高质量发展的内涵具有重要的意义。

第一节　海洋经济高质量发展的基本概念

党的十九大报告指出“我国经济已由高速增长阶段转向高质量发展阶段，正处在转变发展方式、优化经济结构、转换增长动力的攻关期。”党的十九届四中全会提出要坚持和完善社会主义基本经济制度，推动经济高质量发展。党的十九届六中全会通过的《中共中央关于党的百年奋斗重大成就和历史经验的决议》强调，必须实现创新成为第一动力、协调成为内生特点、绿色成为普遍形态、开放成为必由之路、共享成为根本目的的高质量发展，推动经济发展质量变革、效率变革、动力变革。由此可见，实现高质量发展是我国经济社会发展历史、实践和理论的高度统一。

一、经济增长质量

经济高质量发展首提于党的十九大报告，但“经济发展”“经济增长质量”概念更早就进入了经济学研究视野。经济增长质量与经济高质量发展紧密相关，不过侧重点略有不同。尽管两者都从质量层面衡量经济的品质优劣，强调了质量在经济建设中的重要性，但经济增长质量的衡量重点是从“增长”的角度出发来诠释经济成果的优劣程度，而经济高质量发展的衡量重点则是从“发展”角度出发来诠释经济质量的等级高低。经济增长质量是指在数量增长到一定阶段时，经济在效率、结构、稳定性、福利分配、创新能力等方面得到提升，从而促进经济长期增长。因此，狭义的经济增长质量只考虑效率、结构等因素，广义的经济增长质量还需考虑“经济社会环境协调发展”“人的全面发展”“可持续、包容性增长”等方面。

二、经济高质量发展

高质量发展是比经济增长质量范围更宽、要求更高的质量状态，理论导向表现在提高供给的有效性，实现公平性发展、生态文明、人的现代化。高质量发展理念指明了新时代中国经济发展的基本特征，对高质量发展的理解要充分考虑到中国经济增速放缓但依然保持中高速增长的现实发展状态。因此，高质量发展并非局限于经济领域，而是涵盖社会、政治和文化等诸多领域，高质量发展内涵研究呈现多元化。[①]按照经济学范式，我们可以从宏观、中观和微观 3 个层面来解析高质量发展。

宏观层面的经济高质量发展是围绕国民经济整体质量和效益的新的战略导向，是供给与需求、公平与效率、短期与长期、政府与市场并重的发展，是宏观均衡质量、国民分配质量、绿色发展质量、调控能力质量实现更高水平的提升。推动经济高质量发展的关键在于经济要有可持续增长的动力。当经济处于高质量的发展状态，不再要求经济结构进行基于静态均衡的帕累托改进，而是要基于新增长点进行优化和调整。

中观层面的经济高质量发展是驱动产业和区域发展的新理念，是区域更加协调、更加均衡的发展，是产业经济、城乡经济、区域经济达到更高层次的均衡，更加重视结构的优化、环境的保护、社会文明的提升，以及社会治理的完善，强调经济、政治、文化、社会、生态文明等各方面的相互协调和相互促进。要全面体现创新、协调、绿色、开放、共享的新发展理念，创新发展是第一动力，协调发展是内在特征，绿色发展是普遍形态，开放发展是必然路径，共享发展成果是根本目的。同时，经济高质量发展需要逐步实现由要素驱动向效率驱动、由效率驱动向创新驱动的转变，经济主体与自然环境、社会环境和谐相容，不以生态环境和不可再生能源的牺牲作为代价。总之，中观层面的高质量发展是以新发展理

① 参见国务院发展研究中心副主任王一鸣在“中国经济 50 人论坛 2018 年年会”上的演讲。

念为指导的新时代中国经济发展的高水平状态，也是中国经济现阶段发展理念的升级版。

微观层面的经济高质量发展是聚焦产品和服务、高效集约的发展模式，是产品质量、市场、企业和创新进阶至更高水平的体现，是活力更强、效率更高、效益更好的发展。经济高质量发展超越了粗放式、集约式等发展方式的内涵，既要实现合理结构下资源数量的增长、总量约束下资源利用效率的提升，更要超出简单生产函数和投入产出的范畴，强调发展的质量而不仅是产出的质量。同时，经济高质量发展是供需结构不断变化的结果，其特点是供给方不断生产、加工高质量的产品以满足消费者对产品“质量”日益增长的需求，主要体现为加快市场供需的匹配速度、提高匹配效率，以提高经济发展效率为根本目标，这为依靠创新促进供需匹配、推动经济高质量发展提供了理论支撑。

综上所述，经济高质量发展着眼于经济发展的高级阶段，是创新、协调、绿色、开放、共享的多维度协同发展，在更高层面实现结构优化、协调均衡和效益、效率的全面提升。

三、海洋经济高质量发展

海洋是高质量发展战略要地，海洋经济高质量发展是我国经济高质量发展的重要组成部分。海洋经济是开发、利用和保护海洋的各类产业活动，以及与之相关联的活动的总和，海洋经济高质量发展不仅是海洋产业及关联活动的高质量发展，更是海洋经济的全面均衡发展。因此，从理论和实践层面深入理解海洋经济高质量发展的概念及内涵具有十分重要的价值和意义。

从理论上来看，海洋经济高质量发展是海洋经济增长到一定阶段，海洋综合实力提高、海洋产业结构优化、海洋社会福利分配改善、海洋生态环境和谐，从而使人海“经济—社会—资源环境”系统实现动态平衡的结果。随着海洋经济规模扩大和质量提升，处于稳定状态的经济系统在吸收内外环境各要素的扰动后，创新驱动其结构升级、功能转变，应对外部刺激的能力增强，海洋经济效率提高、社会发展进步、生态环境优化，满足人民的美好生活需求，“海洋经济—社会—生态”系统达到一种协调平衡可持续的状态。发展模式应由数量维度向质量维度转变，发展动力由规模扩张向产业结构优化升级转变，驱动要素由传统海洋要素向创新要素转换，资源要素向陆海一体化高效配置转变，通过新旧动能转换，实现海洋经济的提质增效。

从实践上来看，我们同样可以从宏观、中观和微观 3 个层面对海洋经济高质量发展进行解析：

宏观层面，海洋经济高质量发展是一种综合性发展战略，是海洋强国建设目标的实施路径，是海洋经济全面、协调、均衡的发展。不同于传统陆域经济，海洋经济包括陆海统筹、区域协调、海陆经济一体化等，以创新为动力实现绿色发展、生态发展，让海洋经济发展成果更多、更公平地惠及全体人民，包含增长的稳定性、发展的均衡性、环境的协调性、社会的公平性等维度。[①]从海洋经济演变来看，其与海洋经济可持续发展、蓝色经济密切关联。海洋经济可持续发展是一种海洋经济的发展模式，可持续性是其核心，包括海洋经济、海洋生态，以及社会的可持续发展。蓝色经济是融合可持续发展和绿色发展理念的一种经济发展观。联合国贸易和发展会议指出，蓝色经济是以改善人类福祉、促进社会公平、减少环境风险、降低生态稀缺性等为基本宗旨的海洋经济。新时代，理解海洋经济高质量，离不开五大发展理念指引，海洋经济高质量强调的是海洋经济在维持稳定持续发展的基础上实现以配置高效、创新驱动、绿色低碳、协调共享、开放包容为特征的多维度最优发展，是新发展理念的深度融合。

中观层面，海洋经济高质量发展主要是指海洋经济结构的调整和优化，包括产业结构、市场主体结构、产品结构等的升级，以及形成相对完备的现代海洋产业体系。我国海洋经济长期高速发展，发展速度高于同期国民经济增速，受外部需求下滑和内部结构失衡的双重影响，当前海洋经济发展速度开始放缓，迫切需要我们通过提升发展质量，特别是提升海洋全要素生产率，加快培育壮大海洋生物、海洋新能源等海洋战略性新兴产业，以新旧动能转换推动海洋经济高质量发展。

微观层面，海洋经济高质量发展主要依靠劳动生产率和全要素生产率的同步提升，即以最少的要素投入获得最大的产出，实现资源配置优化，而不是单纯依靠要素投入量的增大。海洋企业是海洋经济的微观核心主体，海洋企业科技创新能力的水平从根本上决定了一个国家或地区的海洋经济发展质量，提升海洋企业的创新绩效是各国海洋经济实现高质量发展的必由之路。我们要以高效一体化配置提高资源要素使用效率，保证提质增效策略的有序开展。提高全要素生产率，尤其是技术进步水平，可以有效促进海洋产业，特别是海洋战略性新兴产业高质量发展。

---

① 谢凡．“三个层面”认知“海洋经济高质量发展”[N]．中国自然资源报，2020－03－31．

基于上述分析，海洋经济高质量发展要将经济高质量发展内涵、新发展理念与海洋经济发展规律相结合，即在海洋开发的有关生产活动过程和生产结果的影响与成果分配过程中，实现要素投入产出比高、资源配置效率高、科技含量高、产品服务质量高、海陆统筹协调、产业结构优化、市场供需平衡、绿色生态优先、经济开放包容、人民共享成果的可持续发展，这是传统发展方式在新时代新特征的背景下的系统性改进。

第二节　海洋经济高质量发展的主要特征

按照创新、协调、绿色、开放、共享的新发展理念，结合海洋经济发展特点，海洋经济高质量发展的主要特征可以归纳为以下 5 个方面。

一、科技创新

“创新是引领发展的第一动力。”“必须把创新摆在国家发展全局的核心位置。”习近平总书记关于创新的一系列重要论述，是科学与清晰界定创新发展的前提。经济增长的驱动方式主要有 3 种，即要素驱动型、投资驱动型和创新驱动型。高质量发展意味着过去由要素驱动型和投资驱动型占主导的增长方式逐渐转变为由创新驱动型为主导的增长方式，以创新作为推动经济增长的主要源泉。海洋经济是创新型经济，具有高附加值、高效率等“高质量”特征。推动海洋经济高质量发展，必须把创新作为第一动力，大力发展海洋高新技术，依靠海洋科技进步和创新，不断突破海洋经济发展的瓶颈，以促进中国海洋经济高质量发展。

建设海洋强国，必须进一步加快海洋科技创新速度。新一轮科技革命和产业变革逐渐渗透到海洋经济的各个领域，人工智能、量子信息、区块链等新一代信息技术和先进材料技术、传感技术、纳米技术、卫星技术等，与海底工程技术和海洋产业相结合，将带来海洋技术的颠覆性创新，提高我国的海洋资源开发能力，孕育新兴产业。创新正从科技和经济领域向社会各个领域延伸，成为驱动社会发展的主要动力，我们迫切需要加快实施创新驱动战略，以提高我国海洋产品与服务的生产效率，以及资源利用的效率，来提升我国海洋产业、产品的国际竞争力。

二、海陆统筹

我国是海洋大国，具有广泛的海洋战略空间和丰富的战略资源，海洋和陆地两个系统紧密关联，推动海洋经济高质量发展，必须立足“陆海一盘棋”，坚持海陆统筹、协调发展。海陆经济统筹与协调发展，强调海洋经济与陆域经济的整体性、综合性和多元性，包括海洋产业结构、区域经济、城乡经济及社会、政治、文化各方面相协调的发展。随着经济全球化与区域经济一体化的进程不断加快，海洋经济发展格局也从之前的单一产业到多元化产业，再到现在海陆一体、区域协调的发展方式转变。

随着“一带一路”倡议、京津冀协同发展、长江经济带和粤港澳大湾区建设等重大国家战略深入推进，海陆空立体交通网实现了突飞猛进的发展，已经从根本上突破了国家海陆地理空间的限制，为海陆经济统筹与协调发展创造了条件，海陆经济一体化趋势日趋明显。海洋资源和陆域资源的互补性加深了海洋经济与陆域经济的紧密联系。同时，海洋产业园区规划建设加快了海洋产业集聚与融合发展，港口联盟、自贸区、保税区、“海上丝绸之路”等的建设也促使区域海洋经济融合发展水平持续提升。

三、生态优先

绿色发展是以效率、和谐、持续为目标的经济增长和社会发展方式，不仅可以满足人民对美好生活的迫切要求，而且是人类经济社会可持续发展的本质需求。绿色发展是海洋经济高质量发展的基本特征，强调了人与自然和谐共生、经济与生态协调共赢的关系。海洋经济高质量发展必须以绿色发展理念为引领，着力加强生态环境保护，推动海洋开发方式向循环利用型转变。我们要高度重视海洋生态文明建设，加强海洋环境污染防治，保护海洋生物多样性，实现海洋资源有序开发利用，促进海洋经济实现绿色循环低碳发展、人与自然和谐共生发展。

随着沿海地区海洋经济的高速发展，全球都出现了海洋生态系统退化、海洋生态环境恶化等负面现象，对社会可持续发展产生了不利影响，迫使世界各国不得不反思、调整原有的粗放式发展模式，绿色发展已成为新的潮流。近年来，我国也积极顺应绿色发展潮流，从完善政策体系、创新海洋产业、保护海洋生态环境等方面着手，积极探索沿海地区经济社会与海洋生态协调发展的科学模式，努力实现“水清、岸绿、滩净、湾美、物丰”的目标。[①]

四、开放合作

开放发展是新发展理念的重要内涵之一，实现中国经济高质量发展必须在开放经济领域形成高质量的全面开放新格局。海洋经济本身就具有开放性、国际性、全球化的特征，海洋经济的开放水平反映了海洋经济开放的广度与深度。开放是高质量发展的必由之路，推动海洋经济高质量发展，需要更高水平的开放提供助力。

进入 21 世纪，人类开始大规模开发利用海洋，海洋在国家经济发展格局和对外开放中的作用变得更加重要。近年来，不少海洋大国纷纷制定新形势下的海洋战略布局，以海洋为纽带的国际经济、社会、文化联系也日益紧密，海洋已经成为海洋国家与周边国家合作与竞争的重要领域。持续推进海洋经济对外开放，更好地利用全球资源和市场，将为海洋经济高质量发展拓展新的空间、增添新的活力。

五、共享发展

共享发展要求以人为本，在经济建设中追求人的价值最大化，通过创新发展、深化改革提升经济效益、维护社会公平正义。共享发展，在海洋经济方面表现为海洋经济或沿海地区经济发展成果由该区域人民所共同享有，让海洋经济发展成果惠及越来越多的群众，加快实现海洋经济高质量发展的共享追求。海洋经济高质量发展的目的是产生更多社会福利，其成果共享就是造福人民的本质要求。

新时代海洋经济的增长更加强调所有参与人员共享发展成果，实现共同富裕。当前，海洋经济的快速发展促进了城市化进程的加快，海陆统筹发展缩小了城乡差距。海洋渔业、水产品加工业、海洋旅游业及相关涉海服务业的发展为沿海地区人民增加劳动收入、致富做出突出贡献，海洋科教文化、涉海公共服务等体系的完善也越来越成为经济社会发展和人民生活的迫切需求。

---

① 刘诗瑶. 蓝色国土绿色发展：国家级海洋生态文明建设示范区已有24个［N］. 人民日报，2016－01－15.

第三节　海洋经济高质量发展的理论依据

目前，我国对海洋经济的理论研究大多着眼于海洋产业发展、海洋生态系统保护、海洋经济与生态系统的协调发展，对海洋经济高质量发展的理论研究不足，难以满足时代发展需要，迫切需要我们系统地梳理经济学理论、创新驱动理论，以及可持续发展理论等与海洋经济高质量发展紧密关联的基础理论，为进一步深刻理解海洋经济高质量发展的内涵与外延提供理论支撑。

一、经济学理论

（一）经济成长阶段理论

华尔特·罗斯托将经济社会的发展划分为 6 个阶段，分别是传统社会阶段、为起飞创造前提条件阶段、起飞阶段、向成熟推进阶段、高额群众消费阶段和追求生活质量阶段。其中，向成熟推进阶段持续的时间最长，且在向成熟推进阶段中经济一般保持中高速增长。各个阶段的演替是在主导产业的带动下进行的，以主导产业的变更为标志。任何国家（地区）的经济发展都要经历从低级阶段到高级阶段的发展过程。华尔特·罗斯托认为，经济发展水平提升是由于主导产业部门获得了先进生产技术，所以本部门生产成本率先降低抢占市场份额，增加了对其他产业部门产品的需求，带动其他产业部门的发展，这是主导产业的扩散效应。随着科学技术进步和社会分工日益精细，经济发展水平不断提高。带动一个国家（地区）产业的发展不再依靠某个主导产业，而是靠产业集群的共同作用，称为产业主导部门综合体，产业协同效应促进经济发展质量提升。发达国家经济发展经验表明，进入工业化时期，一段时间内经济发展会呈高速增长状态。最明显的是第二次世界大战后多个国家经过一段恢复期建设后，在 20 世纪 80 年代到 2008 年全球金融危机爆发之间，都经历了经济高速增长的阶段。

（二）区域经济增长理论

区域经济增长理论是指一段时期内，一个国家（地区）的总财富增长，这个增长的内涵包括国内生产总值、人口、产成品产量、人均国内生产总值以及市场需求等方面。该理论源于 20 世纪 50 年代至 70 年代，来自罗伊·哈罗德和多马提出的经济增长理论，即“哈罗德—多马经济增长模型”，该理论提出，保持资本投入产出比等于经济增长率，才能使得经济均衡、有效增长。著名经济学家罗伯特·索洛在“哈罗德—多马经济增长模型”的基础上，通过放宽约束，建立了新的经济增长模型，即索洛经济增长模型。该模型奠定了新古典经济增长理论的基础，指出技术进步决定了居民人均收入增长率。区域经济增长理论认为技术进步是经济发展的必要因素，肯尼斯·阿罗把技术进步纳入经济增长模型中，用技术外部性解释经济增长。阿罗模型虽然研究对象是经济增长，却摆脱了古典经济理论中单纯靠资本驱动增长的缺陷，引入技术外部性这一概念，在当时看来十分具有前瞻性。区域增长理论为经济高质量发展理论打下基础，经济增长实现极大发展，发展质量引起广泛重视。

（三）区域经济协调发展理论

一个国家在经济发展过程中，随着经济发展程度的变化，会出现经济发展不平衡的问题。具有区位、资源禀赋等优势的区域会较快提升经济发展质量，不具备这些优势的地区则在经济发展过程中处于劣势，从而引发经济发展不平衡，影响整个国家的经济发展质量。区域经济协调发展理论主要有两种观点：一是以苏联经济学家科洛索夫斯基的观点为代表的“区域不均衡增长理论”，认为各个地区的经济发展首先依赖当地的自然资源禀赋分布状况、区位、原始资本积累状况和科技发展水平，这些客观因素导致区域经济发展不平衡。哈维·莱宾斯坦在《经济落后与经济发展》（*Econcmic Backwardness and Economic Growth*）一书中提出，必须在一定时期内对落后地区进行持续的资金支持、政策支持等经济增长刺激，这样才能打破低水平的经济发展状态，实现高水平的均衡发展。二是美国经济学家普雷顿·詹姆斯提出的“区域均衡增长理论”，认为短期内各地区存在经济发展差异属于正常现象，长期来看，生产要素和劳动力具有流动性，经济发展质量较高的地区会带动经济欠发达地区发展，区域差异会逐渐缩小，实现经济均衡发展。

（四）区域经济合作理论

由于各国（地区）存在先天区位因素差异，经济发展必然存在资源禀赋和比较优势的不同，从而出现经济发展不平衡的问题。加强各国（地区）生产要素流动，实现优势互补，将各国（地区）连接到一条产业链中，实现资源、信息、要素共享，加强沟通合作机制建设，实现区域经济一体化，对提升经济发展质量具有重要意义。该理论分为3个角度：一是由瑞典经济学家赫克歇尔和俄林提出的要素禀赋理论。该理论认为各地区要素禀赋的不同塑造了国际贸易格局，这种要素禀赋的不同和地区比较优势差异使产品和要素跨地区流动，生产率得到提高，资源配置优化，促进经济高质量发展。二是相互竞争合作理论。该理论认为区域经济发展，企业间竞争不可避免，企业间竞争可以更好地发挥市场调节作用，提高资源利用效率。合作则指的是区域间的合作，区域间进行资源整合、优势互补，同时促进经济协调发展。竞争合作理论为区域核心竞争力发展提供思路，区域间可以通过深入合作、有效竞争，整合关键要素，为区域经济高质量发展提供核心竞争力。三是由查理·库珀提出的相互依存理论。该理论认为国家（地区）间经济发展存在广泛、密切的联系，通过产品、要素跨区流动，以及竞争、合作，可以提升地区整体经济发展质量。

二、创新驱动理论

1912 年，约瑟夫·熊彼特在《经济发展理论》中首次提出“创新”一词，将其定义为新的生产函数，并将生产函数和条件进行新的组合，进而引进生产体系。20 世纪中期，刘易斯在《二元经济论》中展示了经济发展模型，在劳动、土地、资本的基础上加入了创新作为生产要素，提出了拐点理论。1990 年，迈克尔·波特在《国家竞争优势》中首次提出创新驱动发展理论，提出国际竞争力的 4 个阶段，体现了各个国家在不同时期如何建立竞争优势。

党的十八大以来，创新驱动作为发展战略被提到前所未有的高度。党的十八届五中全会进一步提出创新发展理念，明确创新是引领发展的第一动力。党的十八大报告明确定义了创新驱动发展战略，即把科技创新置于国家整体发展的核心位置。2014 年，习近平在中国科学院和中国工程院两院院士大会上强调，要坚定不移贯彻科技兴国战略和创新驱动发展战略，实行创新驱动发展战略最基本的是要加强自主创新能力，最迫切的是要破除体制机制障碍，要最大限度地解放和激发科技作为第一生产力所包含的巨大潜力。

创新驱动发展的内涵和本质主要包括以下 5 个方面。

第一，创新驱动发展的根本要求是激发人的创造力，从技术上寻找突破口，实现从技术上的模仿到具有自主创新力的跨越，通过大力培养和引进高素质人才，并依靠体制机制创新，充分激发人们的创新潜力。由于传统产业已经产能过剩，原来的技术能力已经饱和，追逐者与被追逐者的博弈尚未实现双赢的局面，代表着进口技术的产业追踪策略是不可持续的，提高原有的创新能力和实施新技术成为中国创新驱动发展战略的必然选择。

第二，创新动力的含义是强调通过技术创新促进经济增长，与内生经济增长的含义是共通的。因此，不同于过去的增长理论，创新驱动理论强调创新在经济增长中的作用，尤其把技术创新置于举足轻重的位置，并且认为劳动分工和专业化的人力资源是技术创新的决定性因素，同时，创新的政策环境对提高技术创新水平具有不可替代的作用。创新驱动理论将技术、人力和知识整合在一起，使这3个方面共同发挥作用，以提高创新能力，实现经济的内生增长。

第三，创新驱动是一个内部相互联系、相互作用的有机整体。创新驱动内部要素相互关联，一个完整的创新系统由创新主体、创新环境、创新机制等组成，创新主体包括企业、高等院校等具有创新能力的主体，创新环境包括法律、市场、文化信息软硬条件，而知识、劳动、科学技术等构成了创新资源要素，不同要素相互融合，形成了一个有机联动、开放的创新系统。

第四，创新驱动不是一个静态的、多主体独立工作的系统，而是一个从创新发现、创新孵化到创新成果转化的多个链条紧密相连、环环相扣的动态发展过程。将多个创新主体与社会需求、企业应用、市场开发等创新环节连接起来，形成一个知识创新、技术创新等相互协作、融合发展的创新整体。

第五，创新驱动是兼顾统筹全局和长远发展目标的发展战略，培养企业、产业和国家的经济竞争优势，是影响经济主体可持续发展力的重要因素。在创新驱动发展战略中，多种创新要素构成一个多层次的、普遍适用于企业、区域乃至国家的创新支撑体系。

三、可持续发展理论

20世纪以来，人类开始关注环境的变化，1972年，联合国召开的人类环境会议，正式讨论了可持续发展的概念。1987年世界环境与发展委员会发表了“我们共同的未来”报告，提出了“可持续发展”的战略思想，确定了“可持续发展”的概念：“既满足当代人的需要，又不对后代人满足其需要构成危害的发展。”1992年，联合国环境与发展大会召开，全球对可持续发展的讨论达到高峰，这次会议明确把发展与环境密切联系在一起。

随着世界各国对可持续发展越来越重视，我国对可持续发展的理解也越来越深入，学术界对可持续发展的定义也在不断完善，即可持续发展既要满足当代人的生活需求，提高当代人的生活质量，还要不损害后代人的生活环境，既要满足一个地区和国家的发展要求，又不能损害其他地区和国家可持续发展的能力。

在可持续发展理论中，一个区域的可持续发展不仅包括经济可持续，还包括生态和社会的可持续，三者要协调统一。

第一，经济可持续发展注重经济发展质量的提升，但并不否定经济数量的增长，强调在经济数量增长的同时，更加重视经济增长的质量，不能简单依靠要素投入促进经济增长，避免过去“三高”的生产方式，要提倡利用清洁能源，提倡绿色消费，以形成绿色低碳的生活和生产方式。

第二，生态可持续发展不是指生态和经济社会发展背道而驰，一味强调保护环境，而是要求经济社会在自然生态环境可承载的前提下发展，因此，我们必须转换发展方式，从实质上解决经济、社会与生态的发展问题。

第三，社会可持续发展从社会角度诠释可持续发展，社会可持续是可持续发展的根本目的，因此，必须以人为本，提高人们的生活质量和健康水平，提供一个有良好教育、公正法治、平等自由的社会环境，经济可持续是社会可持续的基础，只有在经济达到较高水平时，人才可能追求较高的生活质量，而生态可持续是社会可持续的条件，生态环境改善的同时，人们的生活环境也会改善，可持续发展要求“经济—社会—生态”系统和谐发展。

参考文献

[1] 本书编写组. 中共中央关于坚持和完善中国特色社会主义制度推进国家治理体系和治理能力现代化若干重大问题的决定 [M]. 北京：人民出版社，2019.

[2] 刘瑞，郭涛. 高质量发展指数的构建及应用——兼评东北经济高质量发展 [J]. 东北大学学报（社会科学版），2020，22（1）.

[3] 魏敏，李书昊. 新时代中国经济高质量发展水平的测度研究 [J]. 数量经济技术经济研究，2018，35（11）.

[4] 任保平. 中国经济增长质量的观察与思考 [J]. 社会科学辑刊，2012（2）.

[5] 王薇，任保平. 我国经济增长数量与质量阶段性特征：1978—2014 年 [J]. 改革，2015（8）.

[6] 任保平. 新时代中国经济从高速增长转向高质量发展：理论阐释与实践取向 [J]. 学术月刊，2018（3）.

[7] 盛来运. 建设现代化经济体系 推动经济高质量发展——转向高质量发展阶段是新时代我国经济发展的基本特征 [J]. 求是，2018（1）.

[8] 梁炜. 科技创新支撑中国经济高质量发展的理论与实证研究 [D]. 西安：西北大学，2020.

[9] 杨伟民. 贯彻中央经济工作会议精神 推动高质量发展 [J]. 宏观经济管理，2018（2）.

[10] 任保平，文丰安. 新时代中国高质量发展的判断标准、决定因素与实现途径 [J]. 改革，2018（4）.

[11] 金刚，沈坤荣. 新中国 70 年经济发展：政府行为演变与增长动力转换 [J]. 宏观质量研究，2019（7）.

[12] 安淑新. 促进经济高质量发展的路径研究：一个文献综述 [J]. 当代经济管理，2018（9）.

[13] 田秋生. 高质量发展的理论内涵与实践要求 [J]. 山东大学学报（哲学社会科学版），2018（6）.
[14] 王进富，陈振，周镭. 科技创新政策供需匹配模型构建及实证研究 [J]. 科技进步与对策，2018（16）.
[15] 韩增林，李博，陈明宝，等. "海洋经济高质量发展"笔谈 [J]. 中国海洋大学学报（社会科学版），2019（5）.
[16] 刘桂春，解佩佩. 中国海洋经济高质量发展能力时空差异演化研究 [J]. 海洋经济，2021（1）.
[17] 鲁亚运，原峰，李杏筠. 我国海洋经济高质量发展评价指标体系构建及应用研究 [J]. 企业经济，2019（12）.
[18] 黄灵海. 关于推动我国海洋经济高质量发展的若干思考 [J]. 中国国土资源经济，2021（6）.
[19] 狄乾斌，韩增林. 辽宁省海洋经济可持续发展的演进特征及其系统耦合模式 [J]. 经济地理，2009，29（5）.
[20] 何广顺，周秋麟. 蓝色经济的定义和内涵 [J]. 海洋经济，2013（4）.
[21] 刘桂春，解佩佩. 中国海洋经济高质量发展能力时空差异演化研究 [J]. 海洋经济，2021（1）.
[22] 迟泓. 加快培养海洋新兴产业 推动海洋经济高质量发展 [N]. 中国海洋报，2018-09-27.
[23] 李大海，翟璐，刘康，等. 以海洋新旧动能转换推动海洋经济高质量发展研究：以山东省青岛市为例 [J]. 海洋经济，2018，8（3）.
[24] 丁荣清，肖侠，刘珂. 基于 DEA 的海洋企业创新绩效评价 [J]. 中国市场，2021（26）.
[25] 高曦. 海洋经济高质量发展的对策研究 [J]. 经济师，2020（12）.
[26] 孙辉，安然，胡振宇. 我国海工装备制造业全要素生产率研究 [J]. 海洋开发与管理，2016（12）.
[27] 朱佳. 国家中心城市经济高质量发展水平测度研究 [D]. 西安：西安理工大学，2020.
[28] 李晓楠. 高质量发展评价指标体系构建与实证研究 [D]. 杭州：浙江工商大学，2020.
[29] 郇恒飞. 我国海洋经济高质量发展水平测度及空间差异 [J]. 苏海洋大学学报（人文社会科学版），2021（3）.
[30] 孙才志，李博，邹伟. 海洋经济高质量发展的研究进展及展望 [J]. 海洋经济，2021（1）.
[31] 边少颖. 产业转型升级对经济高质量发展的影响研究 [D]. 西安：西北大学，2019.

第三章
海洋经济高质量发展的体系建构

高质量发展是新发展理念引领下的发展，是可持续发展在“五位一体”总体布局中的充分拓展和升华。目前，国内大多数学者都是从地理学、经济学、海洋环境学、生态学等单一学科和视角出发对海洋经济高质量发展进行分析的，由于研究主题、研究视角不同，不同研究领域的学者对于海洋经济高质量发展的概念、构成及其分析框架尚未达成共识。我们应在系统梳理海洋经济高质量发展基本概念、主要特征和理论内涵的基础上，立足要素与系统、整体与局部、链条与环节、国际与国内等海洋经济高质量发展现实问题，构建海洋经济高质量发展的内在逻辑框架。

第一节　海洋科技高质量发展

创新是引领发展的第一动力，是海洋经济高质量发展的战略支撑。创新包括技术创新、管理创新、市场创新、制度创新、思想创新等，从创新发生、发展的过程来看，我们需要考虑创新要素、创新平台、创新环境和创新的最终成果。因此，有必要构建高质量的创新驱动经济模式，不断提高海洋经济创新水平。

一、高质量的创新要素

随着海洋经济由高速发展转向高质量发展，原有经济增长要素如劳动力、资源、土地等的数量红利正在消失，随之而来的转型期创新能力和人才资源成为要素瓶颈，我们必须通过集聚高质量创新要素，提升海洋经济发展的全要素生产率。在研发投入方面，R&D（研究与开发）投入强度可以作为衡量海洋科技创新活动要素投入和资金保障的重要指标，反映用于海洋基础研究、应用研究和试验发展的要素投入情况，要不断加大 R&D 经费投入强度和 R&D 人均经费支出。同时，我们要保障海洋人力资本投入，提高海洋科技人员占比，通过培育和集聚海洋专业人才，逐步形成海洋人才竞争优势。

二、高质量的创新路径

创新路径是对创新要素资源的优化配置，是引入知识、技术等要素后，对各类创新资源的整合与盘活，优化生产方式、提升劳动者素质，是对现有均衡的打破，重新组合资源。在微观层面，主要是发挥涉海企业创新的主体作用，通过增加创新投入、突破关键技术、创新商业模式，或通过优化生产流程、提升组织水平等手段调整生产，应对新市场需求，提供具有附加值、质量更高的产品。在中观、宏观层面，则需要政府部门进行体制机制创新，通过系列政策和配套措施构建海洋领域的协同创新体系、创新平台等，促进创新链与产业链的纵向与横向协同发展，打造区域海洋经济新增长点，不断增强海洋经济的创新力和竞争力。

三、高质量的创新成果

创新成果是检验创新活动最直接的标准，高质量的创新活动需要高质量的创新成果进行检验。海洋科技创新活动是要素投入和创新平台共同作用的结果，在海洋科研方面，可以通过各级、各部门海洋横向、纵向的课题研究数量，取得的发明专利数、专利申请和授权数等体现海洋科研的直接成果，来反映海洋科技创新能力和综合实力。从科技创新服务产业化角度来看，成果的应用水平是重要的评价要素，包括海洋科技成果转化效率、海洋资源开发利用效率、投入产出比等。目前，大多数海洋产业属于技术密集型产业，亟须关键核心技术的研发和改进作为支撑，海洋资源的开发利用、产品的研发制造、海洋产业的运行和管理等都离不开科学技术的支持。

第二节 海洋产业高质量发展

海洋产业的高质量发展首先要有量的积累，在产业规模不断扩大的基础上，进行持续不断的结构优化调整，与此同时，产业内的分工合作、产业间的协作联动，都在完善产业链的过程中，形成区域布局即集聚或集群式发展，使产业迈向发展的高级阶段、更具竞争力的阶段。

一、高质量的总量

海洋产业发展具有的规模和体量是一切的基础，衡量产业发展最直接的指标就是产业增加值，这也是海洋生产总值的主要构成部分。海洋经济发展规模及对海洋资源的开发利用效果，可以用海洋产业增加值、海洋相关产业增加值核算来反映，而海洋生产要素的利用效率、海洋生产力水平的高低可以通过固定资产占海洋生产总值的比重、劳动生产率来反映。这与海洋经济转型期特征紧密相关，海洋战略性新兴产业开始崭露头角，主要是依托产业价值链和产品附加值提升来实现的。

二、高质量的结构

高端化、高效化、绿色化是海洋产业转型升级和结构调整的主导方向，产业内部资源、要素重新整合，各产业部门的生产资料与要素实现优化配置，分工进一步深化，不同产业协调均衡发展，由粗放型增长向集约型增长转变。与此同时，海洋高端服务业、海洋生物医药业、海洋新材料业、深海装备制造业等新兴产业部门进入全新的发展阶段，海洋优势主导产业多元化发展，适应更新的市场需求，为市场提供差异化、定制化的产品与服务方案。产业结构的升级是实现海洋产业高质量发展的关键途径，合理评价海洋产业结构合理化水平、产业结构高级化水平、产业结构多元化水平，可为海洋产业转型升级、高质量发展提供考核评价和战略指引。

三、高质量的布局

产业发展的高级阶段需要高质量的空间匹配，通过优化产业规划空间布局来推动产业高质量发展成为地方政府的共识。海洋产业发展的空间属性更加鲜明，更具有特殊性，大部分海洋产业都是临海或临港布局的，需要海陆统筹的空间规划，连片之后就是园区集聚的新空间。集聚发展可以有效提升地均产出水平和地均税收贡献，也可作为产业招引的关键指标。要引导龙头企业及上下游集聚发展，依托企业间各自分工和产业关联，构建区域内紧密联系的产业链条。集群产业链是产业链的高级形态，产业是创新要素流动的载体，可以通过构建产业链网络，打通产业链上下游环节，全方位塑造协同高质量创新链条，促进产业集群可持续、协同发展。

第三节　海洋城市高质量发展

在海洋经济演化、海洋产业升级过程中，海洋城市不仅是海洋经济、科技活动的集中地，而且是沿海地区人民优质生活圈的核心区。新型海洋城市应该以海洋资源作为基础，在海洋生态、海洋景观、海洋文化等领域进行深度和广度的开发，并实现和谐共生全面发展，以此体现海洋城市核心竞争力[①]。从海洋中心城市到现代海洋城市，城市管理、生态文化、营商环境等软实力越来越成为海洋城市高质量发展的重要方面。

一、高质量的港产城融合

目前，全球知名的海洋城市基本都是港口城市或者经历过港口发展阶段的城市，港产城的协调发展程度、发展水平成为衡量海洋城市发展质量的重要指标。港口作为城市基础交通设施与资源，是城市经济、社会发展的重要引擎。一方面，港口经济对城市发展的直接作用主要体现在其对城市经济增加值、就业和税收等的积极影响上；另一方面，港口经济提升与高质量发展带来的货物、人才、资金等的流动与增长，有助于优化城市功能、增强发展动力、推动公共基础设施建设、推进城镇化进程、提升全要素生产率，实现创新、绿色、高效的高质量发展。在港口促进城市发展的同时，城市经济发展、产业升级也为港口的高质量发展提供了支撑与保障。一方面，城市经济规模的增大能够为港口发展提供更加完善的资源、土地、集疏运等硬件设施和服务、贸易、金融等方面的良好环境；另一方面，城市对于高质量发展的重视以及出台的相关政策，有助于提升港口运营效率和智能化、绿色化水平，在港口高质量发展的演化进程中提供技术、制度与管理支撑。因此，高质量的港产城融合应该是港口所在地依托独特的区位优势与港口资源，发展临港产业集群、优化产业结构、建设港口城市发展体系；同时，借助产业与城市的需求优势与腹地支撑促进港口的高质量发展，实现港口、产业、城市的耦合协调发展与良性互动。

---

① 汪涛．“全球海洋中心城市”三问［EB/OL］．http://www.oceanol.com/fazhi/201804/19/c76210.html，2018－04－19/2020－02－01．

二、高质量海洋智慧城市

高质量的海洋城市需要高质量的城市基础设施，建立在现代数字信息技术基础上的智慧城市，就是未来城市高质量发展的样板。智慧城市建设对海洋城市的作用可以从三个层面来认识，一是微观层面，信息技术的深度应用有助于城市创新优质供给，扩大有效需求，从而完善市场价格机制；二是中观层面，智慧城市建设有助于新一代信息技术的加速迭代，与智慧产业高端化发展构成良性互动机制；三是宏观层面，新一代信息技术的迭代应用有助于优化政策环境、制度体系和生态系统，激发全社会创新创业活力，提升资源配置效率，从而实现经济高质量发展。海洋城市的智慧化、智能化、数字化又有其自身特点，需要国家超前谋划适应未来发展的“海陆空天”一体化信息基础设施建设，建设地上地下全通达、多网协同的泛无线网络，完善片区骨干网和统一的政务专网，实现全面感知、智能控制、广泛交互和深度融合，构建智慧城市的神经末梢网络。此外，还要深度应用互联网、大数据、人工智能等技术，支撑传统基础设施转型升级，推进智慧交通、智慧水务、智慧能源等融合基础设施发展，提升城市治理效率。

三、高质量海洋城市建设

海洋城市作为城市发展的高级形态，是伴随着产业的不断变革、演化而形成的。有魅力的海洋城市，既是一个有着独特个性和风格的沿海城市，又是有着丰富而深厚的海洋文化底蕴的沿海城市。建设高质量、有魅力的海洋城市，需要充满活力的经济、科学的城市规划、优雅的城市环境、独特的民俗风情、悠久的历史和积极向上的精神风貌等构成的城市系统。建设高质量的海洋城市，需要构建高质量的海洋公共服务设施体系。一方面，要深入挖掘海洋文化价值，要精选一批凸显海洋文化特色的经典元素和标志性符号，纳入海洋新城规划建设，构建特色滨海公共空间。通过地标设计、界面控制，塑造兼具国际湾区新城和海洋文化属性的特色风貌。另一方面，要积极推进岸线及海上资源的开发利用，集中布局高水平公共服务设施，促进生态人文要素与城市空间有机融合，构建海洋特质显著的公共空间网络，营造海湾、岛城和谐共融的滨海城市气象。

第四节　海洋生态高质量发展

我们要践行“绿水青山就是金山银山”的理念，推广低碳、循环、可持续的海洋经济发展模式，这是海洋生态高质量发展的目标，也是海洋经济高质量发展的必由之路。精准和恰当处理海洋经济发展与生态环境保护的关系，不仅是我国海洋强国建设的应有之意，更是全球人类命运共同体构建的重要支撑。

一、高质量的海洋环境保护

海洋生态环境竞争力是区域海洋经济综合竞争力的生态环境基础和支撑，反映区域海洋经济的环境承载与治理能力，以及生态健康状况。沿海地区经过高速发展阶段，由于海洋经济发展模式较为单一和粗放，产业结构不够合理，以及海洋产业无序扩张，近岸海域环境污染严重。近岸海域水质优良比例反映海水环境质量状况，万元生产总值废水排放量反映污染减排成效，工业废水直排入海率和赤潮灾害面积反映了海洋经济活动对海洋生态环境造成的污染压力，同时，沿海地区工业污染治理完成投资占地区生产总值比重反映了沿海地区污染治理投入情况，成为沿海地区经济发展与环境保护关系的指示器。

二、高质量的海洋生态建设

在海洋经济高质量发展的目标导向下，我们需要在不破坏海洋生态环境的前提下，强调人与自然和谐相处，合理开发利用海洋资源，保护海洋生态系统，严守生态功能基线、环境安全底线，需要更重视海洋生态保护与生态修复，最大限度挖掘海洋生态价值，通过制度设计构建协同发展模式。海洋生物多样性指数反映海洋环境质量和海洋生物资源的丰富性，海洋自然保护区面积反映了海洋生态环境的平衡和稳定能力，近海与海岸湿地面积则反映了具有重要生态价值的近海与海岸湿地保护情况。在碳达峰、碳中和战略目标下，蓝色碳汇成为海洋生态建设的又一亮点。探索发挥蓝碳的自然中和载体作用，充分发挥蓝碳的巨大固碳能力，为实现碳中和愿景目标提供了新的途径。国家需要推进基于转移支付或补偿金的海洋生态补偿，大力推动蓝色碳汇产业发展。积极推进海洋生态产品价值实现，有助于将海洋生态优势不断转化为海洋生态农业、生态工业、生态旅游等经济优势，助力海洋经济高质量发展。

第五节　海洋治理高质量发展

海洋强国代表着强大的海洋治理能力,海洋治理能力则根源于海洋治理体系的科学性和系统性。建设海洋强国，必须着眼于建设社会主义现代化强国，着眼于构建人类命运共同体，着眼于全球海洋公共产品的有效供给，从对内的海洋综合管理和对外的海洋全球治理两个角度，推动海洋治理体系与海洋治理效能的互动。

一、高质量示范海洋综合管理

海洋综合管理创新示范，是在遵循海洋生态系统内在规律、保持生态系统动态平衡和服务功能的基础上，通过综合运用法律、行政、技术等多种手段实现海洋资源的永续利用，是对国家海洋治理体系、治理能力现代化的重要支撑。我们要探索完善海洋综合管理制度，建立健全海洋政策法规体系和海洋规划体系，推动海洋生态环境管理制度创新，提高海域资源利用和行政管理效率；要加强海洋综合管理能力，以加强组织机构建设为突破口，构建多部门协作联动机制，建立“三个一”工作机制，即一个全覆盖的海洋动态监视监测系统、一套完善的海洋管理技术标准和海洋规划“一张图”平台，为海洋综合管理奠定坚实基础，为全面深化海洋综合管理提供有力保障。同时，我们还要在河湾联治、海洋生态修复、海洋产业等领域建设一批示范性项目，优化海域资源配置方式，促进生产、生活与生态功能协调发展。

二、高质量参与海洋全球治理

随着经济全球化的日益深入，作为沟通和联系各国的桥梁和纽带，海洋在全球一体化中的地位更加凸显，海洋所担负的承载国际贸易、支持科技创新、提供生态服务等作用更加突出，面向全球的海洋治理能力成为海洋强国的显著特征之一。我国不断主动谋求融入全球海洋治理体系，涉及全球治理、区域合作、多边和双边机制等多个层面，涵盖海洋国际秩序领域、海洋公共产品供给领域、海洋资源的开发与利用领域和海洋科技合作领域等多个领域。我们有必要坚持“倡导全球海洋命运共同体理念”和“共商共建共享理念”，参与建立新时代海洋秩序，提升海洋公共产品供给能力，聚焦“一带一路”倡议构建蓝色伙伴关系，加强全球海洋治理能力建设，积极建立海洋保护区，逐步增强我国在全球海洋治理中的话语权和影响力。

参考文献

[1] 孙才志．海洋经济高质量发展的研究进展及展望［J］．海洋经济，2021（1）．

[2] 纪建悦，孙筱蔚. 海洋产业转型升级的内涵与评价框架研究 [J]. 中国海洋大学学报，2021 (6).
[3] 徐丛春，李先杰，胡洁，等. 沿海地区海洋经济综合竞争力评价研究 [J]. 海洋经济，2021 (3).
[4] 程曼曼，陈伟，杨蕊，等. 我国海洋经济高质量发展指标体系构建及时空分析 [J]. 基于海洋强国战略背景资源开发与市场，2022 (1).
[5] 赵晖，张亮. 天津海洋经济高质量发展内涵与指标体系研究 [J]. 中国国土资源经济，2020 (6).
[6] 陈妍汐. 高质量发展理念下江苏海洋产业竞争力评价研究 [D]. 徐州：中国矿业大学，2021.
[7] 简逸晨. 金融发展对海洋经济增长的影响研究 [D]. 厦门：集美大学，2019.
[8] 周阳敏，桑乾坤. 国家自创区产业集群协同高质量创新模式与路径研究 [J]. 科技进步与对策，2020 (1).
[9] 杨钒，关伟，王利，等. 海洋中心城市研究与建设进展 [J]. 海洋经济，2020 (6).
[10] 康译之，何丹，高鹏，等. 长三角地区港口腹地范围演化及其影响机制 [J]. 地理研究，2021，40 (1).
[11] 刁姝杰，匡海波，李泽，等. 港口发展对经济开放的空间溢出效应研究—基于两区制空间 Durbin 模型的实证分析 [J]. 管理评论，2021，33 (1).
[12] 张旭，魏福丽，吕明睿，等. 高质量发展视域下环渤海地区港产城融合研究 [J]. 资源开发与市场，2022 (3).
[13] 湛泳，李珊. 智慧城市建设、创业活力与经济高质量发展 [J]. 财经研究，2022 (1).
[14] 韩柯子. 促进城市迈向高质量发展高水平均衡 [J]. 宏观经济管理，2022 (2).
[15] 刘恒，龙邹霞，林河山，等. 魅力海洋城市指标体系初探 [J]. 海洋开发与管理，2012 (3).
[16] 范振林. 开发蓝色碳汇助力实现碳中和 [J]. 中国国土资源经济，2021 (4).
[17] 许忠明，李政一. 海洋治理体系与海洋治理效能的双向互动机制探讨 [J]. 中国海洋大学学报 (社会科学版)，2021 (2).
[18] 钮钦. 全球海洋中心城市：内涵特征、中国实践及建设方略 [J]. 太平洋学报，2021 (8).

海洋经济高质量
发展理论与实践

第四章
欧洲海洋经济发展经验

第一节　英国

一、海洋经济发展

英国的海洋休闲产业、装备产业、商贸产业和可再生能源产业为未来重点发展的四大海洋产业。

英国的海运业是传统优势行业，尽管中国、韩国和日本在大型造船领域占据主导地位，但英国仍是一个公认的设计、工程、海洋设备和研究中心，是国际领先的金融和专业服务中心，是全球海上商业服务中心。

英国在超级游艇制造业中排名全球第一，并且是世界上最成功的大型游艇设计师的故乡，在商业和海军改装方面也是欧洲的先进代表，在欧洲的海上设备供应方面排名第四，并且在复杂的战舰和潜艇的设计、建造和项目管理方面拥有世界领先的专业技能。据《英国海洋产业增长战略》，2014—2020 年英国为非国防复杂船舶系统提供服务投入约 480 亿美元，在全球这一市场的渗透率达到 10%。

英国的海上风电产业发展迅速，由英国商业、创新和技术部，以及英国能源和气候变化部在 2013 年联合发布的海上风电产业发展战略《海上风电产业战略——产业和政府行动》，明确了促进海上风电产业发展的五大重点，分别是明确和稳固市场预期、提升本土企业竞争力、系统支持研发和技术创新、推动和鼓励金融资本注入、夯实高技能人才基础。

二、海洋科技创新

英国的海洋科技特色聚焦在海洋酸化研究与海岸带灾害研究领域，并在

《2025 海洋研究计划》《英国海洋科学战略（2010—2025）》《大科学装置战略路线图》中得到了集中体现（见表 4-1）。

表 4-1　英国海洋科技特色领域

领域	内容
海洋酸化研究	海洋酸化的研究已成为国际热点，英国对海洋酸化的研究也非常重视，发起了“英国海洋酸化”研究项目并加强对北极地区海洋酸化问题的研究
海岸带灾害研究	2012 年，英国先后启动两项针对海岸带安全的研究项目，充分体现了英国对海岸侵蚀、洪水、海啸等问题的关注

资料来源：作者绘制。

（一）《2025 海洋研究计划》

旨在提升英国海洋环境知识，以便更好地保护海洋。英国自然环境研究委员会向该项计划提供了大约 1.2 亿英镑的科研经费。该项研究计划有利于解决英国主要海洋研究单元的协作问题，探索消除“海洋研究部门之间的壁垒”的方法。该计划资助 10 个研究领域，是一个兼具国际视野和国家特色的海洋研究计划。

（二）《英国海洋科学战略（2010—2025）》

旨在促进政府、企业、非政府组织以及其他部门支持英国海洋科学发展和海洋部门间合作。该报告明确了英国海洋科学战略的需求、目标、实施以及运行机制，并对 2010—2025 年英国的海洋科学战略进行了展望。

（三）《大科学装置战略路线图》

旨在显著提高对海洋科研基础设施的关注度，重点支持发展八项科研大装置，其中涉及海洋研究的大科学装置有四项。

英国主要的海洋科技战略规划的具体内容见表 4-2。

表 4-2　英国海洋科技战略规划

计划名称	研究方向概况
2025 海洋研究计划	气候、海洋环流和海平面：气候变化背景下的大西洋和北极地区等
	海洋生物地球化学循环：在高二氧化碳的环境中，海洋生物地球化学循环及其反馈；生物碳泵及其对气候变化的敏感性
	大陆架及海岸演化：海岸与陆架的相互作用；人类活动和气候变化对河口、近海和陆架海生态系统功能的影响

（续表）

计划名称	研究方向概况
2025海洋研究计划	生物多样性和生态系统功能：调节海洋生物多样性的机制；生态系统服务的恢复力及可预测性；海岸带生态系统的生存
	大陆边缘及深海
	可持续的海洋资源利用
	人类健康与海洋污染的关系
	海洋技术开发：海岸带和海洋模拟系统，生物地球化学传感器
	海洋预报：海洋生态模拟系统及其不确定性
	海洋环境综合观测系统集成：公海和近海观测，海洋动物和浮游生物监测
	海洋酸化
英国海洋科学战略（2010—2025）	海洋生态系统的运作机制：了解生物多样性；利用自然科学、社会和经济科学为可靠的“良好环境状态”指标建立基础
	气候变化及与海洋环境的相互作用：研究气候变化和海洋酸化的影响
	维持和提高海洋生态系统的经济利益：研究可再生能源对环境的影响；建立保护区保护生物多样性、提高渔业产量
大科学装置战略路线图	欧洲极地研究破冰船“北极光号”
	欧洲海洋观测基础设施（Euro Argo），该计划准备建成欧洲的基础观测系统，以提高欧洲国家的整体能力
	欧洲多领域海底观测（European Multidisciplinary Seafloor Observation，EMSO），观测站分布于欧洲海岸，可采集地震、海底滑坡、海啸、海底风暴、生物多样性改变、污染和其他通过常规海洋学监测不能探测到的数据
	发展北极斯瓦尔巴特群岛综合观测系统，加强对北极地区的研究
	海洋酸化研究：随着全球气候变暖，海洋二氧化碳浓度逐渐升高，海洋酸化对海洋生物及人类的影响也已经逐渐显现并日趋严重，针对海洋酸化的研究已成为国际科学界的一个热点。英国对海洋酸化的研究也非常重视，发起了“英国海洋酸化”研究项目并加强对北极地区海洋酸化问题的研究
	海岸带灾害研究：英国四面环海，拥有绵长的海岸线，众多人口和许多重要的城市均分布在沿海地区，因此长期以来英国十分重视海岸带地区的安全问题。2012年，英国先后启动两项针对海岸带安全的研究项目，充分体现了英国对海岸侵蚀、洪水、海啸等问题的关注

资料来源：根据调研所得。

从20世纪80年代开始，英国从国家层面综合布局海洋研究力量，政府对海洋研究机构的引导协调能力逐渐加强。2008年，英国重新组建了海洋科学协调委员会，该委员会由21个政府部门、企业代表及相关专家组成，主要负责协调分布在不同政府部门中的涉海机构的运行。英国海洋研究主体由海洋研究机构和研究型大学构成（如图4-1），其中，海洋研究机构可以分为四类：专门性研究机构、区域性研究机构、综合性研究机构和海洋综合调查机构。

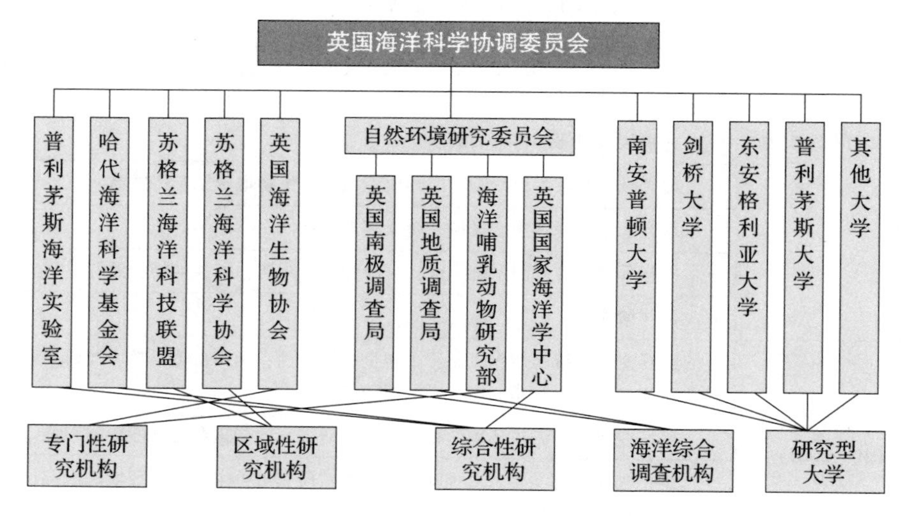

图4-1　英国海洋研究主体概况

资料来源：根据调研所得。

三、海洋特色产业

海洋可再生能源产业。20世纪90年代以来，海上风能、潮汐能、波浪能发电进入商业化发展阶段。英国的海洋可再生能源技术发展最为迅速，产业发展前景最为明朗。2003年，英国政府公布的《能源白皮书》提出，到2020年，英国可再生能源占总能源的比重将增加到20%。2010年，英国政府发布《海洋能源行动计2010》，绘制了英国海洋能源领域至2030年的愿景和技术路线图，该行动计划覆盖了海浪、潮差和潮汐流等能源。

渔业经济产业。英国的渔业资源主要来源于世界著名的四大渔场之一——北海渔场，英国是欧盟国家中最大的渔业国之一，其主要品种捕捞量占欧盟的1/4。大不列颠群岛周围的海洋区域都是水深不到200米的大陆架，不仅适于鱼类繁衍生长，而且便于捕捞作业。

海洋油气产业。英国的海上矿产资源包括煤、铁、石油和天然气、晶石、锡等。其中，北海油气资源是英国最主要的矿产资源，北大西洋也有一些较小的油田。英国现有255个海上油气田，产量占英国化工燃料的很大比例，英国拥有已探明原油储量50亿桶，天然气储量约为26.7万亿立方英尺。

海上风电产业。英国海上风电产值稳居世界第一。英国拥有欧洲近一半的海浪能资源、超过1/4的潮汐能资源；英国可再生能源协会指出，到2020年，英国海洋能发电行业市场价值达到51亿美元，到2050年海洋能源领域可以为英国创造150亿英镑的产值。目前，英国海上风能发电项目设计、安装和运作技术已经成熟。据估计，英国海上风电产业每年将创造80亿英镑的产值，并可为英国新增7万个就业岗位。

滨海旅游产业。英国文化传媒体育部在2011年出台了新的旅游产业发展战略，即“政府旅游政策”，提出了三大发展目标：一是投资1亿英镑用于开展吸引海外游客的营销活动，以期在以后的4年内吸引400万海外游客；二是增加英国居民在国内旅游的比例；三是提高英国旅游产业生产力，跻身世界效率最高和最富竞争力的旅游经济国家前5强。

第二节　德国

一、海洋经济发展

海洋经济是德国最重要的经济分支之一，其经济活动遍及德国全境，供货配套企业分布在德国的所有地区。德国海洋经济每年总产值约为500亿欧元，直接或间接创造约40万个就业岗位。德国船舶业产值约为180亿欧元；海洋风能设备的投资达45亿欧元，2030年海洋风电将满足德国约10%的用电需求；海洋高端技术产品产值约占全球的7%；集装箱运力约占全球的30%，商船队规模位居世界第四。强大的海洋经济是德国成为出口大国的基础，2016年年底，德国联邦政府发布了《海洋议程2025》，该议程明确了德国海洋经济的地位、政策实施的9个领域和目标，以及落实目标需采取的10项措施，为海洋经济的发展指明了方向。

二、海洋科技创新

德国海洋科技发展的主要特点是：工业4.0向海洋科技领域延伸。以工业4.0概念为基础形成的海洋产业4.0，核心是对数字化信息技术和海洋产业的融合。其实施的关键在于整合包括机械设备、物流、电子、信息通信技术、教育培训等领域的专业知识和资源。为此，德国政府为跨行业企业搭建交流沟通平台，积极促成企业间的战略伙伴合作，旨在通过加强内部合作确保德国在该领域的领先地位。

作为工业 4.0 的向海延伸，《海洋议程 2025》预计海洋产业 4.0 在开发、生产、运营、服务等多方面的应用将显著提升各类海洋产业的效率。数字化信息技术的发展与应用（例如 3D 打印、智能互联等），将进一步降低小批量、定制化制造体系的生产成本，更加灵活、迅速地将想法转化为产品，从而提升制造类企业的效率和竞争力。更为关键的是，引入数字化技术手段对数据流进行有针对性地分析、评估和管理，将极大提高港口物流、海上交通运输等行业的作业效率，并借助数据的收集与整理实现对货运产业链条的全面优化。

此外，早在开发工业 4.0 时，德国已经为与工业数字化转型相关的国内外活动建立了一个集成网络平台。该平台提供有关企业竞争对手与社会合作伙伴等的信息，旨在汇集来自产业界、科学界、社会界的利益相关方提出专题建议，并动员企业向该平台提供自身信息。该平台有效地形成了各方信息与利益的闭环，吸引不同行业、不同类型的人员加入，从而有效地推动了德国工业 4.0 的开展。

目前，德国参与海洋科学研究的政府部门有德国联邦教育与研究部，环境、自然保护与核安全部，运输部，经济部，粮食、农业与森林部，以及国防部。据统计，几乎所有联邦州大学中都设有海洋研究机构。阿尔弗雷德·魏格纳极地与海洋研究所是德国海洋科研力量最强的机构，基尔大学和汉堡大学以及不来梅大学也是德国海洋研究的主要力量。

三、海洋特色产业

造船业。造船业是德国北部地区的支柱产业，2014 年德国造船业交付订单总价值为 24.52 亿欧元，位居世界前列。随着市场竞争进一步激烈，造船领域开始转型，德国企业的份额主要集中在研发和设计密集型高科技产品上。

海工产业。2014 年全球海洋技术市场的年产值超过 3352 亿欧元，德国的高级终端产品在市场中占有重要的份额，约为 220 亿欧元（市场占有率约为 7%），未包含深海海底采矿、可燃冰开采、可再生能源（不含海洋风能）和蓝色生物科技等。

海洋矿产业。来自海洋的矿产原材料基本可以确保德国工业发展的长期需求，2014 年，德国矿产原材料的进口额约为 400 亿欧元。德国从 2006 年起就拥有了在太平洋地区勘探锰矿的许可证，自 2015 年起又拥有了在印度洋地区勘探多金属硫矿的许可证。

海洋交通运输业。德国逾 360 家航运公司经营着约 2700 艘海船。在集装箱航运领域，德国集装箱箱位数量占世界集装箱箱位数量的 29%，德国是航运业的国际领军者。

港口运输业。德国的港口运输业遍及沿海 21 个地区，海港工业服务船只每年有 12 万多艘次，创造了海洋贸易约 2/3 的产值。据预测，德国 19 个被评估的海港 2014—2030 年的年均增长率将达到 2. 8%。

海上风电业。2014 年，德国投入海洋风能设备建造的资金就达 45 亿欧元，2015 年海洋风能的出口比例达 50%，相当于约 20 亿欧元，未来出口比例甚至可达 75%。到 2016 年年底，德国水域的风能设备已经为电网贡献了 4000 兆瓦的电量，到 2020 年总发电量将超过 7000 兆瓦，到 2030 年，已经纳入立法的扩展目标是 15000 兆瓦。

第三节　挪威

一、海洋经济发展

挪威海洋产业的发展过程大致可以分为三个时期：起步时期、发展时期和转型时期。起步时期主要发展造船业及航运业，发展时期主要发展海洋油气业，转型时期主要发展海洋产品和服务业。

（一）起步时期：造船业及航运业

挪威在公元 800 年就开始经营造船业。奥斯陆就是在这一时期发展起来的。

在北方战争后，奥斯陆的经济随着贸易开始繁荣，成为一个贸易港口。1880 年，挪威成为世界第三大航运国。在两次世界大战期间，挪威大量生产捕鲸船、班轮运输和坦克船，并成为世界坦克船最重要的生产国之一。

（二）发展时期：海洋油气业

1972 年，为充分获取北海油气资源的收益，挪威国家石油公司（Statoil）宣告成立。1975—1985 年，亚洲造船业迅猛发展，挪威船舶产量下降 75%，奥斯陆作为主要的船舶工业城市，受到严重打击。造船业开始转向技术先进的船舶、海洋油气业。20 世纪 70 年代的石油危机加速了北海油气资源的开发进程。挪威利用自身在海洋领域的竞争优势，制造出许多技术先进的船舶，特别是用于海洋油气开采的先进船舶。

同时，许多传统的挪威的船厂和船坞企业将主营业务转向海洋油气开发领域，成为海洋油气的关键设备的供应商和设备安装的服务商。海洋油气业的繁荣极大地提升了挪威在全球海洋产业中的地位。2008 年，挪威的石油部门创造了其全国 26% 的增加值。

（三）转型时期：海洋产品和服务业

进入现代社会后，挪威在传统船舶制造和航运业基础上发展出门类齐全、产业链完整的海事业务。特别是在 20 世纪 60 年代，挪威在沿海大陆架发现石油和天然气资源，海事业与海洋油气业深度融合、相互促进、共同发展。如今，挪威已是世界上领先的海事国家之一，海事业已深深根植于挪威经济社会中，促进经济繁荣，提高民生福利。

挪威是当今世界主要的海洋油气关键设备供应商和安装服务商，近年来，海洋油气业大繁荣提升了挪威在全球海洋经济中的地位。在海洋工程设备制造和服务产业方面，挪威深入参与海洋产业供应链所有环节的分工协作。同时，挪威还是全球海洋高端服务的重要提供商，其优势领域包括船舶融资、保险、经纪和港口服务。目前，挪威的海洋设备制造商已深入参与海洋产业供应链所有环节的分工协作。

二、海洋科技创新

奥斯陆创新中心，位于 Gaustadbekk 山谷，是该地区首屈一指的商业孵化器，通过海事研究为创业企业提供有利环境。Gaustadbekk 山谷有奥斯陆大学、斯堪的纳维亚最大的独立研究组织——科学和工业基金会，以及康斯伯格集团（Kongsberg）。

三、海洋特色产业

根据挪威专业的研究机构，海事业务的定义是：拥有、运营、设计、建造各种类型的船舶及其他浮动平台，或提供相关设备及专业服务的业务。挪威海事业包括四大部门：船东、海事服务（包括技术服务、金融和法律服务、贸易服务、港口和物流服务）、船厂、海事设备（包括船舶设备、海洋工程船及平台设备、渔业捕捞及水产养殖设备）（如图 4－2）。

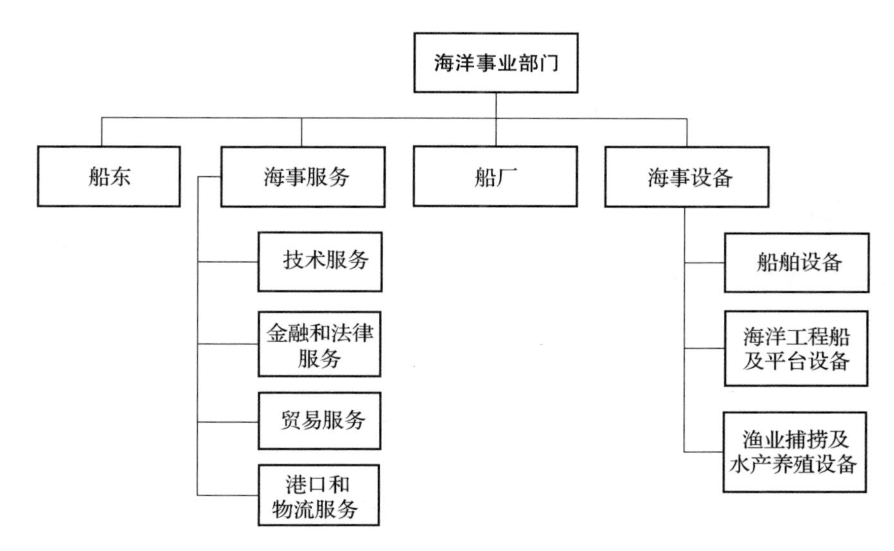

图 4-2　挪威海事业部门分类

资料来源：根据调研所得。

挪威的海洋产业由不同地区各具特色的产业集聚而成，而且其产业集聚具有完备性，具体表现在两个方面：

一方面，产业集群相对完善。挪威传统的海洋经济优势领域集中在捕捞、造船、航运等，但是近年来，挪威政府积极引导油气产业和配套服务业发展，比如海工设备及服务业，使得产业链得以延长、产业链附加值得以提升、产业链的国际化程度得以加深，从而夯实了海洋经济产业的金融服务需求基础。海洋经济业务是全球化的业务，金融服务的发展也是全球性的，这使得挪威在海洋金融领域同样具有很强的竞争力。

另一方面，海洋金融服务产业自身具有完整的产业链。海洋金融服务主要集中在奥斯陆。以海工设备出口为例，挪威海洋金融部门可以提供传统银行信贷、出口信贷及担保、债券、股权融资、股权投资（PE）以及有限合作基金（MLP）等金融服务，挪威海洋金融等专业服务产值占海洋经济的比重高达 20%，仅次于钻井平台与船舶。金融机构体系中，形成了以银行机构为主，保险与再保险、证券、投资银行等共同发展的格局。例如，挪威银行是挪威最大的金融服务集团，其船舶融资、海洋能源融资等业务水平居世界前列，并在渔业、航运、物流等方面具有一定的优势。

第五章
北美海洋经济发展经验

第一节　美国

一、海洋经济发展

2015 年，美国海洋相关经济活动总产值合计 3200 亿美元，共提供 320 万个就业岗位，主要涉海产业包括海洋建筑业、海洋生物资源业、海洋矿业、海洋船舶建造业、滨海旅游业、海洋交通运输业，在海洋生物医药、海洋可再生能源开发等方面有着巨大的发展潜力。

2015 年，美国海洋产业构成为：海洋建筑业占 2%，海洋生物资源业占 2%，海洋矿业占 33%，海洋船舶建造业占 6%，滨海旅游业占 36%，海洋交通运输业占 16%，滨海旅游业、海洋矿业与海洋交通运输业对美国国民经济贡献突出，贡献率分列前三，总占比超过八成（如图 5－1）。2015 年美国海洋产业规模同比增速分别为：海洋建筑业 4. 7%，海洋生物资源业 1%，海洋矿业 10. 7%，海洋船舶建造业 3. 4%，滨海旅游业 1. 8%，海洋交通运输业 2. 5%，海洋矿业增速相较其他产业有明显优势（如图 5－2）。

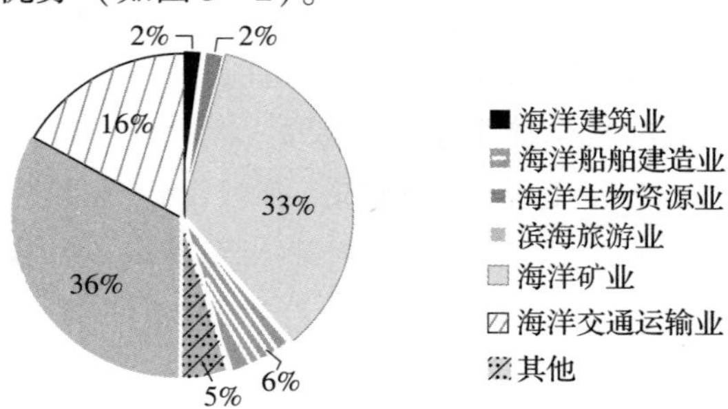

图 5－1　2015 年美国海洋产业构成

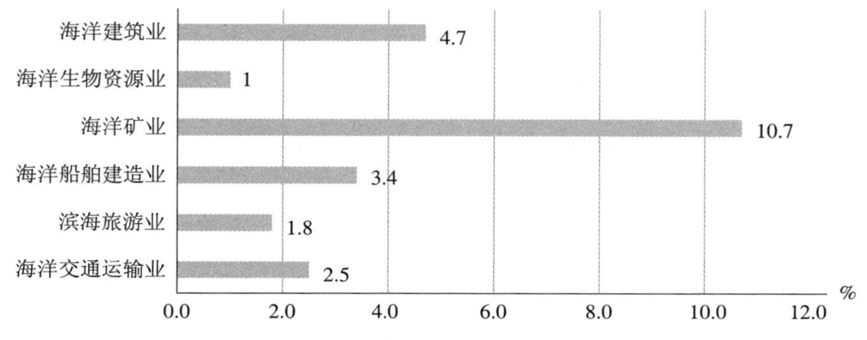

图 5-2　2015 年美国海洋产业规模同比增速

海洋产业从业人员构成为：海洋建筑业占 2%，海洋生物资源业占 2%，海洋矿业占 5%，海洋船舶建造业占 5%，滨海旅游业占 72%，海洋交通运输业占 14%，滨海旅游业占比超过七成（如图 5-3）。2015 年海洋产业从业人员构成同比增速为：海洋建筑业 3.7%，海洋生物资源业 0.9%，海洋矿业 -7.9%，海洋船舶建造业 2.6%，滨海旅游业 3.5%，海洋交通运输业 6.1%，海洋交通运输业从业人员数量增长较快，仅海洋矿业从业人员出现负增长现象（如图 5-4）。

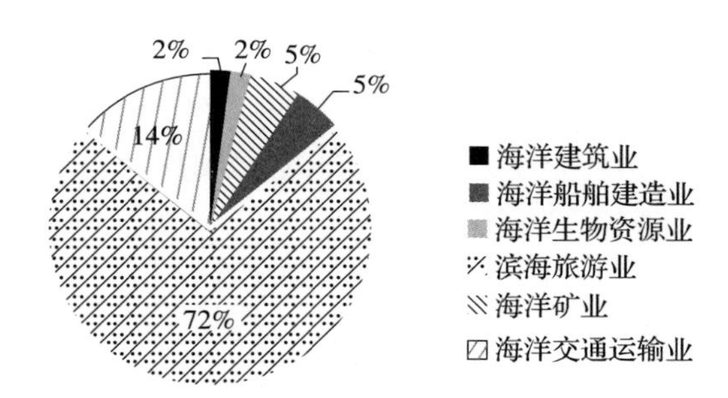

图 5-3　2015 年美国海洋产业从业人员构成

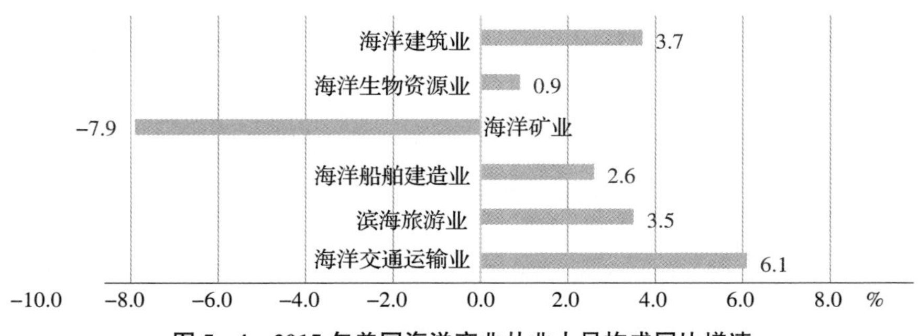

图 5-4　2015 年美国海洋产业从业人员构成同比增速

二、海洋科技创新

美国制定了一系列海洋科技战略规划，主要包括《美国国家海洋政策：实施规划》《美国海洋和大气管理局下一代战略计划》《海洋国家的科学：海洋研究优先计划》《2013—2017年北极研究计划》《墨西哥湾生态系统恢复的科学行动计划》《海洋科学2015—2025发展调查》（见表5－1）。

表5－1 美国海洋科技战略规划

计划名称	研究方向概况
美国国家海洋政策：实施规划	发展海洋基础科学，加强探索与研究
	以全球化视野探索和认识陆地、海洋、大气、冰川、生物及其与社会相互作用的综合性海洋科学技术
	加强海洋科技教育，提高海洋科技素质
	增强获取并提供海洋资料与信息的能力
	评估联邦海洋科学船队的状况，为未来（船队发展）规划和确保各部门对海洋科学船队进行有效管理提供信息
	发展海洋、海岸带和五大湖观测系统基础设施，为各类用户服务
	建设综合的海洋资料与信息管理系统，为实时观测服务
	在北极建设分布式生物观测站系统，监测各种变化，以增进对各种变化给社会与经济和生态系统造成的影响的认识
	完善为海洋科技决策服务的科学框架
	为海洋科学决策和基于生态系统的管理提供高质量的数据和必要的工具
	开发和共享海洋科技决策支持工具，以确定沿海地区土地保护与恢复的优先区域
美国海洋和大气管理局下一代战略计划	发展海洋气候预测技术
	发展海洋气象预警、预报技术
	发展健康海洋。即在健康、富有生产力的生态系统中维持富有生机的海洋渔业以及生物多样性
	发展具有恢复力的海岸社区和海洋经济
海洋国家的科学：海洋研究优先计划	海洋自然资源与文化资源管理。更加准确地评估、理解和预测海洋资源丰度与发展趋势；通过海洋应用研究加强人类获取和利用海洋自然资源的能力
	海洋自然灾害和环境事故。提高灾害的应对和恢复能力，以及提升灾害预测水平
	海洋运输与海洋环境。深化对影响海洋运输活动的环境要素的认识，更好地描述和预测海域状况

（续表）

计划名称	研究方向概况
海洋国家的科学：海洋研究优先计划	海洋与气候变化。理解气候变化，以及应用海洋研究成果完善气候模式，预测全球气候变化及其影响
	改善海洋生态系统健康。发展完善社会经济评估方法和模型，评估人类对海洋生态系统的影响
	增进人类健康。加深对给人类健康带来风险的海洋问题和相关过程的认识；利用海洋生态和多样性资源开发增进人类福祉的产品与生物模型
2013—2017 年北极研究计划	北极海洋生态系统
	北极陆冰与海洋生态系统
	地球北极热量、能量以及质量平衡的大气学
	北极观测系统
	北极区域气候模型
	支持北极可持续发展的气候适应工具
	人类健康
墨西哥湾生态系统恢复的科学行动计划	综合研究社会与海湾生态系统，构建墨西哥湾生态系统模型
	提高气象预报能力，加强气候变化的长期分析和建模
	全面了解流域范围，加强对沿海地区生活环境、海洋资源、食物网动态变化、栖息地利用和海洋保护区的研究
	利用最新的社会和环境数据研究沿海生态系统与人类社会发展的长期趋势及健康状态变化
	构建、检测和验证全面反映墨西哥湾沿岸环境与社会经济条件的指标
	栖息地采取“适应性管理”的弹性模式、海洋生物资源和野生动物监测所需要的决策支持工具的开发和信息获取
	集成已有计划的数据和信息；利用先进技术全面提高监测力度，制定并实施沿海环境改善计划
海洋科学 2015—2025 发展调查	海平面上升的速度、机理、影响及在不同区域的差异
	全球水循环、土地使用及上升海流对近海、河口海域及其生态系统的影响
	海洋生物地化和物理过程如何影响气候及其变化
	物种多样性对海洋生态系统恢复力的作用
	海洋食物网未来发展趋势
	海洋盆地的形成和演进过程
	表征海洋危害并提高预测地质灾害能力
	海床的地质物理、化学以及生物特征

资料来源：根据调研所得。

美国拥有众多世界知名的海洋科研机构，如伍兹霍尔海洋研究所、斯克利普斯海洋学研究所、蒙特利湾海洋研究所，以及同时具备管理与科研功能的国家海洋和大气管理局。高校方面，加利福尼亚大学和华盛顿大学等均具有很强的海洋科研实力。

美国海洋研究机构汇聚了全球最优秀的海洋科技人才，且装备先进、资金充足。美国海洋科技论文产出量居全球首位，加利福尼亚大学由于分校众多并拥有斯普里普斯海洋研究所，海洋研究实力在美国海洋研究机构中处于领先地位，其次是伍兹霍尔海洋研究所和国家海洋和大气管理局。

三、海洋特色产业

滨海旅游业。美国的旅游业发展较早，如今其滨海旅游业商业化体系已经逐渐成熟。从空间分布来看，美国滨海旅游业广泛分布于太平洋沿岸、大西洋沿岸以及夏威夷群岛海域。加利福尼亚、纽约、佛罗里达是美国滨海旅游业发展的 3 个最主要贡献州。

海洋矿业。美国作为世界上最早进行海上石油开发的国家之一，海洋矿业发展至今已成为美国规模最大的海洋产业之一。墨西哥湾中部、阿拉斯加半岛海域、加利福尼亚外侧海域是美国海洋油气的三大主产区，沿岸地区凭借丰富的海洋油气资源，创造出巨大的经济利润。

海洋可再生能源产业。美国海岸线长，可再生能源储量丰富，未来重点发展波浪能、潮汐能、海流能、海洋热能和渗透能等海洋清洁能源，预计到 2030 年美国海洋可再生能源装机容量将达到 23 吉瓦。

海洋生物医药产业。美国海洋生物医药产业潜力巨大，当前正处在早期快速发展阶段。2011—2016 年，美国海洋生物医药产业总产值已从 48 亿美元增长至 86 亿美元。

高端海洋装备制造产业。美国投资建立全国甚至全球性的海洋观测网络，资助潮汐能、离岸风电等可再生能源技术研发，并为有关项目提供税收抵免优惠等。

海水淡化产业。2011 年，美国海水淡化市场排名全球第四。美国能源部先进能源研究计划署提出，到 2025 年将海水淡化成本降至 0. 5 美元/吨，并部署有关研发项目加以推进。

四、海洋管理制度

（一）主要的海洋政府管理机构与组织协会

美国国家海洋政策协同框架（如图5－5）是跨部门协同治理的基础，政府在中央层面设立由27个部委、机构和办公室组成的国家海洋理事会，负责制定协调、统一、透明、高效的国家政策。理事会由两个跨部门政策委员会主席联合主持，下设指导委员会负责具体的政策协调与整合工作。在地区和地方层面成立治理协调委员会，通过沿海海事空间规划和具体的执行方案，推动政府间政令协调统一。

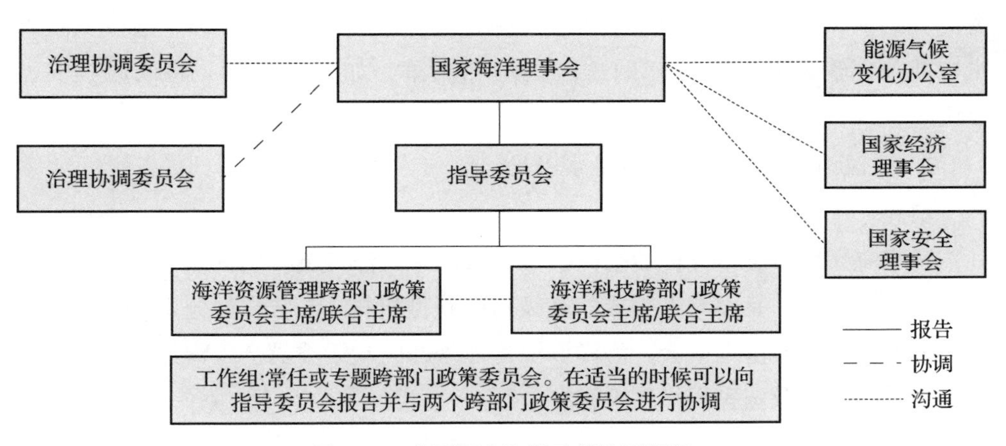

图5－5　美国国家海洋政策协同框架

资料来源：根据调研所得。

1. 美国国家海洋理事会

组成：

美国国家海洋理事会由环境质量理事会主席和国家科技政策办公室主任联合主持，这一架构为理事会提供了高层领导的权力平衡，也能够更好地促进跨部门合作与协同。

国家海洋理事会是一个首长—副职委员会，27名成员中包含10个国务秘书，司法部长，2个行政总局（环保署和国家航空航天局）局长，3个委员会（环境质量理事会、联邦能源监管委员会、参谋长联席会议）主席，4个机构（管理与预算办公室、国家情报局、科技政策办公室和国家科学基金）主任，5个总统助理（国家安全事务、国土安全和反恐、国内政策、经济政策、能源和气候变化），副总统指定的1个美国联邦政府职员，以及1个海洋和大气局局长。其余官员可以由联合主席根据需要随时额外指定。

职能：

在总统的直接领导下，国家海洋理事会履行两级职能：第一级职能（主职）拥有进行沿海海事空间规划等执行国家政策的全面责任，包括定期更新和设定国家重点工作目标；在参照行政当局重点工作和代表机构提出的建议的基础上，评价和提出国家政策执行目标的年度方向；为代理机构无法解决的问题提供争端处理和决策论坛服务。第二级职能（副职）包括保证执行国家政策的实施目标；保证执行沿海海事空间计划；将行政当局的工作重点传送给海洋资源管理跨部门政策委员会和海洋科技跨部门政策委员会；保证两个跨部门政策委员会的活动和产品与执政当局的政策相一致；提供指导与反馈，接受其咨询机构的外部输入和建议；辅助争端处理和决策，如果做不到，将问题提交给上级。

2. 美国国家海洋理事会指导委员会

组成：

国家海洋理事会指导委员会是一个确保国家海洋理事会内部重点工作整合与协调的重要平台，是由 5 人组成的高级别的新型机构。5 名成员分别来自科技政策办公室、环境质量理事会、海洋资源管理跨部门政策委员会、海洋科技跨部门政策委员会，以及国家海洋理事会办公厅。

职能：

指导委员会要保证海洋资源管理跨部门政策委员会和海洋科技跨部门政策委员会的活动完全支持国家海洋政策的执行以及国家海洋理事会一致通过的工作重点；负责与国家安全理事会、国家经济理事会和管理与预算办公室合作磋商，保证各自在相关问题上的适当投入；负责在制定国家海洋理事会日程的过程中确认关键问题并提供相应的帮助。

3. 美国国家海洋理事会办公厅

组成：

国家海洋理事会办公厅主任和副主任负责支持联合主席执行国家海洋政策。

职能：

在日常工作中，理事会办公厅可以在适当的时候代表联合主席出席政策层面的各种会议和论坛，处理外部事务并与国会保持互动，负责与跨部门政策理事会的联合主席保持紧密合作关系，以确保跨部门政策理事会的政策协调与整合，促进国家海洋理事会和其海洋研究与资源咨询专家组，以及治理协调委员会之间密切协调，负责监督国家海洋理事会工作人员的日常工作，在适当的时候，负责环境质量理事会、国家安全理事会、国家经济理事会、科技政策办公室、能源与气候变化办公室以及其他办公室工作人员之间的协调联络。另外，国家海洋理事会还设有一个海洋政策办公室，该办公室由6~8个专职人员组成，这些人员都是国家海洋理事会相关部委、机构和办公室的跨部门代表，交替任职时间一般为2年。

4. 海洋资源管理跨部门政策委员会

组成：

海洋资源管理跨部门政策委员会的前身是海洋资源集成管理分会，主席由国家海洋理事会指定，组成人员包括助理副国务秘书或相同级别的代表，或者国家海洋理事会各部委、机构和办公室具有决策权力的高层代表。该委员会对国家海洋理事会负责，经海洋理事会同意，可以在必要的时候成立跨部门政策委员会分会。

职能：

重点保证国家政策、国家重点目标以及国家海洋理事会确定或批准的其他重点工作的跨部门执行，包括战略计划的开发制定、与海洋科技跨部门政策委员会之间的协调、重要管理目标的跨部门实施。实施目标要求拥有明确的成果、里程碑、执行期限、制定机构，以及具有适应性评估过程的绩效测评。委员会主席应该在国家海洋理事会批准同意的情况下，制定机构运行章程，包括会员制度、会议要求，并在国家海洋理事会指导下制定新的或不断更新的工作计划，以及建立一个外部输入过程。

5. 海洋科技跨部门政策委员会

组成：

海洋科技跨部门政策委员会的职能由国家科技理事会下属的海洋科技联合分会承担，主席需要经过与国家海洋理事会磋商后按照国家科技理事会的程序任命。工作组由助理副国务秘书或相同级别的代表，或者国家海洋理事会各部委、机构和办公室具有决策权力的高层代表组成。国家科技理事会负责指导该委员会向国家海洋理事会提供建议和援助，同时，该政策委员会的工作要符合国家海洋政策要求并与相关机构密切合作。

职能：

重点确保科技目标方面的国家政策、国家重点目标和其他重点工作的跨部门执行，包括战略计划的开发制定（如海洋研究重点计划和实施战略）、与海洋资源管理跨部门政策委员会之间的协调、重要科技目标的跨部门实施。该委员会主席须与国家海洋理事会紧密协调，经国家科技理事会批准同意后，制定机构运行章程，包括会员制度、会议要求，根据国家海洋理事会的指令制定新的或不断更新的工作计划，同时设定一个外部输入程序。此外，委员会还必须履行法律赋予的海洋科技联合分会的职能，向国家科技理事会的环境与自然资源委员会报告，同时与国家海洋理事会保持紧密的操作关系。

6. 治理协调委员会

组成：

治理协调委员会组成人员包括：一是大湖地区、墨西哥湾地区、大西洋中部地区、东北地区、大西洋南部地区、西海岸地区，经与现有地区治理结构（包括大湖委员会、南大西洋州长联盟、墨西哥湾联盟、中大西洋地区海洋理事会、东北地区海洋理事会、西海岸健康海洋州长协议）中的州长磋商之后，一个地区选派一名州政府代表参加；二是阿拉斯加、太平洋岛屿、加勒比海地区，经分别与州长磋商之后，各选派一名州政府代表参加；三是内陆各州，经与州长全国联合会磋商，每州最多选派 2 名代表；四是经与州立法院全国会议磋商，每州选派 1 名州立法院代表；五是经与部族理事会和全国与地区部族组织磋商，最多选派 3 名代表；六是经与美国市长大会、全国城市联盟以及全国郡县联盟磋商，沿海各州最多选派 3 名地方政府代表。治理协调委员会可以成立由委员会代表主持的分会，这些分会可以在适当的时候包括州、部族和地方政府的额外代表，还可以提供更大范围的协同和意见交流。

职能：

治理协调委员会就国家政策和相关事宜的跨地域协同与合作问题与国家海洋理事会展开磋商和协调。所涉及事宜包括协调制定统一程序、促进解决提交国家海洋理事会之前的地区层面争端，如沿海海事空间计划制定的相关争议，以及提出长期战略管理和研究重点的建议等。治理协调委员会负责向跨部门政策委员会和指导委员会提交国家海洋理事会可能讨论的海洋海岸相关问题。同时能够通过国家海洋理事会指导委员会与跨部门政策委员会进行常规持续的沟通交流，主要途径是共同制定战略行动方案和执行国家政策。

7. 海洋研究与资源咨询专家组

海洋研究与资源咨询专家组是一个法定成立的机构，负责按照联邦顾问委员会法案向国家海洋研究领导理事会提供咨询建议。该专家组负责按照国家海洋理事会的需求向其提供独立的建议和指南，目前的会员来自国家科学院、州政府、学术界以及海洋产业，代表了海洋科学、海洋政策以及其他相关领域。

（二）主要的科技管理机构与科研设施平台

美国联邦政府主要涉海科技管理机构包括：美国国家科学基金会、美国国家大气海洋局、美国国家环境保护局、美国地质勘探局，以及海军研究局和海军海洋学办公室。近年来，美国每年投入的海洋研究经费约为6.5亿美元，主要集中在美国国家科学基金会和美国国家大气海洋局。

美国国家科学基金会主要资助海洋基础研究和科研设施建设，其海洋科学处（OCE）年度预算从2000年的约2亿美元，逐渐增长至2014年的3.5亿美元，其中海洋研究设施（科考船、观测网络等）建设和运行所占经费比例不断上升，近年已超过研究经费并呈现继续上涨的趋势。美国国家科学基金会资助的所有研究几乎均由外部研究机构完成。2017年，美国国家科学基金会海洋科学领域的预算申请达3.79亿美元，其中，投入联邦科研船队约8500万美元，国际大洋发现计划4800万美元，大洋观测计划5000万美元。此外，美国国家科学基金会通过其“大型研究设施建设计划”为包括海洋在内的各科学领域大型研究设施提供建设、改造、升级、退役的经费，2009年以来已为大洋观测计划投入经费近4亿美元。

美国国家大气海洋局年度研发预算约为6.5亿美元，海洋和海岸带投入分别占25%和17%。美国国家大气海洋局大部分研究由其下属实验室、研究中心开展，如国家海岸带与海洋科学研究中心等，25%～50%的研发通过国家海洋基金计划等资助外部研究机构执行。

美国主要海洋科研设施与平台见表5－2。

表5－2　美国主要海洋科研设施与平台

项目	概况
联邦科研船队	美国联邦政府目前共拥有船身长度在130英尺（约40米）以上的科研船47艘，分为研究船和考察船两大类。按照船身尺寸分为4个等级，其中，有在全球海域开展考察和研究活动的全球级科研船（Global Class）16艘；具有一般远洋活动能力的大洋级科研船（Ocean Class）23艘；地区级（Regional）和当地级（Local）科研船各6艘。美国联邦政府在2013—2022年新造6艘科研船，以取代即将退役的9艘科研船

（续表）

项目	概况
综合海洋观测系统（IOOS）	综合海洋观测系统由美国国家大气海洋局牵头，是由美国海军研究局、国家科学基金会、国家航空航天局、地质勘探局、能源部、海岸警卫队、陆军工程师兵团和国家环境保护局等17家机构共同参与的跨部门综合性海洋观测系统。综合海洋观测系统以海洋表层和海水上层的观测、数据管理与供应为主要职能，在全美建立了近700个国家级观测平台和254个地区级观测平台。综合海洋观测系统具有明确的应用价值，针对赤潮、海洋生态、海平面与表层流开展观测研究，为气候环境与渔业资源等国家目标服务，支持经济发展与环境安全相关决策
大洋观测计划	大洋观测计划是由美国国家科学基金会大型研究设施建设计划支持的海洋观测网络，通过传感器系统对海洋、海床和近海大气的物理、化学、地质、生态特征进行系统观测，可大大增进对海洋子系统间联系与作用的理解与认识。有关设想始于20世纪80年代末，2000年经美国国家科学基金会、国家科学委员会批准作为大型研究设施建设计划支持项目，2009年正式投入建设经费，目前已建成运行。大洋观测计划由位于南北大西洋和太平洋的7个台网组成，包括1个海底观测台网、2个沿海台网和4个全球台网。大洋观测计划建设阶段投入近4亿美元，预计年度运行经费为5500万美元；拥有89个观测平台，共搭载830个观测/传感设备，提供超过10万种数据产品。大洋观测计划获得的观测数据信息通过专门的数据共享平台向研究人员和公众开放

资料来源：根据调研所得。

第二节　加拿大

一、海洋经济发展

近年来，加拿大海洋经济稳步发展，形成了内容广泛的海洋产业体系，如渔业水产养殖、油气勘探与开发、海上采矿、海上娱乐，以及依靠产品和服务来维持其业务的航运、造船、海岸和海洋工程制造、海洋系统和装备设计安装等。目前，加拿大海洋部门投入的海洋研发经费已接近300亿美元，提供就业岗位30多万个。从产业增加值来看，加拿大海洋经济的支柱产业是海洋油气业、海洋交通运输业和滨海旅游业。

二、海洋科技创新

加拿大的海洋科技特色聚焦在海洋生态系统研究与海洋渔业经济研究领域，这在《加拿大海洋战略》《2013—2018年加拿大海洋观测网络战略》《2005—2010战略计划和2008—2013研究日程》等战略规划中得到了集中体现（见表5－3）。

表 5-3　加拿大海洋科技战略规划

规划名称	研究方向概况
加拿大海洋战略	现代科学知识和传统生态知识
	提高风险预防能力，保护海洋生态环境、促进海洋经济科学持续发展
	以生态系统为基础的管理导向
2013—2018 年加拿大海洋观测网络战略	深化人类活动导致的东北太平洋环境变化
	东北太平洋与萨利希海的海洋环境生命体战略
	太平洋的变化对鱼类和海洋哺乳动物的影响
	海底、海洋与大气的相互作用
	海底与沉积移动、提高海啸速度与规模预测
	海洋技术创新与商品化
	海洋科技人才培育
2005—2010 战略计划和 2008—2013 研究日程	鱼类种群与群落生产力
	鱼类栖息地与种群联系
	海洋气候变化与海洋生物变异
	海洋生态系统评估与管理
	水生入侵物种
	水生动物健康
	可持续水产养殖
	海底能源生产的生态系统影响
	应用海洋学
	海洋监管与政策制定

资料来源：根据调研所得。

2012 年，加拿大科学院理事会提出了加拿大海洋科学研究的 40 个优先问题，主要包含四大领域，成为加拿大海洋科学研究与海洋科技发展的重要导向（见表 5-4）。

表 5-4　加拿大海洋科学研究优先问题

领域	具体内容
提高基本科学认识	包括 17 个优先研究问题。涉及北极海冰的季节性变化、海洋沉积与生物地球化学循环通量、海洋—冰川—陆地相互作用与气候变化关系、海洋灾害预警、古海洋与古气候研究、温室气体与海洋调控、海平面变化与全球影响、海洋生物多样性与食物链、海洋酸化与渔业水产养殖、海洋生物活动与外来入侵物种等。
监测数据和信息管理	包括 7 个优先研究问题。涉及原位传感器与平台开发、加拿大海域水深测量、海底与栖息地测绘、深水循环监测、全球海洋关键变量的监测、海洋建模和分析等。
了解人类活动的影响	包括 8 个优先研究问题。涉及海洋变化评估指标、深海与冰川漏油、海洋勘探与矿产资源开发对生态系统的影响、水下噪声、海洋污染物以及海洋科技政策等。

（续表）

领域	具体内容
管理和治理	包括 8 个优先研究问题。涉及相关政策法规和机构权利、相关研究信息和工具、沿海社区参与管理的措施、脆弱地区和物种的识别监测和保护、水产养殖与野生渔业的平衡、可再生能源与矿产开发、可持续海洋食品生产与安全等。

资料来源：根据调研所得。

加拿大的海洋科研机构主要包括：加拿大渔业与海洋部、达尔豪西大学、不列颠哥伦比亚大学、维多利亚大学、魁北克大学。这些研究机构对浮游植物、北极和海洋气候变化方面的关注度很高。

三、海洋特色产业

海洋油气业。10 年内，加拿大在内海重点项目上的投资可能会达到 120 亿加元。勘探支出总额不超过 20 亿加元。勘探活动正在向更深、更冷的海域发展，由此促进了新技术、深水海洋探测仪器以及更精密的地震数据的扩展应用，其中，重点要实现数据由深水区到船舶的实时传输。

海洋环境保护业。从 20 世纪 90 年代开始，加拿大海洋环境有了很大改善。可再生资源的管理、全球变暖以及其他气候现象对环保业的影响极大。环保产业对技术创新需求大，多数环保和清洁企业具有规模小、专业性强的特点。

海洋培训业。加拿大的海洋培训部门为所有海洋产业提供服务，海洋产业的发展主要依赖高级技工水平的不断提高。先进的软硬件技术，特别是无线宽带的应用，已成为培训行业强大的经济驱动力。技术的不断提高是海洋部门发展的先决条件。无线宽带技术为船—岸虚拟培训中心的发展提供了巨大的潜力。培训行业的一个重要部分是模拟，特别是在缺乏高技能的工作人员和船长的时候。模拟培训通过电子手段开展，在不久的将来可能会涉及互联网的应用。

海洋船舶和造船工业。造船及相关服务行业中，在加拿大统计局登记在册的企业超过了 1000 家。虽然海洋运输量稳步增长，但加拿大造船业产量和就业率还是呈下降趋势，与 10 年前若干军事项目在进行时相比，加拿大造船业收入已经下降了 2/3。

海洋交通运输业。海洋运输是运输加拿大商品和人口的重要途径。每年海洋运营包租创造了 20 亿加元以上的收入。加拿大的大量出口商品，特别是干散货，都经由海上运输。用集装箱装运货物的现象在国际航运中日趋普遍。对于加拿大本土运输而言，用集装箱装运货物的水平仍然相对较低，其原因在于货车运输的激烈竞争。

第六章
亚洲海洋经济发展经验

第一节　日本

一、海洋经济发展

日本海洋水产业历史悠久，是海洋经济的支柱产业之一，日本所处的西北太平洋海域，是世界著名渔场之一，日本具有发展海洋水产业得天独厚的自然条件。海洋水产业包括水产养殖、水产加工、水产物流、水产销售等相关产业，构成了相互衔接、配套完善的完整产业链。据统计，2015 年玛鲁哈日鲁株式会社销售额为 8097 亿日元，利润为 119 亿日元。主要业务涉及渔业、养殖、水产品进出口、加工、销售等领域；2015 年极洋水产销售额和利润分别达到了 1780 亿日元和 23 亿日元，主要业务涉及水产品贸易、加工食品、物流、研究开发、卫生管理领域。

海洋交通运输业也是日本海洋经济的重要支柱产业之一。日本四面环海，经济发展所必需的资源、能源大部分依赖进口，对外贸易几乎全部依赖海运，海运业是支撑日本国民经济的“生命线”。日本的海洋政策历来十分重视海运业，国际海上输送安定是其重要目标。据统计，日本邮船、商船三井和川崎汽船分别以年载货量 6414 万吨、6364 万吨和 3715 万吨的业绩排名日本海运企业前三名。

日本的海洋船舶工业十分发达，日本也是世界造船业强国。当前，日本船舶制造的重心已经开始向特殊功能、高燃油效率和高环境性能船舶转型。随着日本加大海洋资源、能源的开发力度，海洋船舶工业的配套发展已十分成熟，浮体式液化气生产储运设备、新概念船舶的开发将成为日本海洋船舶工业的新增长点。

滨海旅游业是日本近年来着力打造的海洋产业，日本对大型游轮观光码头的建设、入境审查便利化等，为滨海旅游业的发展创造了良好的基础条件。作为“绿色产业”“清洁产业”，滨海旅游业对于提振日本经济具有重要的意义。

日本的海洋信息开发关联产业也发展良好。其一方面为其他海洋产业的发展提供了必要的基础性信息服务，另一方面又带动了其他产业的设备研发、技术进步和升级。可以预见，海洋信息开发关联产业在日本未来的海洋产业体系中的地位和作用将越来越重要，发展空间十分广阔。

海洋生物资源关联产业是日本未来海洋经济中最引人注目的高科技含量、高附加值领域，最终产品不仅限于食品，还包括范围更广的海洋生物医药、可再生燃料等高附加值产品。日本的海洋生物资源关联产业中，目前已具备一定产业规模的主要有生物机能性食品制造、海洋生物医药、海洋生物利用产业等。

二、海洋科技创新

日本为发展本国海洋科技制定了纲领性文件——《海洋基本计划》，该计划明确了日本未来海洋基础科学与海洋科技研究布局（见表6-1）。

表6-1　日本《海洋基本计划》：海洋基础科学与海洋科技研究布局

序号	发展方向
1	海底地形、地质、潮流、地壳构造、领海基线等基本数据调查
2	海洋背景数值的年度变化；海水、海底土壤和海洋生物的放射性监测
3	重点推进全球变暖与气候变化的预测及适应、海洋能源与矿物资源的开发、海洋生态系统的保护与生物资源可持续利用、海洋可再生能源开发、自然灾害应对5项与政策需求相对应的研究
4	为构建对海洋及地球相关领域的综合理解、开拓新地学前沿的科学技术，推进观测、调查研究以及分析等
5	推进与海洋相关的基础研究以及与国家存在基础相关的中长期技术、海洋空间综合理解所需要的技术的研究

资料来源：根据调研所得。

围绕计划的研究布局，日本政府通过设立一些重大海洋研发计划推动海洋基础科学与海洋科技的发展（见表6-2）。

表 6-2　日本重大海洋研发计划

领域	内容
地震研究	该项目启动于2009年，日本海洋科技中心是项目的主要执行机构。构建海底实时观测系统，捕捉海底地震的各种地壳变化，开展早期预测和模拟的防灾与减灾研究
海洋资源研究	该项目在2011年启动，由日本文部科学省提出立项，具体由日本海洋科技中心和高校实施调查研究。其目的是通过最先进的调查和研究获取海底资源利用不可或缺的知识。该项目分为5个子项目，分别是地球生命工程、海底热液系统、资源地球化学、资源成因和环境影响评价
北极研发计划	2013年由美国总统行政办公室和国家科学技术委员会联合发布《2013—2017年北极研究计划》，计划确定了今后5年美国政府在北极重点资助的7个研究领域。日本于2013年正式成为北极理事会正式观察员国，加入北极研究计划，通过该计划强化现有研究体制，推进新的国际合作研究，形成国际研究据点，加快人才培养，增强日本在国际场合的发言权，推进兼顾北极利用和保护的科学技术外交战略举措
国际大洋发现计划	“大洋钻探计划”（Ocean Drilling Program，ODP）是该项目的前身，最早开始于1968年，是规模最大、历时最久的大型国际合作计划之一，其成果改变了整个地球科学发展的轨迹，几十年来始终是国际地球科学创新的前沿
南极观测计划	南极研究观测从1955年开始，以国立南极研究所南极观测综合推进部为中心，与相关府省和研究机构合作来推进计划，已经取得了重要的研究成果，如发现臭氧空洞、南极陨石的采样与分析、冰床深层冰芯（72万年前形成的冰层）的采样与分析以及极光的发生机理分析等。现在主要以全球变暖为主题，推动用南极最大的雷达开展超高层大气观测，并加强对50年以上的定期观测基础数据进行收集和分析
基于海岸带复合生态系统变化机理的生物资源生产力再生、保护与可持续利用研究	该项目启动于2011年，主要执行机构是东京大学海洋研究所，以阐明海岸带生态系统结构、生物生产功能和变化结构，并确定生态系统功能再生、保护和可持续利用技术为主旨。最终在温带和亚寒带海岸带海域的河口滩涂、沙滩、礁石海草床等单个生态系统基础之上建立复合生态系统，形成复杂的生物群落；通过对寒流海域、暖流海域和内海海域稳定状态下的海域比较，以及对复合生态系统各功能的阐明分析，进行资源生物生产功能解析与生态系统服务定量评价

资料来源：根据调研所得。

根据《海洋基本计划》，日本决定在海底可燃冰、海底稀土、海底热水矿床等领域展开广泛调研和科技攻关；对海流发电、海上风电等可再生能源应用进行实证研究；在海水提取锂、海洋藻类生物燃料等方面开展前沿科技研究。

日本的海洋科研机构主要资金依靠日本政府的财政支持。主要研究机构有日本海洋科技中心、东京大学、北海道大学。从整体上看，日本国内被SCI收录的海洋学领域论文已达到5000篇，在海洋科学研究方面具有较强的实力。

三、海洋特色产业

海底可燃冰产业。海底可燃冰（甲烷水合物）储量极大，被认为是最有可能取代天然气的新能源。对关键技术的研发和实证，以及低成本商业化开采方式的确立，是日本当前研究的重点。

海底稀土产业。日本是世界上稀土使用量最多的国家，其产品节能、小型化性能突出的特点与大量使用稀土密不可分。

海底热水矿床产业。海底热水矿床是海底岩浆喷出的锌、铜、金及其他稀有金属沉淀物。日本从 2008 年起开始进行海底热水矿床方面的调查，目标是在 2019 年前确立商业化所必需的技术并完成经济型评估。

海水提取锂产业。日本对金属锂的需求一直以来全部依赖进口来满足，日本研究人员近年来一直致力于使用吸附法进行海水提锂。

海流发电产业。海流发电是依靠海流的冲击力使水轮机旋转，带动发电机进行发电的形式。日本的最终目标是，建造 400 座海流发电机，从而构成一座总功率达 80 万千瓦的大型海流电站。

海上风电产业。日本将大力推动海上风电产业发展，目标为在 2020 年，将海上风电装机量提高到 100 万千瓦以上，是 2014 年装机量的 40 倍。

海洋藻类生物燃料产业。海洋藻类由于油脂含量高、环境适应性强、生长周期短及能大量吸收二氧化碳等显著特点，被认为是下一代生物燃料的重要原料。

第二节 新加坡

一、海洋经济发展

自 1959 年取得自治邦地位以来，新加坡的海洋经济发展先后经历了起步时期（1959—1972 年）、发展时期（1973—1989 年）、高速发展时期（1990—1999 年）和转型发展时期（2000 年至今）4 个阶段。

▶ 第一阶段：起步时期（1959—1972 年）

从以转口贸易为中心的第三产业为主转变为以出口导向的劳动密集型产业为主。

▶ 第二阶段：发展时期（1973—1989 年）

产业转向高附加值技术密集型产业，发展资本密集型产业，形成以制造业为中心，以贸易、金融、交通、旅游等服务为支柱的多元经济结构。其后，由于传统航运无法满足产业需求，经济完成“港附—城”关系的转型，并转型为技术密集型产业与高加价值的金融和服务业，1980 年提出了自动化、高科技化、计算机化发展方针；1985 年开始发展全商务服务出口产业，重视制造业、服务业和本地企业。

▶ **第三阶段：高速发展时期（1990—1999 年）**

实行优先发展服务业，继续重视高新技术产业及全球产业转移策略。工业化对用地需求增加，扩大填海面积，伴随旅游业的兴起，填海区域成为旅游核心；制定中长期经济发展策略，鼓励投资，发展新兴产业，并启动“智慧岛”计划；1998 年提出知识产业枢纽的建设计划，以提升科技制造业价值。

▶ **第四阶段：转型发展时期（2000 年至今）**

开始重视宜居城市与地区特色建设，打造全球商务中心，进一步提升高附加值产业竞争力。工业物流兴盛，休闲、旅游业兴起，填海功能转向居住功能，发展多元的城市职能。2010 年开始提出发展知识导向的制造业与服务业。

二、海洋科技创新

新加坡南湾地区从最初的发展出口加工业逐渐转向发展服务业，重视高新技术，已拥有了全球海洋科技中心和全球服务中心两大核心功能。全球海洋科技中心核心功能包括：信息化化工、制造；信息与通信技术植入港口网络化航运、物流；海事金融、法律服务；高科技研发。全球服务中心核心功能包括：海洋旅游、高品质居住、高效管理。新加坡海洋工程装备产业领域的主要创新资源见表 6－3。

表 6－3　新加坡海洋工程装备产业领域的主要创新资源

类别	主要创新资源
企业	吉宝集团：全球领先的海工平台设计、制造和维修的大型企业 胜科海事：全球海洋工程设计、制造的领先企业
科研机构	岸外研究与工程中心 海事研究中心 创新中心—海事与岸外技术 新加坡深海科技中心
产业组织	新加坡海洋工程协会 新加坡海事基金会

资料来源：根据调研所得。

三、海洋特色产业

新加坡位列世界海洋工程装备制造业第二梯队，拥有丰富的创新资源。目前，新加坡企业在浮式生产储油卸油装置改造、半潜式平台建造和升级、自升式钻井平台建造和维修等领域处于全球领先地位，在工程施工装备建造和升级方面也有很强的市场竞争力。

新加坡建设国际航运中心，发展高度发达的现代航运服务业。新加坡港与全球 120 多个国家和地区的 600 多个港口保持业务往来关系，建成了辐射东南亚乃至全球的国际物流服务中心，形成有序、高效的港口物流链，其国际物流绩效指数位居世界前列。

1998 年，新加坡正式出台了建设世界级金融中心的蓝图。2016 年，新加坡交易所提出收购波罗的海贸易海运交易所，推进新加坡成为全球海运金融中心的目标。2012 年，全球最大的航运组织——波罗的海国际航运公会（BIMCO）在哥本哈根举行会议，正式批准并通过了一项决议，将新加坡列为其继伦敦、纽约之后的第三个国际海事仲裁地。

第三篇 创新实践

第七章
区域创新实践

第一节　广东省“十四五”时期海洋经济高质量发展

广东省是海洋大省，海洋生产总值连续25年位居全国前列，在全国海洋经济发展格局中具有举足轻重的地位。广东省的发展优势在海洋，最大的潜力也在海洋。“十三五”期间，广东省积极推进海洋经济综合试验区建设，并取得阶段性成效，已初步形成顶层有设计、发展有平台、产业有集聚、转型有成效的良好态势。“十四五”时期是广东省海洋经济转换增长动力、创新驱动发展的关键期，在“一带一路”倡议、粤港澳大湾区、海洋强国等大战略背景下，广东省更需要通过制定规划，凝聚共识、形成合力，适应和引领海洋经济发展新常态，推进海洋经济发展方式转变和海洋经济结构战略性调整，基本建立具有全球竞争力的现代海洋产业体系，引领“经济富海、依法治海、生态管海、维权护海和能力强海”，实现由海洋经济大省向海洋经济强省的跃升。

一、发展回顾和展望

（一）广东省“十三五”时期海洋经济发展回顾

“十三五”期间，广东省委、省政府高度重视海洋事业，广东省委第十二次党代会提出“建设海洋经济强省，打造沿海经济带，拓展蓝色经济空间”。广东省委十二届四次全会提出，构建“一核一带一区”区域发展格局，全面建设海洋强省。2019年，广东省委常委会召开会议，传达学习贯彻习近平总书记致海博会贺信精神，加快推动海洋经济高质量发展，努力建设海洋强省。在广东省委、省政府的大力支持下，广东省在海洋经济稳增长、调结构、促创新方面取得了显著成就，为“十四五”时期海洋高质量发展奠定了坚实基础。

1．海洋经济总量稳步增长

2016—2019 年，广东省海洋生产总值从 1.59 万亿元增加到 2.1 万亿元，年均增长率为 9.9%。2019 年广东省海洋生产总值占全国海洋生产总值的 23.6%，连续 25 年名列全国首位，成为我国海洋经济发展的核心区之一。2019 年广东省海洋生产总值占全省地区生产总值的 19.6%，海洋经济成为广东省经济发展的新增长极。海洋产业结构不断优化，海洋三次产业比例由 2016 年的 1.8:41.8:56.4 调整为 2019 年的 1.9:36.4:61.7（见表 7－1）。

表 7－1　2016—2019 年广东省海洋经济总量

年份	海洋生产总值（万亿元）	增速（%）	占全国海洋生产总值比重（%）	占全省地区生产总值比重（%）	海洋三次产业比例
2016	1.59	4.6	22.6	19.8	1.8:41.8:56.4
2017	1.77	14.5	22.8	19.8	1.5:40.1:58.4
2018	1.93	9.0	23.2	19.9	1.7:37.1:61.2
2019	2.10	9.0	23.6	19.6	1.9:36.4:61.7

资料来源：《广东海洋经济发展报告》。

2．蓝色经济空间布局进一步优化

“十三五”期间，珠三角、粤东、粤西三大区域分工协作、优势互补、辐射联动的蓝色经济发展格局进一步巩固，粤港澳、粤闽、粤桂琼三大海洋经济合作圈初步形成。珠三角以海洋交通运输业、海洋油气业、海工装备业、海洋船舶工业和海洋服务业为主，已形成以广州、中山、珠海、江门等市为核心的西岸先进装备制造带和以深圳、东莞、惠州等市为主的东岸研发服务带。粤港澳海洋合作不断深化，共建粤港澳海洋科技创新联盟，携手打造粤港澳海洋资源共享圈。粤东以临海工业、海洋渔业和滨海旅游业为主，已形成以揭阳大南海石化区、潮州港经济开发区为核心的临海工业产业集群。粤闽签订全方位合作协议，海洋合作全面深化。粤西以临海工业、海洋油气业、海洋渔业和滨海旅游业为主，已形成以宝钢湛江基地为核心的临海钢铁产业集群，以茂名石化工业区、东海岛石化产业园区为核心的临海石化产业集群和以阳江高新区为核心的海上风电装备制造产业集群。粤桂琼海洋合作领域不断拓展，三地港航合作、旅游合作、海事合作持续加深。

3．现代海洋产业竞争力稳步提升

“十三五”期间，广东省建立起以滨海旅游业、海洋交通运输业、海洋化工业、海洋油气业、海洋工程建筑业和海洋渔业为支柱的现代海洋产业体系，重点支持海洋电子信息、海上风电、海洋生物、海洋工程装备、天然气水合物和海洋公共服务六大海洋产业发展，现代海洋产业竞争力稳步提升。2016—2018 年广东省海洋产业生产总值见表 7－2。

表 7－2　2016—2018 年广东省海洋产业生产总值核算数据

分类	2016 年增加值（亿元）	2017 年增加值（亿元）	2018 年	
			增加值（亿元）	增速（%）
海洋生产总值	15895	17725	19326	9.0
海洋渔业	386	417	442	6.0
海洋油气业	324	434	535	23.3
海洋矿业	2	2	2	0
海洋盐业	0.02	0.02	0.02	0
海洋化工业	635	679	767	13.0
海洋生物医药业	2	3	3	0
海洋电力业	13	16	18	12.5
海水利用业	3	3	3	0
海洋船舶工业	178	75	51	－32.0
海洋工程建筑业	577	491	499	1.6
海洋交通运输业	838	856	934	9.1
滨海旅游业	2649	3090	3283	6.2
海洋科研教育管理服务业	4506	5606	6411	14.4
海洋相关产业	5782	6054	6378	5.4

资料来源：《广东海洋经济发展报告》。

4. 海洋科技创新驱动力显著增强

“十三五”期间，海洋科技创新主体日益壮大，海洋科技创新平台建设成效显著，广州、湛江两市加快建设国家海洋高技术产业基地，湛江、深圳两市先后被确定为国家海洋经济创新发展示范城市，广州市南沙新区、珠海市经济技术开发区和深汕特别合作区等现代海洋产业聚集区建设有序推进。广州市海洋科技创新实力雄厚，拥有国家和省属涉海科研院所 17 所、省部级海洋重点实验室（重点学科）25 个、国家级海洋科技创新平台 3 个，海洋科技服务人员超过 5 万人。

深圳市海洋领域科研载体不断增加，已建成海洋产业相关国家、省级重点实验室、工程实验室、工程（技术）中心17个。广州市、珠海市、湛江市三地积极推动南方海洋科学与工程广东省实验室建设，中科院“加速器驱动嬗变研究装置”（CiADS）和“强流重离子加速器”（HIAF）两大科学装置在惠州启动建设。广东省海洋产学研合作与科技成果转化载体平台建设不断加快，成立全国首家省级海洋创新联盟——广东海洋创新联盟，成功打造海洋生物天然产物化合物库、无人船海上测试场、海洋科技大数据库等一批公共服务平台。2018年广东省财政支持海洋创新专项48个，带动超过40亿元人民币的社会资本投入海洋科技创新领域。

5. 海洋生态文明建设效果显著

“十三五”期间，广东省积极开展海洋生态文明建设，累计建成国家级海洋生态文明示范区5个、国家级海洋公园6个、海洋类型保护区50个，保护区总面积达3389平方千米，数量、面积均居全国前列。一是启动“美丽海湾、美丽海岸、美丽海岛、美丽滨海湿地”四美海洋生态文明建设，汕头青澳湾、惠州考洲洋、茂名水东湾3个美丽海湾试点建设工程取得良好成效。二是积极争取中央资金支持广东海岸带修复整治工作，并安排省级海域使用金支持海岸带保护工作，湛江、珠海、汕头、惠州、东莞等市海岸整治修复取得实效。三是深圳、惠州、湛江和南澳县、电白区“湾长制”试点工作顺利推进。四是积极推进人工鱼礁和海洋牧场建设，建成人工鱼礁50座、国家级海洋牧场示范区8个。五是出台《广东省海洋生态文明建设行动计划（2016—2020年）》《广东省海岸带综合保护与利用总体规划》《广东省海洋生态红线》《广东省严格保护岸段名录》《广东省加强滨海湿地保护严格管控围填海实施方案》《关于推进广东省海岸带保护与利用综合示范区建设的指导意见》和《广东省美丽海湾建设总体规划（2019—2035年）》等政策文件，海洋生态制度不断完善。

6. 海洋开放合作格局得到强化

“十三五”期间，广东省与“一带一路”沿线国家海洋交流日益频繁，对外合作不断加深，积极参与“中国—东盟”国际海事合作，成功承办“中国—东盟”国家海上联合搜救沙盘推演，参加“中国—东盟”落实《南海各方行为宣言》联合工作组会议，举办首次“中国—东盟国际海事劳工公约履约合作研讨会”。广东省不断加深与太平洋岛国合作，深圳市联成远洋渔业集团在太平洋岛国设有7个海外渔业基地和3个金枪鱼加工厂，多次组织开展面向东盟以及太平洋岛国的渔业养殖培训。广东省海洋国际影响力大幅提升，成功举办多届中国海洋经济博览会和粤港澳海洋合作发展论坛，2019 中国海洋经济博览会吸引了来自 28 个国家和地区的 9.7 万名专业观众参观，签约成交金额达 7.4 亿元人民币，达成意向合作金额 18.4 亿元人民币。广东省成功举办首届中欧蓝色产业合作论坛、2018 年世界航线发展大会、2019 年国际港口大会和“中国杯”帆船赛，“中国杯”帆船赛已成为广东省和世界各地交流的重要平台。

（二）广东省“十四五”时期海洋经济发展展望

新时期，世界经济秩序加速重构，国际投资贸易规则体系加快变革，围绕海洋的全球竞争不断加剧。我国经济发展正面临百年未有之大变局，已由高速增长阶段转向高质量发展阶段，正处在转变发展方式、优化经济结构、转换增长动力的攻关期。广东省是我国海洋经济第一大省，“十四五”时期将是广东省实现建设海洋强省目标的战略机遇期，也是克服挑战、突破瓶颈的关键期。

1. 发展机遇

从全球来看，全球价值链“海洋化”为海洋发展提供了广阔的市场。全球海洋竞争日趋激烈，各国纷纷从战略层面谋划布局。我国作为海洋经济领域的后起之秀，在海洋科技领域正加速崛起，迎来历史上最好的战略机遇期。深海时代已经到来，海洋科技正面临从水面到水下、从浅海到深海、从近海到远海、从机械化到智能化的重大转变，海洋探测、水下通信、深海资源勘探、无人自主船舶、低成本智能感应器、深潜机器人、水下云计算等新一代海洋技术迅速发展，新科技革命正在改变人类与海洋的互动方式，全球价值链“海洋化”为海洋新产业、新技术发展提供了广阔市场。

从全国来看，推进实施海洋强国战略进入关键期。党的十九大明确“坚持陆海统筹，加快建设海洋强国”的战略部署，海洋强国战略以及拓展蓝色经济空间重大部署的落实，为新技术、新产业的发展带来广阔的市场空间，对形成深水、绿色、安全等海洋高技术体系，带动海洋经济提质增效提出更高要求。海洋强国包括 4 个方面的内涵：发达的海洋经济、强大的海上管控、优美的海洋环境和深厚的全民海洋意识、强势的国际海洋事务话语权。“十四五”时期是我国开启海洋科技腾飞新征程的关键时期，我国将致力于在深水、绿色、安全的海洋高技术领域取得突破，在海底探测和深水资源勘探开发、海洋高端研发制造、海洋智能化等领域核心技术和关键共性技术方面取得重大原创成果，推动海洋产业向标准化、高端化、国际化发展。

从广东省来看，向海发展红利进入爆发期。粤港澳大湾区战略、中国特色社会主义先行示范区建设和“一核一带一区”建设为海洋经济发展提供了前所未有的战略红利。作为世界四大湾区之一的粤港澳大湾区，因海而生，与海共荣，是我国开放程度最高、经济活力最强的区域之一，做大做强海洋经济，将为粤港澳大湾区经济高质量发展提供强大引擎。《中共中央 国务院关于支持深圳建设中国特色社会主义先行示范区的意见》明确“支持深圳加快建设全球海洋中心城市，按程序组建海洋大学和国家深海科考中心，探索设立国际海洋开发银行”。向海发展，是国家赋予广东省和深圳市的历史机遇，也是广东省和深圳市走在前列、勇当尖兵、服务国家海洋战略的重大使命。“一核一带一区”建设是中共广东省委提出的新区域发展格局，将加快推动区域协调发展，增强珠三角核心区“火车头”牵引带动作用，推进粤港澳大湾区建设；促进沿海经济带产业集聚“串珠成链”，强化沿海经济带产业发展主战场地位，打造更具活力和魅力的广东黄金海岸，建设具有全球影响力的沿海经济带。

2．面临的挑战

世界大变局加速演变的特征日趋明显，全球动荡源和风险点显著增多，外向型经济面临较为严峻的挑战，支撑我国经济持续高速增长的诸多因素开始逐步弱化，结构性、体制性、周期性问题交织。广东省海洋经济发展面临应对全球风险冲击的自给能力不足、实现海洋强省蜕变的科技支撑不足、海洋新旧动能接续转换不畅、美丽海洋建设任重道远、参与全球海洋治理的开放能级不足和海洋管理体制机制有待完善等挑战。

一是应对全球风险冲击的自给能力不足。全球供应链体系加速重构带来的不确定性加大。海洋经济是高度技术密集型领域，我国海洋技术自给率较低，进口依赖度高，尤其是深海科技发展滞后，决定我国海洋强国战略前途的深海关键技术几乎全部依赖进口，面临关键技术被“卡脖子”的风险。广东省作为外向型经济前沿阵地，在全球产业链剧烈波动下，海洋产业存在断链风险，迫切需要加强应对全球风险冲击的自给能力。

二是实现海洋强省蜕变的科技支撑不足。广东省海洋创新资源难以匹配海洋经济发展的需求。现阶段我国海洋创新资源集聚中心仍在北方，环渤海地区和长三角地区海洋科研机构和海洋科研机构从业人员合计占全国海洋科研机构的70%、海洋科研机构从业人员的80%，仅青岛就拥有中国海洋大学、中国科学院海洋研究所、国家海洋局第一海洋研究所等28家高水平海洋科研院所。而连续

25年位居全国海洋经济总量第一的广东省，极度缺乏国家级海洋研究机构，海洋高层次专业人才缺口严重，后备力量不足，与广东省在全国的海洋经济地位不相称。在我国海洋发展从浅海迈向深海的大局下，海洋科研机构布局“北重南轻”的格局亟待调整。

三是海洋新旧动能接续转换不畅。当前广东省优势海洋产业主要集中在滨海旅游业、海洋交通运输业、海洋油气业、海洋化工业、海洋渔业和海洋船舶工业等传统与高耗能产业（产值占主要海洋产业增加值比重超过90%），而海洋工程装备制造、海洋生物医药、海洋电子信息等战略性新兴产业尚处于培育阶段。海洋现代服务业发展滞后，发展海洋新兴产业的配套条件不足，科技基础、金融保险、成果转化等产业综合配套服务建设有待加强，“同质同构”现象普遍。海洋创新资源集聚整合不够，企业、高校、研究机构、资本和政府等相关海洋科技资源处于零星分散状态，缺少海洋公共技术服务平台，科研基础设施实际共享率较低，尚未形成海洋产学研创新集群。

四是美丽海洋建设任重道远。2019年，广东省符合第一、第二类海水水质标准的海域面积比例为87.2%，劣于第四类海水水质标准的海域面积比例为6.3%（见表7－3），海洋环境压力较往年有所缓解，但近岸海域生态环境恶化趋势尚未完全得到遏制，海洋生态环境保护制度亟待完善，海洋生态红线制度和入海排污总量控制制度仍处于起步阶段；海陆水质标准体系不衔接，海水与地表水水质标准氮营养物的指标设置不同；“湾长制”实施困难，缺乏强力法律依据；海域使用动态监管网络尚未健全，项目用海事中事后监管不足，海域和无居民海岛使用“放管服”配套的制度、规则、办理流程等亟待完善。

表7－3　2016—2019年广东省海洋生态环境状况

海洋生态环境指标	2016年	2017年	2018年	2019年
符合第一、第二类海水水质标准的海域面积比例（%）	85.2	81.5	79.3	87.2
劣于第四类海水水质标准的海域面积比例（%）	6.3	8.4	11.7	6.3
海洋功能区水质达标率（%）	62.8	60.4	65.7	–
纳入监测的代表性入海排污口超标排放率（%）	36.5	28.8	–	–
纳入监测的入海河流全年向海排放污染物（万吨）	226.2	347.6	–	–
发现赤潮（绿潮）次数（次）	13	10	7	3
赤潮累计面积（平方千米）	944.3	1017	201.6	12

资料来源：广东省生态环境厅历年环境状况公报。

五是参与全球海洋治理的开放能级不足。广东省在利用国际海洋市场和资源方面存在严重不足，海洋产业“走出去”面临区域性争端和摩擦频发、国际化产业链参与度不高、合作交流平台不足等的制约。广东省在海洋新兴产业等领域，对国际高端装备和核心零配件依赖度高，国际化专业人才匮乏，在促进国际产能合作和融入21世纪海上丝绸之路建设方面的支持力度有待加大。

六是海洋管理体制机制有待完善。海洋经济统筹协调能力有待加强，机构改革后，新的海洋工作统筹协调部门尚未建立，缺乏统一的规划和协调机制，海洋管理多头分散、效率低下，各职能部门尚未形成工作合力，海洋经济政策落实困难。尚未开展海洋生产总值核算制度研究，沿海各市尚未建立统一的海洋经济统计核算体系，统计口径繁多，难以客观真实反映全省海洋经济发展运行情况。海洋防灾减灾和维护能力仍显薄弱，海洋观测基础设施建设和海洋灾害预报仍处于起步阶段，重点海堤、水深地形、承灾体调查和海洋灾害风险区划等调查工作滞后，海洋自然灾害和海上危险化学品应急处置能力仍需进一步加强。

二、总体要求和发展目标

（一）指导思想

坚持以习近平新时代中国特色社会主义思想为指导，深入贯彻党的十九大和十九届二中、三中、四中全会精神，认真落实习近平总书记关于海洋强国的重要论述和对广东省工作的重要指示批示精神，紧紧围绕省委“1+1+9”工作部署，坚持和加强党对海洋工作的全面领导，坚持新发展理念，坚持陆海统筹，坚持高质量发展，统筹规划海岸带发展格局，加快海洋科技创新速度，提高海洋资源开发能力，培育壮大海洋战略性新兴产业，加强海洋生态文明建设，促进海洋资源有序开发利用，进一步深化海洋领域改革开放，健全完善高质量发展的体制机制，全面建设海洋强省，为实现“四个走在全国前列”和当好“两个重要窗口”做出重要贡献。

（二）基本原则

第一，坚持陆海统筹、协调发展。突出陆海一体、全域统筹、综合管控，强化陆海空间衔接，衔接“一核一带一区”发展新格局，统筹沿海各区域间海洋产业分工与布局协调发展，推进陆海开发对接，优化陆海资源配置，统筹产业布局、生态保护和灾害防治协调发展。

第二，坚持科技驱动、创新发展。加大海洋科技攻关力度，推进海洋产业链协同创新，重点突破一批海洋领域卡脖子关键核心技术，提升海洋科技成果转化能力，引导海洋新产业、新业态形成，构筑创新型海洋经济体系和创新发展新模式，大力发展海洋战略性新兴产业，抢占世界海洋科技创新制高点。

第三，坚持生态优先、人海和谐。落实习近平生态文明思想，推行绿色低碳、资源节约、环境友好的蓝色发展模式，提升海洋资源集约、节约利用水平，改善海洋生态功能，打造沿海生态屏障和绿色空间，完善海洋生态文明制度，促进人海和谐。

第四，坚持区域合作、开放发展。深化粤港澳大湾区协同发展，支持粤东、粤西地区加速崛起，深入参与北部湾城市群、海峡西岸和海南自贸港建设，扩大海洋发展腹地。深入推进南海开发，加强与“一带一路”沿线国家和地区合作，发展更高层次的开放型海洋经济，积极发展蓝色伙伴关系，参与构建海洋命运共同体。

（三）发展目标

——聚焦“一条主线”

聚焦“打造高质量发展的海洋强省”主线，力争到2025年，海洋经济综合实力保持全国领先地位，海洋生产总值达3万亿元人民币，年均增长6.5%，海洋资源综合配置效率大幅提升，建成具有全球影响力的高质量海洋强省。

——实现“三大转变”

一是从海岸带经济向全域海洋经济转变。统筹布局港口、城市、交通、产业和腹地，推动海岸带经济不断向陆域全域拓展，实现内陆、沿海、近海、远海统一谋划，推动海洋经济全域性延伸，促进海洋经济与陆域经济融合发展，将蓝色全面渗入经济高质量发展底色。

二是从陆海分离向陆海统筹转变。坚持“以海定陆”原则，统筹海岸带地区经济空间布局和资源配置，重点统筹用地、用海、用岛政策，统筹陆海基础设施建设，统筹陆域与海洋能源勘探开发，统筹海洋与陆域科研资源，实现陆海统筹、联动发展。

三是从产业分离向产业融合转变。发挥海洋产业引领作用和陆域产业支撑作用，推动陆海产业链条相互渗透，实现“引陆下海”“引海上陆”，持续提升陆海产业融合水平，形成产业发展新动能。

——突破“四大方向”

突破“经济科技、生态、开放、治理”四大方向，构建高质量海洋产业体系，海洋科技创新驱动力大幅提升，海洋生态环境质量明显改善，海洋对外开放合作持续深化，海洋综合治理能力显著增强。

三、海洋高质量发展战略导向

坚持海洋高质量发展，打造产业繁荣、科技领先的海洋创新强省，蓝绿共生、人海和谐的海洋生态强省，区域联动、走向世界的海洋开放强省和制度创新、保障有力的海洋治理强省。

——产业繁荣、科技领先的海洋创新强省

加快海洋经济发展动力从要素驱动向创新驱动的根本性转变，打造全球海洋创新高地和海洋强国建设核心区，建设产业繁荣、科技领先的海洋创新强省。

打造全球海洋创新高地。聚焦国际海洋深水、绿色、安全、智能前沿交叉技术和全球重大海洋问题，引进、培育国际海洋领军人才团队，科学配置海洋重大基础设施和重大科技创新平台，强化海洋科技自主创新，基本形成以国家和省海洋科技重大创新平台为主力、产学研相结合的海洋创新体系，打造国际海洋创新成果策源地和国际海洋科技成果转化应用高地。

打造海洋强国建设核心区。提高海洋新兴产业和现代服务业发展水平，推动产业向高端迈进，抢占全国海洋产业链制高点，发挥支柱产业作用，打造世界级海洋产业集群，大力建设深圳、广州全球海洋中心城市，建成提升我国海洋国际竞争力的核心区和海洋强国建设的引领区。

——蓝绿共生、人海和谐的海洋生态强省

塑造更加宜居、宜业的魅力海洋强省，打造海洋生态文明建设示范区，建设蓝绿共生、人海和谐的海洋生态强省。

坚持生态环境保护与海洋资源开发并重、海洋环境整治与陆源污染防治并举，提升海洋资源利用效率，优化近岸生态环境质量，建立海洋环境保护长效机制，提高海洋和海岸带生态系统保护水平，提升可持续发展能力，建设人海和谐、生态良好的示范区。

——区域联动、走向世界的海洋开放强省

进一步强化广东省在国家开放格局中的战略支点地位，加强区域合作，发挥对周边的辐射带动作用，打造参与全球海洋治理的先行区，建设区域联动、走向世界的海洋开放强省。

积极推进与发达国家和新兴经济体开展更高层次、更深领域、更广范围的蓝色合作，以粤港澳大湾区建设为契机，借助中央赋予粤港澳大湾区的制度创新红利，探索在粤港澳大湾区开展参与制定国际法规机制的活动，增强我国在有关全球海洋治理体系国际条约规则制定过程中的议题设置、约文起草和缔约谈判等方面的能力，提高我国在全球海洋治理领域的话语权和影响力。建设全球海洋大数据中心，为我国参与全球海洋治理提供有力的技术支撑。积极谋划国际海事法院、海事仲裁院等国际海洋事务组织落户，为参与全球海洋治理提供“硬核”基础。

——制度创新、保障有力的海洋治理强省

促进海洋治理现代化。理顺海洋发展体制机制，创新土地、资本、技术、人才等资源要素供给方式，增强创造海洋综合治理新观念和新制度的能力，推动有利于释放海洋新需求、创造新供给的体制机制创新，形成现代化海洋综合治理体系，支撑海洋高质量发展。

筑牢海洋管理保障体系。运用海洋管理的新理念、新方法，重点从健全海域管理体制机制、完善海洋规划体系、加强海洋基础能力建设等方面，提升海洋法制化、精细化管理水平。提升海洋环境突发事件应急处置能力，完善海洋灾害预警报业务体系，加强各级应急预案建设，为海洋防灾减灾提供强有力支撑。继续推进海洋信息化建设，提升海洋资源环境信息化管理能力和公共服务水平。

四、陆海统筹的海洋空间格局

坚持陆海统筹，重视以海定陆，塑造“一心一带两板块五岛群七湾区”海洋发展空间格局。

（一）聚焦一心——粤港澳大湾区

粤港澳大湾区涉及广州、深圳、珠海、佛山、惠州、东莞、中山、江门等市。建成充满活力的世界级城市群、具有全球影响力的海洋科技创新中心和国际航运中心、全球重要的海洋产业集聚区、宜居宜业宜游的优质生活圈，打造具有国际竞争力的海洋先进制造业产业基地、海洋新兴产业基地和现代海洋服务业基地。

——打造双核

将广州市和深圳市打造成全省海洋经济发展双核心，强化双核联动，大力建设两大全球海洋中心城市，全力推进粤港澳大湾区和深圳中国特色社会主义先行示范区建设，加快广州南沙、深圳前海等重大平台建设，形成带动全省海洋经济发展的双引擎。

广州市发挥粤港澳大湾区核心引领作用，全力推进打造国际航运枢纽，加快建设南沙新区、中船南方总部集聚区、广州重大装备制造地三大基地，推动海珠区打造海洋专业技术服务总部，支持南海天然气水合物物质资源勘查与试采工程，推动深远海开发及综合保障基地建设，将广州建设成全球海洋中心城市，为广州市建设国际航运中心、物流中心、贸易中心、金融服务体系和国家创新中心注入活力。

深圳市发挥粤港澳大湾区建设和社会主义先行示范区建设“双区联动”优势，按程序组建海洋大学和国家深海科考中心，探索设立国际海洋开发银行，高标准建设前海海洋现代服务业集聚区、海洋新城、太子湾国际邮轮母港综合体、大铲湾海洋科学城、国际生物谷坝光核心启动区、大鹏海洋生物产业园、深圳海上运动基地等海洋集聚载体，大力建设全球海洋中心城市。

——打造两带

推进粤港澳大湾区深度联动分工，将珠江口打造成珠江口东岸海洋产业研发服务带和珠江口西岸海洋先进制造产业带。

珠江口东岸海洋产业研发服务带，发挥广州、深圳双核心辐射带动力，依托东岸南山科技园、前海蛇口等设计研发和金融服务基地，打造具有国际影响、带动力强的海洋产业研发服务带。东莞市建设东莞港、滨海湾新区、虎门港综合保税区，进一步提升松山湖研发和服务发展水平，打造沿海优质生活区。惠州市建设世界级石化产业、粤港澳地区最有吸引力的滨海旅游休闲度假目的地，推进国家级海洋生态文明示范区建设，打造国际化湾区海洋城市。

珠江口西岸海洋先进制造产业带，立足珠江西岸产业基础，发挥广佛及珠中江协同创新优势，积极培育珠江西岸产业创新带。珠海市加快横琴新区建设，推动高栏港临海先进制造业基地和万山群岛休闲度假区建设，打造珠江口西岸中心城市和区域性海洋中心城市。中山市发挥火炬开发区、翠亨新区在海洋经济发展上的引领作用，建立世界先进船舶与海洋工程装备产业基地。江门市开发银湖湾滨海地区，推进珠海—江门高端产业集聚发展区建设，打造珠江西岸新增长极和沿海经济带的江海门户，建设大广海湾粤港澳合作用海示范区。佛山市加快推进优势产业向海洋领域延伸，重点发展智能制造装备、新能源与节能环保装备，建成珠江西岸先进装备制造产业带创新引擎。

（二）强化一带——沿海经济带

沿海经济带包括广州市、深圳市、珠海市、东莞市、惠州市、中山市、江门市和佛山市（禅城区、顺德区、南海区）等珠三角地区，以及粤东、粤西。我国在聚焦粤港澳大湾区核心的基础上，推动粤东、粤西高质量发展，促进沿海经济带差异化、互补性联动发展，建设具有全球影响力的沿海经济带。支持汕头、湛江建设省域副中心城市，将汕头、湛江建设成区域性海洋中心城市，建设汕潮揭城市群和湛茂都市圈。积极对接融入粤港澳大湾区合作，以临港产业园为载体，全力承接粤港澳大湾区产业和项目转移，与粤港澳大湾区共建海洋经济示范区、海洋科技合作区，在沿海经济带布局重大产业项目，培育一批海洋产业集群。

汕头市打造粤闽台海洋产业合作桥头堡，打造粤东海洋经济重点发展区的核心，建设区域性海洋中心城市。积极推进汕头保税区、高新区、华侨经济文化合作试验区建设，打造广东重要的国际港物流中心。加快建设南澳国际旅游岛，建成国际知名、国内一流的国际海湾休闲旅游城市。潮州市重点建设潮州港经济开发区，发展能源工业、石化仓储、装备制造、港口物流、食品加工等临港产业，建成区域性港口物流中心、能源基地和临港产业基地，打造现代渔业示范区。推进粤闽台海洋经济开放合作圈建设。揭阳市建设绿色、智能、效益型世界级临港石化基地和海上风电产业及运维基地，重点建设大南海石化工业区和惠来临港产业园，打造海洋新兴产业示范基地和广东省山海风情休闲城市。汕尾市主动对接大湾区产业辐射，重点发展临港海洋工程装备制造、海上风电、海洋生物医药和现代渔业，重点建设深汕特别合作区、红海湾滨海旅游产业园区、马宫海洋渔业科技产业园，打造国家级海洋渔业基地、新型临港产业基地和海洋生态文明示范区，建成珠三角衔接辐射东翼的重要战略支点。

湛江市加快建设区域性海洋中心城市和海洋经济创新发展示范城市，建成我国西南重要通道、广东临海重化工业及物流基地、国际旅游半岛、国家级滨海生态旅游示范区和全国重要的现代渔业基地。积极对接粤港澳大湾区，联动北部湾，深度参与西部陆海新通道建设，与海南自贸区错位发展，打造西部陆海新通道、海上丝绸之路通道的战略支点。茂名市发展港口物流、临海石化、滨海旅游等产业，重点建设茂名港、茂名博贺临港工业区、茂名石化工业园，建成世界级绿色化工和氢能产业基地、区域性港口枢纽和物流中心。打造现代化滨海城市、中国南海旅游休闲度假康养目的地和沿海经济带上的新增长极。阳江市重点发展风电、海洋装备制造、滨海旅游等产业，建成中国海洋文化旅游度假目的地、广东沿海临港工业重要基地、粤西对接珠三角首要门户和江海交汇生态宜居新城，打造沿海经济带重要战略支点、宜居宜业宜游的现代化滨海城市。

（三）深耕两板块——南海板块、泛珠三角板块

——南海板块

积极参与南海开发和服务保障，建设亚太海洋科技和人才集聚区、南海综合

开发先行区和国际合作示范区。

建设国家南海事务中心。争取成为国家南海事务组织中枢，建设南海信息中心、南海立体观测系统、南海国际海洋保护机构、南海油气开发组织中心等重要平台。依托南海事务中心，成立和汇聚一批海洋研究智库，为国家行动提供支撑。高标准建设中国海监维权执法基地，满足南海常态化维权巡航执法需求。

参与共建南海海洋合作平台。积极参与南海海上合作和共同开发，用好中国—东盟海上合作基金，从海洋环保、海洋科研、海上搜救、防灾减灾等领域入手，促进海洋生态系统保护和海洋资源可持续利用，开展海洋科技、海洋观测合作。

打造南海开发保障服务基地。建设南海海洋资源勘探开发技术研究高地，聚焦攻关深海资源勘探、开发、储运等关键技术。与南海周边国家共建境外海洋油气等战略资源供应和储备基地，构建我国参与国际能源合作的示范区、战略资源转运枢纽和交易中心。深化渔业、生物资源的开发与高值化利用。

——泛珠三角板块

泛珠三角区域包括福建、江西、湖南、广东、广西壮族自治区、海南、四川、贵州、云南九省（区）及我国港澳地区。泛珠三角板块重点深耕北部湾经济区、海南自贸港和福建等沿海区域。

强化与广西北部湾经济区合作。依托湛江—北海粤桂北部湾经济合作区、玉林—湛江粤桂合作示范区、北部湾城市合作组织，重点推进与北部湾经济区在临海工业、海工装备、海洋生物医药、特色海产品加工等领域深度合作，共同打造海洋开放合作示范区。充分发挥湛江港作为西南地区出海大通道的作用，加强与北部湾港对接，参与共建西部陆海新通道。依托北部湾旅游推广联盟，推进滨海旅游市场一体化，联合打造精品旅游线路，合力建设国际一流滨海旅游目的地。强化产业园区互动，通过联合出资、项目合作、资源互补、技术支持等多种方式，发展海洋“飞地经济”，布局海洋“飞地园区”和“科创飞地”。

推进与海南自贸港合作。重点推动雷州半岛与海南协同发展，加强湛江与海南在临港加工贸易和转口贸易等领域的合作，打造徐闻海南现代服务业重点延伸区和扩散地。推动琼州海峡港航一体化，研究建立港口分工协作机制，探索开展航运贸易战略合作，开通“粤港澳大湾区—湛江—海南洋浦”运输航线。探索共建湛江华南大宗商品交易中心，构建服务海南的“岛外仓”，形成“海南交易、湛江港交割”的合作机制。深化与海南国际旅游岛的合作，推动广州南沙、深圳太子湾国际邮轮母港与海南国际邮轮母港对接，共同做大区域邮轮旅游产业，打造国际滨海旅游品牌。

推进粤东地区与福建合作。依托粤闽台海洋经济合作圈、闽粤经济合作区建设，重点加强粤东地区与福建在海洋渔业、海洋交通运输业、海洋生物医药、滨海旅游等领域的合作，将汕头建设成粤闽台海洋产业合作的桥头堡。积极开展粤闽海洋生物技术研发、中试和成果转化，共建海洋科技企业孵化器。建立现代渔业科技创新联盟，重点在水产品精深加工、渔业人工育苗育种等方面提升自主创新能力，共建海产品食品检验检测平台。推动粤东与厦门、漳州、泉州等地组建滨海旅游城市联盟，共同开发海洋文化精品旅游线路。

（四）保护利用五岛群七湾区

——推动“五大岛群”特色化

“五大岛群”包括海岸带的 5 个岛群 28 个岛区。海岛及邻近海域渔业、旅游、港口和海洋可再生能源等资源丰富，是实施海洋经济综合开发的拓展区域。要优化开发有居民海岛，保护性开发无居民海岛，严格保护特殊用途海岛。

珠江口岛群包括深圳东部沿岸岛区、狮子洋岛区、伶仃洋岛区、万山群岛区、磨刀门—鸡啼门沿岸岛区、高栏岛区 6 个岛区，重点发展海洋交通运输业、滨海旅游业、临海现代工业、海洋高新技术产业。

大亚湾岛群包括虎头门以北沿岸岛区、虎头门—大亚湾口岛区、平海湾沿岸岛区、沱泞列岛区、考洲洋岛区 5 个岛区，重点发展海洋交通运输业、滨海旅游业和临海现代工业。

川岛岛群包括川山群岛区、大襟岛区、台山沿岸岛区 3 个岛区，重点发展滨海旅游业、海洋交通运输业，加强海洋自然保护区建设。

粤东岛群包括南澳岛区、柘林湾岛区、达濠岛区、海门湾—神泉港沿岸岛区、甲子港—碣石湾沿岸岛区、红海湾岛区、东沙群岛区 7 个岛区，重点发展现代海洋渔业、海洋交通运输业、海洋生态旅游业，加强海洋自然保护区建设。

粤西岛群包括南鹏列岛区、阳江沿岸岛区、茂名沿岸岛区、吴川沿岸岛区、湛江湾岛区、新寮岛区、外罗港—安铺港沿岸岛区 7 个岛区，重点发展现代海洋渔业、滨海旅游业和海上风电。

——明确“七大湾区”主功能

“七大湾区”以柘林湾区、汕头湾区、神泉湾区、红海湾区、海陵湾区、水东湾区、湛江湾区为保护开发单元，科学确定湾区功能定位和发展重点，构建各具特色、功能互补、人海和谐的湾区经济发展新格局。

柘林湾区①。充分发挥区位、文化、产业、侨乡等特色优势，发展特色旅游业，打造广东滨海旅游东大门和粤东滨海休闲旅游胜地。重点保护黄冈河、韩江等流域生态及海山岛等沿岸地区的特殊地质地貌，开展海岛修复工程、海岸线修复工程、红树林湿地修复工程和海岸生态廊道建设工程。

汕头湾区②。重点发展港口运输及物流业、滨海旅游业，推进广澳港区、海门港区建设。持续推进蓝色海湾整治行动，加强汕头湾海域和重点海湾环境综合整治，实施海岸带整治与绿化工程、沙滩修复养护工程，推动红树林湿地公园建设，加快平屿西国家级海洋牧场、青澳湾国家级海洋公园建设，建设南澳国家级生态文明示范区。

神泉湾区③。建设粤东滨海新区，重点建设靖海、神泉等旅游小镇。积极建设美丽海湾，开展养殖海域底质清淤工程，实施海岸线生态整治修复工程，开展海岸生态廊道建设和沙滩修复养护工程，加快生态岛礁建设。

红海湾区④。全力打造粤港澳大湾区海岸延长线，构建以红海湾经济开发区国家公园为主体的自然保护地体系，加快推进以龟龄岛为试点的生态岛礁建设，推进龟龄岛东国家级海洋牧场示范区、遮浪角西国家级海洋牧场示范区等大型人工鱼礁、海洋牧场项目建设，推进以品清湖为重点的美丽海湾建设。

海陵湾区⑤。重点建设阳江滨海新区，依托海陵岛经济开发试验区，打造国际海丝文化名城、世界级滨海休闲旅游目的地。重点保护南鹏列岛、海陵岛等典型海岛生态及近江牡蛎等重要水产资源，推动广东省海陵岛红树林国家湿地公园、程村红树林湿地保护区建设，加快海草场生态修复，实施沙滩修复养护，推进海陵岛生态岛礁工程建设。

水东湾区⑥。加快博贺渔港、放鸡岛、浪漫海岸、中国第一滩、水东湾等的建设。重点保护水东湾等红树林滨海湿地及放鸡岛等重要海岛生态，开展水东湾、博贺湾等蓝色海湾综合整治，推进龙头山“浪漫海岸”沙滩修复养护，实施第一滩岸线整治工程，加快建设水东湾新城海岸带综合示范区。

---

① 柘林湾区陆域涉及潮州市饶平县，海域包含大埕湾、柘林湾等海域。

② 汕头湾区陆域涉及汕头市，海域包含汕头港、广澳湾、海门湾等海域。

③ 神泉湾区陆域涉及揭阳市，海域主要为神泉港、靖海湾等海域。

④ 红海湾区陆域涉及汕尾市，海域包含碣石湾和红海湾两大海湾。

⑤ 海陵湾区陆域涉及阳江市，海域主要包括北津港、海陵湾、沙扒港等海域。

⑥ 水东湾区陆域涉及茂名市，海域主要包括博贺港、水东湾等海域。

湛江湾区[1]。着力建设世界一流现代化大型临海钢铁基地、世界级临海绿色石化基地和区域性枢纽港。推进红树林国家级自然保护区、徐闻珊瑚礁自然保护区建设，推进海岸生态廊道建设和沙滩修复养护，重点开展湛江湾（北部）海岸带综合整治修复工程、南三岛生态岛礁工程和湛江港、雷州湾、安铺港美丽海湾建设。

五、产业繁荣、科技领先的海洋创新强省

加快海洋产业转型升级，构建高质量海洋产业体系；强化海洋创新驱动发展，完善海洋科技创新体系。

（一）构建高质量海洋产业体系

突破发展海洋电子信息、海上风电、海洋生物、海工装备、天然气水合物和海洋公共服务六大海洋新兴产业，优化提升海洋交通运输业、海洋油气业、现代海洋渔业和海洋船舶工业等传统优势海洋产业，加快发展滨海旅游业、海洋文化产业、海洋金融和航运服务业等海洋服务业，集约发展临海石化、能源和钢铁产业等高端临海产业。

（二）完善海洋科技创新体系

坚持创新驱动发展战略，激发海洋创新活力，依托“广州—深圳—香港—澳门”科技创新走廊，集聚海洋科研资源，强化海洋基础研究，推进海洋协同创新，促进海洋科技成果转化，强化海洋创新主体，建设一批世界一流的海洋大学、新型海洋研发机构、海洋重点实验室、工程中心等，打造我国海洋科技产业创新高地和引领世界的海洋创新策源地。

六、蓝绿共生、人海和谐的海洋生态强省

以海洋生态保护和资源节约利用为主线，推动蓝色经济绿色发展，维护陆海统筹环境体系，建设“水清、岸绿、滩净、物丰、人和”的美丽海洋。

（一）构建蓝色生态屏障

第一，坚守海洋生态保护红线。实施最严格的生态环境保护制度，划实守牢

① 湛江湾区陆域涉及麻章区、坡头区、霞山区、赤坎区、雷州、廉江、吴川、徐闻、遂溪，海域范围包括整个雷州半岛西侧海域及湛江港、雷州湾、博茂港等海域。

海洋生态保护红线，加强岸线保有率管控。强化海洋生态保护红线监督管理，建立生态保护优先的用海审查新机制，在建设项目用海环评、排污许可、入海排污口设置等方面严格落实红线管控要求，严格限制审批涉及自然保护区、重要生态功能区等环境敏感区的项目，严格控制高能耗、高污染、高耗资项目建设。完善岸线占补机制，严禁建设项目违规占用自然岸线和海洋生态保护线，坚决遏制岸线资源的过度开发利用。

第二，严格围填海管控。贯彻落实《国务院关于加强滨海湿地保护严格管控围填海的通知》要求，严格围填海管理和监督，严格实施围填海“双控”制度，加强围填海监视巡查，实施围填海专项督察，严格围填海执法检查，严肃查处非法围填海行为。探索通过市场化方式出让围填海项目的海域使用权，增加围填海项目、占用岸线及其毗邻海域用海项目的海域使用金，减少围填海项目所需的用海面积。

第三，推进海洋生态整治修复。加快编制《广东省国土空间生态修复规划》，加强海域、海岛、海岸带的系统保护和修复治理，持续实施海岸线整治工程、魅力沙滩工程、海堤生态化工程、滨海湿地恢复工程和美丽海湾建设工程“五大工程”，分类建设生态岛礁，鼓励人工岸线生态化改造，着力保护滨海湿地、河口海湾、红树林、珊瑚礁等重要海洋生态系统。加快建立海洋公园与海洋生态保护区，积极创建以热带河口典型海洋生态系统为代表的珠江口国家公园；优化整合以中华白海豚、中国鲎、猕猴等珍稀物种，以珊瑚礁、红树林、海草床等典型海洋生态系统为代表的自然保护区，构建粤东和粤西沿海珍稀物种生态廊道和生物多样性保护网络。携手港澳开展滨海湿地跨境联合保护，建设粤港澳大湾区水鸟生态廊道，筑牢海洋生态保护屏障。

（二）加强海洋污染防治

第一，严格控制陆源入海污染物。深入推进“蓝色海湾”整治行动，实施水污染防治计划和近岸海域污染防治计划，以珠江口海域污染治理和环境综合整治为重点，加大入海河流污染治理和入海排污口监管力度，在重点河口、主要海湾逐步推广建立污染物入海总量控制制度，重点推进沿海地级以上市实施氮总量控制，推进珠江口、汕头港、湛江港等重点海域的氮、磷减排试点工作。规范入海排污口设置，强化沿海港口、重点企业及产业园区污水排放口和河流入海断面监测，完善入海排污许可证制度，探索建立海陆联合动态监管和溯源追责制度。提高涉海项目准入门槛，建立产业准入负面清单和环境污染“黑名单”制度，果断淘汰高污染、高排放企业。

第二，强化港口船舶污染防治。全面推行国家《绿色港口等级评价标准》，实施更严格的清洁航运政策，开展港口航运区海上污染综合环境治理工程，严格执行船舶污染物排放控制标准，定期开展溢油、船舶垃圾清理专项行动，推进港口与船舶污染物接收转运处置。加强港口作业污染专项治理和扬尘监管，开展干散货码头粉尘专项治理，完善港口污染治理设施，强化危险化学品港口作业和运输管理，持续推进渔港渔船污染防治。

第三，强化涉海工程环境监管。严格执行海域使用证制度和海域有偿使用制度，严格执行海岸工程、海洋工程建设项目环境影响评价与管理制度，加强各类涉海工程的事中、事后监管，强化建设用海后评估工作。加强对重点涉海工程及周边海域的永久性环境污染监测，制定环境突发事件应急预案。规范管理航道疏浚等工程，严格实行全过程环境监测监督。

第四，强化海漂垃圾整治。加强海上垃圾监管，定期开展海漂垃圾整治行动，实施海洋微塑料防治国家行动计划。建立区域陆源入海垃圾联防联控机制，加强管控港区码头以及滨海度假旅游区、滨海浴场、海上施工作业区等重要源头区域，健全跨境海漂垃圾信息通报和联合执法机制。探索建立海上环卫制度，加快完善滨海垃圾收集设施，建立以机械为主、人工为辅的海上环卫作业模式，提高岸滩清扫保洁和海上作业机械化水平，实现海漂垃圾源头监控、海上收集、岸上处置。

（三）健全海洋生态制度

第一，全面推行“湾长制”。加快完善“湾长制”相关法律法规制度体系建设，争取将“湾长制”纳入地方环境保护法规，加快制定“湾长制”实施方案，建立省、市、县三级湾长体系，实现“湾长制”标准化、规范化建设。加强与“河长制”对接，做好治河治湾目标的协调衔接，建立湾长河长联席会议制度和信息共享制度，实现陆海共治共管。

第二，优化海洋生态补偿机制。加快制定海洋生态补偿管理办法，发挥财政资金引导作用，按照“谁利用、谁补偿”的原则，建立市场化、多元化生态补偿机制。探索以生态积分作为生态系统服务价值评估的定量依据，以河口、海岛、红树林、珊瑚礁等典型海洋生态系统作为折算生态积分的定量实体，建立基于可交易生态积分的生态账户制度。实施生态损害补偿制度，探索将海洋生态环境及渔业资源损害赔偿款用于收缴地的海洋生态补偿与海洋生态建设。

第三，完善海洋生态环境评价与考核制度。开展海洋环境功能区划修编，科学构建基于海域功能分区的海洋环境目标体系。落实环境保护“党政同责、一岗双责”，加强对海洋生态环境保护工作的监督考核，构建近岸海域水质评价考核体系，探索将海洋生态环境损害责任纳入省及沿海市县（区）政府有关领导干部问责范围。

第四，构建粤港澳区域联防联控联治机制。建立跨地区、跨部门、跨行业的粤港澳区域性联防联治机制，开展区域性海洋生态环境研究，加强环境监测数据共享，制定污染防治的区域法规、条例、污染控制标准以及污染防治措施。建立珠江口海域环境保护联席会议制度，开展珠江流域和珠江口海域综合治理，构建基于海洋环境容量的入海污染总量控制管理体系。建立粤港澳大湾区海洋资源环境承载力监测预警机制，重点开展海域污染控制、海洋生态系统修复等方面的合作。

第五，探索建立海洋生态修复多元化资金投入机制。探索建立海岸线使用指标交易制度，依托产业投融资公共服务平台，引导开发性、政策性和商业性金融机构采取多种形式加大对整治修复工作的支持力度。探索企业、非政府组织等社会资本参与整治修复的模式和途径，规范推广政府与社会资本的合作模式。

（四）促进人海和谐发展

一方面，拓展亲海空间。兼顾山水林田湖海等各类自然元素，明确生态、生产、生活各类空间，努力建设生态宜居湾区。优化国家级海洋公园建设，加强特色珍稀生物资源、公园和生态系统保护，不断升级滨海旅游设施和景观设施。结合岸线整治修复工程、沙滩修复工程、海岛修复工程和红树林湿地修复工程，在保有原海岸带自然面貌、与周边人文景观相协调的前提下，优化滨海生态景观廊道和亲海观景平台建设，构建滨海慢行绿道系统和滨海防护景观林带，打造全球最美都市海岸线，为公众提供层次分明、生态优美的高品质滨海休闲景观空间。

另一方面，提升全民海洋生态文明意识。依托高等院校、科研机构和海洋保护区，建设一批海洋生态环境保护教育基地，适当建设红树林湿地博物馆、生态科普长廊等科普设施，打造世界级蓝色生态文化走廊。充分利用世界海洋日、海洋经济博览会、海洋高新科技展览会、海洋科普周等主题活动，大力宣传海洋生态文明建设的新理念、新经验、新成就、新技术。强化海洋生态文明建设公众参与，畅通公众参与渠道，定期公布各类海洋环境信息，发布海洋生态文明建设的重大政策，及时报道海洋生态文明建设重大活动，鼓励公民、社会团体、企业、非政府组织建言献策，健全举报、听证、舆论监督和公众监督制度，构建全民参与的社会行动体系。

七、区域联动、走向世界的海洋开放强省

深化多层次的海洋领域开放合作，发挥粤港澳大湾区、沿海经济带辐射引领作用，构建以粤港澳大湾区为龙头，以沿海经济带为支撑，面向“海上丝绸之路”的蓝色合作，积极参与全球海洋治理。

（一）深化粤港澳大湾区海洋合作

依托深圳前海、广州南沙、珠海横琴等平台，深化粤港澳大湾区海洋科技协同创新，推动海洋服务业深度融合，共筑海洋防灾减灾安全屏障。

一是构建粤港澳海洋合作平台体系。以深圳前海、广州南沙、珠海横琴等重大平台为依托，加强深圳与中国香港在海洋金融、现代航运服务等领域的合作，探索共建国际航运中心；强化广州与中国香港共建海洋科技创新平台，建设国家海洋高新技术产业基地、南沙新区科技兴海产业示范基地；推动珠海与中国澳门共建世界旅游休闲中心，高水平建设珠海横琴国际休闲旅游岛，把横琴新区建设成粤港澳深度合作示范区；依托江门大广海湾经济区，建设粤港澳合作用海示范区。

二是建设海洋科技协同创新高地。依托“广州—深圳—香港—澳门”科技创新走廊，融入海洋元素，重点推动深海运载作业、海洋资源开发、航运保障、海洋生态环境保护、防灾减灾等方面的关键海洋科技创新，构建粤港澳海洋科技创新共同体。联合粤港澳高等院校、科研机构、大型企业、重点实验室、工程中心等，共建海洋科技创新平台，建设一批粤港澳青年创新创业示范基地，推动三地逐步互相开放海洋科技计划，促进科研仪器设备通关便利、共用共享，推动海洋科技成果转化。

三是推动海洋服务业融合发展。加强粤港澳海洋产业资源和市场对接，推动与中国香港、中国澳门在航运服务、海洋金融、滨海旅游、海洋文化等领域开展合作，协同提升海洋产业在全球价值链中的地位。强化粤港澳国际航运高端服务业的融合发展，推动粤港澳在航运支付结算、融资、租赁、保险、法律服务等方面实现服务规则对接，建立粤港澳港口合作交流机制，共建成本更低、效率更高的国际航运中心。探索在境内外发行企业海洋开发债券，鼓励产业（股权）投资基金投资海洋综合开发企业和项目。加强粤港澳滨海旅游合作，共同推广“一程多站”滨海旅游精品线路，落实粤港澳游艇自由行，推进粤港澳海岛旅游一体化。加强粤港澳海洋文化事业合作，联合中国香港、中国澳门定期举办海洋文化论坛、海洋科技成果交流展示会等，共建海洋文化发展高地。

四是构建粤港澳海洋防灾减灾联动机制。积极参与粤港澳大湾区海洋灾害防治能力提升联合行动，建立、完善粤港澳海洋灾害会商、信息互通、协同处置机制，推进三地在海洋观测预报、防灾减灾、科学调查和生态预警监测等方面的数据资料共享和业务合作，实现区域内海洋防灾减灾先进技术装备共享共用，协同开展应急服务。优化大湾区海洋灾害预警监测能力布局，构建海洋灾害联合预警机制，加快建设粤港澳大湾区海洋灾害预警监测中心。建立、健全数据开放政策和共享机制，推进大湾区气象数据实时双向开放、信息交换、资源共享，共同提升海洋防灾减灾水平。

（二）推进海上丝绸之路蓝色合作

依托中国海洋经济博览会等平台，积极参与构建蓝色伙伴关系，主动对接与“海上丝绸之路”沿线国家和地区的合作项目，鼓励广东涉海企业联盟走出去，积极参与沿线国家海洋科技园区建设。

一是参与构建“中国—欧盟”蓝色伙伴关系。加快与欧盟开展海洋科技、海上清洁能源、海洋生态环保等蓝色经济合作，高标准建设中欧蓝色产业园，打造“中国—欧盟”海洋科技交流平台、海洋新能源和生态环保技术研发中心、海洋技术交易服务与推广中心、信息服务平台、共享数据中心、国际转移平台等合作载体。

二是深化与东盟的海洋产业合作。支持广东涉海企业在印度尼西亚、马来西亚等东盟国家建立一批以海水养殖、远洋渔业加工、新能源与可再生能源、海洋生物制药、海洋工程技术、环保和海上旅游等领域为重点的海洋经济示范区、海洋科技合作园，深化海洋产业合作。

三是加强与太平洋岛国的蓝色合作。协助太平洋岛国渔业升级，充分发挥广东技术、资金等方面的优势，加快完善基础设施建设，在太平洋岛国规划建设一批集生产基地、冷藏加工基地、远洋渔船补给基地和服务保障平台等于一体的远洋渔业多功能综合服务基地，鼓励渔业企业积极创新全产业链的发展模式，带动捕捞、养殖、加工、渔港、冷库及物流体系全产业链建设。加大太平洋岛国远洋渔业综合性经营管理人才的培养、培训力度。协助太平洋岛国旅游业升级，鼓励开通广东与太平洋岛国的直达航线或旅游包机，支持岛国旅游中心城市基础设施建设，鼓励有条件的广东企业到太平洋岛国进行旅游投资，推出太平洋岛国旅游环线产品。

四是强化与“海上丝绸之路”沿线港口的开放合作。提升广州、深圳国际航运枢纽功能，与“海上丝绸之路”沿线国家开展港口合作，支持企业开辟东南亚等国际航线，与“海上丝绸之路”沿线国家共建友好港口、临港物流园区。完善港口国际合作机制，加强与国际友好港在港口开发建设、运营管理、绿色低碳、员工培训、作业流程化及装卸效率提升等方面建立协作机制，鼓励企业积极参与“海上丝绸之路”沿线港口投资、建设、运营，培育世界一流全球码头建设和运营商、综合服务商。

（三）积极参与全球海洋治理

积极落实海洋命运共同体理念，当好国家参与全球海洋治理的先行区和主力军。

一方面，强化全球海洋治理城市参与主体。将深圳、广州打造成全球海洋治理示范区。支持深圳、广州加快建设全球海洋中心城市，组建海洋大学、国家深海科考中心、国际海洋开发银行等重大平台。以粤港澳大湾区建设为契机，发挥中国香港在全球范围内的法律优势，并叠加中央赋予粤港澳大湾区的制度创新红利，在粤港澳大湾区开展参与制定国际法规机制的活动，增强我国在全球海洋治理体系国际条约规则制定过程中的议题设置、约文起草和缔约谈判等方面的能力，增强我国在全球海洋治理领域的话语权和影响力。建设粤港澳大湾区国际航运中心，增强我国在国际航运领域的话语权。建设粤港澳大湾区全球海洋大数据中心，为我国参与全球海洋治理提供有力的技术支撑。积极谋划国际海事法院、海事仲裁院等国际海洋事务组织落户广东，为参与全球海洋治理提供“硬核”基础。

另一方面，提升海洋公共产品供给能力。支持广州、深圳等参与构建多层次的蓝色伙伴关系，共建区域性海洋防灾减灾合作机制，共同研发海洋灾害预警预报系统和产品，为海上运输、海上护航、灾害防御等提供服务；设立培训基地，开展海洋灾害风险防范、巨灾应对合作研究和应用示范，为沿线国家提供技术援助；推动建立海上丝路海洋减灾数据中心，提升海洋灾害信息获取、共享和分析能力，推动防灾减灾技术、装备、服务“走出去”。通过主动参与国际海洋保护区建设，积极推广“湾长制”“蓝色海湾”“生态红线制度”等海洋治理经验。

八、制度创新、保障有力的海洋治理强省

健全海洋综合管理体制机制，加强海洋基础能力建设，提升科学管海用海水平，构建现代化海洋综合治理新体系。

（一）健全海洋资源开发保护制度

第一，深化海岸带管理体制改革。探索海岸带空间管控模式，以海岸线为

轴，强化“一线管控”，以分类分段功能管控为抓手，实现精细化管理。落实严格保护岸线管理制度，加强严格保护岸线名录管理。严守生态保护红线、环境质量底线和资源利用上线，科学划定陆海“三区三线”，优化海岸带基础空间格局。建立自然岸线台账，定期开展海岸线统计调查。推进大陆自然岸线指标交易，探索自然岸线异地有偿使用。建立产业占用岸线的投入产出和使用长度控制性标准，提高岸线投资强度和利用效率。

第二，建立健全海洋资源市场化配置机制。推进岸线、海域、无居民海岛等海洋资源市场化配置，开展无居民海岛使用权市场化出让试点工作，严格落实海岸线占补平衡制度，探索推进海岸线有偿使用。全面实施海砂采矿权和海域使用权“两权合一”招标拍卖挂牌出让制度，建立海域使用权流转制度和海上构筑物产权登记制度，出台海域海岛使用权抵押贷款等市场配置政策，制定海域使用权批准目录。培育海域使用权二级市场，完善资源评估、流转和收储制度，规范海域使用权转让、出租、抵押等流转交易行为。推动建立海洋产权交易服务平台、信息共享平台、科技成果转化平台等，引导培育海洋大数据交易市场，依法合规开展海洋数据交易。

第三，健全落实海洋资源保护机制。实施海岸线精细化管理，严格保护好自然岸线，加强海域多要素监管体系建设。落实海洋渔业资源总量管理制度，严格执行伏季休渔禁渔制度，优先发展海洋渔业深水养殖、生态养殖。加强对重要、敏感、脆弱生态系统和珍稀濒危物种的保护，建成统一、规范、高效的海洋国家公园体制。建立海洋油气采储结合机制，划定近海油气战略储备区，坚持海洋生态保护红线内油气资源以储备为主，科学合理开发利用海洋能源。

（二）优化海洋管理体制机制

第一，深化涉海“放管服”改革。深入推进涉海领域“放管服”改革，优化营商环境，持续开展行政审批清理，推进涉海投资和工程建设项目审批制度改革，实施用地用海用林“多审合一”“多证合一”，简化重大项目临时用海手续，进一步降低涉海企业负担。加强监管执法规范化建设，积极推进“互联网＋监管”，建立健全适合高质量发展要求、全面覆盖、保障安全的涉海工程事中事后监管制度。

第二，健全海洋经济统计核算体系。加快完善海洋经济统计核算制度，规范海洋经济统计行业分类界定。加强海洋经济运行监测与评估系统建设，推进市、县级海洋生产总值核算、涉海企业直报和海洋经济运行评估，建立省、市、县三级海洋经济调查评估体系。创新海洋经济统计监测方法，充分运用大数据等技术手段，结合全国海洋经济调查，建立完善涉海重点企业名录库。开展海洋经济发展情况统计分析，定期发布海洋经济发展报告、海洋经济统计公报。强化海洋相关部门间数据共享交换，推动海洋统计数据向社会开放。

（三）完善海洋法律法规体系

第一，健全法律法规体系。加强地方海洋立法工作，修订省海域使用条例，加快海岸带、海岛保护开发及海上构筑物建设等立法研究，完善省级海洋管理法规体系，健全海域使用、岸线利用、港口开发、海洋保护、海洋灾害防治、海岛开发与保护等的地方法规体系，强化配套制度、配套措施、实施细则和工作规程等制度的制定与落实，构建配套完整、上下一致、协调统一的海洋综合管理体系。

第二，提升海上综合执法能力。依法有序用海管海，加大海域使用、海洋生态环境保护、海岛保护、海洋渔业资源保护、海上安全监管、海洋设施保护等方面的执法力度。探索建立跨区域、跨部门的海上联合执法机制，建立完善海上执法协调机制、海上执法信息通报和案件移交制度，推动执法力量、装备设施、信息情报等的资源共享，建立陆海联动、部门协同、运行高效的海上执法队伍体系。实施海洋领域重大执法决定法制审核制度，提高执法规范化水平。加强海洋行政执法监察，建立省级海洋督察制度，对沿海各市落实国家海洋资源环境重大部署、法律法规的情况开展督察。

（四）提升海洋安全管理能力

第一，强化海洋灾害预警预报。完善地方海洋灾害精细化预报体系，建立风暴潮、海浪、海啸、赤绿潮、溢油和海洋地质灾害等预报预警和防御决策系统，完善海洋生态灾害和环境突发事件监测体系。加快建设海洋气象与灾害性天气预报开放实验室和广东海洋气象灾害预警中心，搭建涵盖广东省近岸和近海的地理信息库和预报减灾基础数据库，健全海洋灾害预警预报信息系统。深入开展海平面变化影响调查评估和海洋防灾减灾检查，全面开展海洋灾害风险评估和区划工作。科学划定海洋灾害重点防御区和避险区，加强对核电站、石化区、渔港、典型生态系统等重点目标的管控，定期开展环境风险隐患排查整治。

第二，提升海洋突发事件应急处置能力。健全海上应急管理和指挥体系，建立应急响应机制，制定海洋溢油、化学品泄漏、赤潮、核事故等海洋环境灾害和突发事件的应急预案，重点提升大型客船、邮轮应急救援能力和水上危险化学品、溢油应急处置能力。完善海上救援基地建设，拓展巡航救助一体功能，健全分类管理、分级负责、条块结合、属地管理为主的海洋灾害应急管理体制，加强省、市、县三级海洋灾害应急指挥协调能力。完善海洋灾害调查和灾情统计报送制度，健全海洋灾害信息员和志愿者队伍建设，提升海洋灾害信息员队伍装备水平，提高海洋灾情调查和评估能力。

第三，加强海上船舶安全保障。实施海上万艘渔船安全工程，优化广东渔业安全生产通信指挥系统、AIS 避碰系统和渔船 IC 卡管理系统。加强海上交通安全管理，推进海上导助航设施的数字化、智能化，打造"陆海空天"一体化海上交通运行监控体系，实现海上交通安全动态感知、智能管控。健全海上交通救助体系，加强海监、渔政、公安海警巡航舰艇和执法基地建设，完善海上搜救应急系统和海上联动协调机制，完善海上船舶应急救助预案，提高海难事故救助能力。建立海运安全强制保险制度，加强海运安全信用与社会信用体系对接。

（五）统筹陆海基础设施建设

第一，加快港航设施建设。重点推进广州港南沙港区、深圳港盐田港区、珠海港高栏港区、汕头港广澳港区、湛江港湛江湾港区等沿海主要港口重点港区大型化、专业化泊位建设，加快沿海港口公共基础设施、公用物流码头扩能升级。加强专用码头资源整合，优先发展公用码头。加强沿海港口的深水航道、公共锚地、防波堤等设施配套，不断提升沿海港口公共基础设施服务能力和水平。

第二，加快滨海旅游公路建设。加快建设滨海旅游公路，串联滨海旅游景区和特色旅游资源，带动沿海特色小镇和滨海美丽乡村建设，打造兼具交通运输、生态保护、旅游休闲等功能的沿海复合型交通旅游休闲廊道。重点加强交通衔接系统、慢行系统、基础设施、标识系统等配套设施及服务系统建设，强化滨海旅游公路与高速公路、高铁站点、机场枢纽的综合交通衔接，规划设计各具特色的步行径、自行车径、综合慢行道等慢行系统，高标准建设滨海旅游驿站、观景平台、旅游休息站。

第三，加快现代渔港建设。重点推进中心渔港和区域性避风塘建设，加快推进在建渔港项目进度，完善渔港功能。推进渔港标准管理示范试点建设，改善港区生产生活设施布局，加强港容港貌整治，开展渔港水域清理、港池航道疏浚，规范渔船停泊，推进渔港道路硬化、港区亮化、生态绿化、环境美化，打造形成以区域性避风锚地、示范性（一级）渔港为核心，以二、三级渔港为基础的防台避风能力强、布局合理、功能完善、管理有序、生态良好的现代渔港新体系。

第四，加快海洋文化设施建设。深入挖掘南海海洋文化资源，高标准规划建设一批具有国际先进水平、各具特色的重大地标性海洋文化设施，支持深圳建设海洋博物馆、阳江建设广东海洋历史文化博物馆，在现有场馆中增加海洋科普、海洋文化内容，打造一批海洋科普与教育基地。加快建设海洋文化信息化平台设施，打造海洋数字图书馆、数字美术馆、数字博物馆，搭建海洋文化公共电子网络服务平台，形成资源丰富、技术先进、服务便捷的海洋公共文化信息资源共享系统和网络服务平台。

第二节　广西壮族自治区“十四五”时期发展向海经济和打造海洋强区

“打造好向海经济”是2017年习近平总书记视察广西壮族自治区时提出的重大战略要求，也是“海洋强国”战略在广西壮族自治区的具体实施，更是契合广西壮族自治区实际和未来发展的重要方向指引。广西壮族自治区是我国西部地区唯一的沿海省份，海域面积广、海洋资源丰富，海域面积约为2.8万平方千米，海洋功能区划面积约为7000平方千米，海岸线长达1628千米。加快发展向海经济，既是主动适应和引领经济发展新常态的客观需要，也是落实中央赋予广西壮族自治区“三大定位”新使命和“五个扎实”新要求的具体实践，更是构建高水平开放发展新格局、推动海洋强区建设的必然选择。

一、全球向海经济发展态势

（一）以海带陆、向海发展成为全球经济增长的重要方式

随着经济全球化的持续深入，世界经济重心不断向沿海地区移动，向海发展、以海带陆成为全球经济增长的重要方式。据统计，沿海岸带300千米范围内集中了过半的世界经济总量，临港经济占全球地区生产总值的60%以上，全球35个国际化大城市有31个是沿海港口城市，其中前10名都是港口城市。与此同时，随着人类开发利用海洋的层次和水平不断提升，海洋经济对全球经济发展的贡献稳步增长。20世纪60年代末至今，海洋经济对全球地区生产总值的贡献率已由1%提升至8%。据经济合作与发展组织预测，到2030年，全球海洋生产总值将达到3万亿美元，各类海洋产业将创造4000万个就业岗位。2010—2030年全球海洋产业和就业增长率见表7－4。

表 7-4　2010—2030 年全球海洋产业和就业增长率（含预测）

行业	年均复合增长率	GVA 总增长	就业总增长
现代养殖	5.69%	303%	152%
现代捕捞	4.10%	223%	94%
鱼类加工	6.26%	337%	205%
滨海旅游	3.51%	199%	122%
海上石油和天然气	1.17%	126%	126%
海上风电	24.52%	8037%	1257%
临港工业	4.58%	245%	245%
船舶制造与维修	2.93%	178%	124%
海洋装备	2.93%	178%	124%
海洋交通运输	1.80%	143%	130%
全球经济总量	3.64%	204%	120%

资料来源：OECD《2030 年海洋经济展望》。

（二）海洋是全球主要发达国家科技产业竞争的核心领域

发达国家和地区大都依靠海洋走上了快速发展之路，步入“海洋世纪”以来，国际社会更加重视海洋，海洋经济已成为经济全球化、区域经济一体化的重要纽带。作为国家竞争力的重要体现，海洋相关领域在全球竞争与合作中热度不断提升。

美国的海洋经济主要集中在高科技领域，目前美国已将计算机技术、新材料、新能源应用于海洋工程装备设计制造中，倡导海洋能源利用绿色化，提倡通过滨海旅游业来推动海洋经济发展。英国重点发展高附加值的现代海洋服务业，其中，海洋金融和海事仲裁最具特色和优势。目前，伦敦的金融服务已形成成熟的产业集群，伦敦也是世界海事仲裁之都，其航运综合服务处在世界最前沿。挪威重点发展海洋工程装备和现代海洋服务，是世界主要的海洋油气关键设备供应商和安装服务商，也是全球海洋高端服务的重要提供商，其优势领域包括船舶融资、保险和港口服务。新加坡海洋工程装备最具优势，已形成了设计、建造、研发、法律服务、金融服务乃至教育、培训的全套产业链条。

英国劳氏船级社预测了海洋科技关键技术发展趋势，见表 7-5。

表 7－5　英国劳氏船级社预测到 2030 年的海洋科技关键技术发展趋势

领域	子领域	关键技术	概要
商业航运领域	船舶系统设计	推进动力系统	船舶的推进和动力将成为未来技术发展的核心部分。船舶的推进和动力不仅仅是新型主机、替代燃料、节能推进装置、可再生能源、混合发电等更新换代的可应用型技术，更可能是对未来商业航运的一种挑战，进而成为商业航运的核心技术
		造船技术	船舶将实现更高水平的自动化，系统集成、人机界面、变形结构以及增材制造的引进等都将成为实现高度自动化的有效手段。此外，少压载水或无压载水技术将会在船舶建造中进一步推广，以此来限制海洋物种在不同水域间的入侵和转移
		智能船舶技术	智能船舶是一场技术革新，智能船舶将替代人类在管理和优化控制机械方面扮演的角色。通过传感器、机器人、大数据、先进材料以及通信和卫星等方面的技术创新，人们的个人习惯将被映射并转换为自动化技术，从而改进现有的航运技术
	船舶运营	传感器技术	未来的航运业无线网络架构传感器将会具有自校准、容错、高传输功率、节能环保、耐用以及小型化等特点
		机器人技术	到 2030 年，会有 3 种新型机器人投入使用，包括学习机器人、实用机器人以及迷你机器人。这些机器人将在施工安装、安全保护、环境卫生以及产品维护上发挥巨大作用
		大数据分析	大数据分析是指通过运用大量的算法来找出数据之间的相关性，当确定其中的相关性之后，就会建立新的算法并自动应用于数据集，这就是“动态学习”的工作过程。大数据分析能够通过完善、理解数据趋势的方式，优化运营效率，缓解交通拥堵，最大限度地提高船舶或船队的利用率和优化资源配置，进而提高企业的竞争力，帮助航运业相关方采取积极行动
		先进材料	船用先进材料的研发将成为提高船舶性能的关键，在船用金属材料方面，将金属结构进行微尺度或纳米尺度的调整是未来增强其金属特性的一种有效途径。首先，新型的合金会具备高延展性、耐腐蚀性以及可塑性，这一类合金在船舶金属中的应用比例也会得到一定的提升。其次，复合材料较金属材料具有质量更轻、强度更高、韧性更好以及不易腐蚀等特点，因此将会有越来越多的复合材料在特定应用中取代钢材。最后，未来的仿生材料将具备某些化学或物理属性，这些材料将会在海洋市场中获得一席之地
		通信技术	船舶与岸上基地之间日益频繁的数据传输将带动未来的海洋通信朝着更有效、更可靠以及更安全的方向发展。到 2030 年，越来越多的国家将进入太空市场，进而为人们提供更加经济实惠的卫星服务，钻井平台以及风电场也能够将先进的通信网络从陆地延伸到海洋。此外，通信技术的发展将会使得船体远程监控、船舶管理的实时决策和自主运行成为可能

（续表）

领域	子领域	关键技术	概要
海洋空间领域	海洋装备技术	先进材料	先进材料的应用将使得未来海洋装备具有以下三个新特性：智能传感、智能应急和自我修复。在嵌入式传感器的支持下，智能材料将改善海上结构的运营和维护状况，同时降低维护成本并提高安全性。新的智能和轻质材料能够提高耐久性、减少停机维护时间、降低运营成本、提高操作的可靠性
		大数据分析	随着一系列描述风、潮汐、海流、温度和水属性的大数据流的出现，大数据分析可以被用来更好地监测地球气候，从而提高天气预报特别是极端自然事件预报的能力。这些数据还可以帮助我们跟踪海洋条件，进而采取更好的应对紧急问题措施。同时，大数据分析会帮助我们实现更高效的海洋资产调度、使用和处置，并最大限度地降低对环境的影响
		自动化系统	未来水下、水面海洋装备和飞机上将会配备高效的推进系统、海洋可再生能源采集装置、多元化的传感硬件和先进的通信系统，这些系统相互配合可以自主完成一些工作任务，为探索、监测以及海洋空间互动提供一种新的方法或途径
		传感器和通信	未来的传感器技术将向微型化、多样化以及大规模化方向发展，独立传感器数据存储能力的增强将使每一个传感器收集到更多的数据，从而提高数据收集的效率。在海洋空间中大规模引进传感和通信技术也会延长海上设施的寿命、提高运营效率以及提高安全性等
	海洋能源技术	海洋生物技术	海洋生物技术的发展主要是从藻类中培育和收获海洋生物资源。通过使用来自陆上工厂、农场和家庭的废水减少污染。同时，离岸藻类站中生产的藻类将被用于食品、生物燃料、化肥、药品和化妆品的生产。而设备运行所需的能量来自海浪、太阳光和风。此外，藻类还可以用于废水处理、提供燃料供给以及成为一种稳健而高效的粮食和能量来源
		碳捕获和储存	碳收集和储存是指从发电站等中收集二氧化碳，并输送到目标地点中进行储存处理。收集二氧化碳的最佳方式是将其从发电站排放的各种气体中分离出来，这种收集方式可以减少各种燃料的点源废物排放，包括煤、天然气和生物质能。现有的二氧化碳运输方式主要有单源单槽管道和多源多槽管网运输以及货车运输等。在二氧化碳存储方面，现有的存储方法主要是将其储存在一些地质结构中，如废弃的油田和天然气田、深部煤层和深盐水层
		可再生能源发电	可再生能源发电技术包括在海上浮动平台上设立能源发电厂、加工厂和储存厂以及生活设施和船舶码头等。能源发电厂可以实现太阳能、风能、波浪能以及海洋热能的转换。这些海洋能量中的一部分可被导入海水分离站中用以分解海水中的氢气燃料，剩余的能量可被导入电网中使用或被存储在电池中

资料来源：《全球海洋技术趋势 2030》。

（三）湾区是全球海洋科技产业要素资源集聚的主要空间

湾区城市群是当今全球经济最发达、产业最高端、要素最密集的区域，是国家参与全球化竞争的最重要的空间载体。世界级湾区是连通全球的枢纽，具有开放的经济结构、高效的资源配置能力、强大的集聚外溢功能、发达的国际交往网络等。世界一流湾区的创新动能持久不衰，得益于产业创新要素资源的高度集聚。世界知名湾区有美国纽约湾区和旧金山湾区、日本东京湾区、英国伦敦港、新加坡南湾、澳大利亚悉尼湾区等，其中，“世界三大湾区”是经济实力最强的东京湾区、纽约湾区和旧金山湾区。

二、我国向海经济发展特征

（一）以“海洋强省”建设支撑国家海洋战略部署

“海洋强国”是我国海洋经济和向海发展的总体战略部署，党的十九大报告明确要求“坚持陆海统筹，加快建设海洋强国”。山东、广东、浙江、福建等沿海省份纷纷落实国家战略，加快建设海洋强省（见表7－6）。

表7－6　各沿海省份建设海洋强省内容比较

省份	发展目标	统计指标	重点任务
山东	到2022年，海洋科技创新能力明显提升，海洋经济新旧动能实现接续转换，海洋生态文明建设取得显著成效，海洋强省建设取得重大突破。 到2028年，海洋创新动力强劲，市场主体活力充沛，海洋生态良好，核心竞争力全面提升，实现海洋大省向海洋强省的战略性转变，在海洋强国建设中发挥示范引领作用。 到2035年，基本建成与海洋强国战略相适应，海洋经济发达、海洋科技领先、海洋生态优良、海洋文化先进、海洋治理高效的海洋强省	海洋研究与试验发展经费占海洋生产总值比重、海洋战略性新兴产业增加值年均增长率、海洋生产总值、海洋生产总值年均增长率、海洋生产总值占地区生产总值的比重、近岸海域水质优良面积比例	海洋科技创新行动、海洋生态环境保护行动、世界一流港口建设行动、海洋新兴产业壮大行动、海洋传统产业升级行动、智慧海洋突破行动、军民深度融合行动、海洋文化振兴行动、海洋开放合作行动、海洋治理能力提升行动

（续表 1）

省份	发展目标	统计指标	重点任务
广东	要求海洋经济全面发展，着力优化海洋开发空间布局，构建现代海洋产业体系，拓展合作领域，实现海洋经济稳定增长、海洋产业结构逐步优化。实施科技兴海战略，加强海洋生态环境保护，提升海洋开发、控制、综合管理能力，开创海洋事业新局面	海洋生产总值、海洋生产总值年均增速、海洋生产总值占全省生产总值比重、海洋劳动生产率、海洋经济对全省国民经济增长贡献率、海洋三次产业比例、新增涉海就业人员数、海洋科普与教育基地数、超 100 亿元规模企业数量、超 500 亿元产业集群数量、海洋研究与试验发展经费投入强度、海洋科技成果转化率、海洋战略性新兴产业增加值年均增速、珠三角海洋生产总值占全省海洋生产总值比重、粤东地区海洋生产总值占全省海洋生产总值比重、粤西地区海洋生产总值占全省海洋生产总值比重、单位岸线海洋生产总值、“一带一路”海洋经济合作示范基地数、自然岸线保有率、保留区占近岸海域面积比例、修复岸线长度、围填海面积、海洋保护区面积、海水养殖功能区面积、海洋功能区水质达标率、近岸海域水质优良（一、二类）比例、修复海岛数量	优化蓝色经济空间布局、构建现代海洋产业体系、增强海洋科技创新驱动力、加强海洋生态文明建设、构建海洋开放合作新格局、提升海洋公共服务能力
浙江	到 2022 年，在海洋开发、利用、保护和管控等方面形成居国内前列的综合实力，拥有比较发达的海洋经济、全球一流的海洋港口、较为完善的现代海洋产业体系、可持续的海洋生态环境、先进的海洋科技和较强的海洋综合管控能力	海洋生产总值、海洋生产总值占全省生产总值比重、海洋生产总值占全国海洋经济生产总值比重、海洋三次产业结构比重、沿海港口货物吞吐量、沿海港口集装箱吞吐量、国际航运中心指数评价宁波舟山得分、港口大宗货物交易额、省海港集团总资产、海洋新兴产业占海洋经济生产总值的比重、省级和国家级海洋生态建设示范区数量、海洋科技贡献率、较清洁海域占比、海洋保护区面积占比、大陆自然岸线保有率、海岛自然岸线保有率	着力打造国际强港和世界级港口集群、大力发展现代海洋产业、全面加强海洋生态建设、努力提高海洋科教文化发展水平、加强海洋综合管理能力建设

（续表2）

省份	发展目标	统计指标	重点任务
福建	到2020年，海洋现代产业体系基本形成，海洋基础设施体系逐步完善，海洋科技创新体系基本建立，海洋生态环境明显改善，海洋开放合作水平明显提高，海洋综合管理能力明显提升。 到2025年建成海洋强省，海洋经济综合实力居全国前列，海洋科技创新走在全国前列，海洋基础设施体系跃上高水平，海洋生态环境质量展现高"颜值"，海洋开放合作水平迈上新台阶，海洋综合管理创新打造新样板	海洋生产总值、海洋生产总值占全省生产总值比重、海洋生产总值占全国海洋经济生产总值比重、海洋新兴产业占海洋经济生产总值的比重、海洋功能区水质达标率、近岸海域优质（一、二类）水面占海域面积比例、自然岸线保有率	优化海洋开发布局，加快构建现代海洋经济体系；改进海洋基础设施，加快打造核心港区；建设"海上丝绸之路"核心区，加快海洋开放合作速度；着力建设美丽海岛，加快培育现代海洋服务业；加强智慧海洋建设，加快构筑海洋科技创新基地；突出海洋生态保护，加快推动海洋可持续发展；注重体制机制创新，加快提升海洋综合管理能力

资料来源：《广东省海洋经济发展"十三五"规划》、山东省《海洋强省建设行动方案》、浙江省《关于加快建设海洋强省国际强港的若干意见》、福建省《关于进一步加快建设海洋强省的意见》。

建设海洋强国是中国特色社会主义事业的重要组成部分。实施这一重大部署，对推动经济持续健康发展，对维护国家主权、安全、发展利益，对实现全面建成小康社会目标，进而实现中华民族伟大复兴，都具有重大而深远的意义。广西壮族自治区面向南海，与东盟国家海陆相连，"一湾相拥十一国"，是我国西部唯一沿海沿边的少数民族自治区。加快建设海洋强省（区）就是海洋强国战略在地区的缩影，广西壮族自治区依托区位优势，发挥战略支点作用，扎实推进海洋强区建设，既是其经济发展新一轮增长的重要引擎，也是贯彻国家战略的有力保障。

（二）环渤海、长三角、粤港澳海洋经济圈龙头带动

蓝色正逐渐渗入中国经济底色，我国经济形态和开放格局呈现出前所未有的"依海"特征。"十三五"期间全国布局了三大海洋经济圈、十个重点沿海片区。

北部海洋经济圈由辽东半岛、渤海湾和山东半岛沿岸及海域组成。该区域海洋经济发展基础雄厚，海洋科研教育优势突出，是我国北方地区对外开放的重要平台，是我国参与经济全球化的重要区域，是全国科技创新与技术研发基地。

东部海洋经济圈由江苏、上海、浙江沿岸及海域组成，该区域港口航运体系完善，海洋经济外向型程度高，是“一带一路”建设与长江经济带发展战略的交汇区域，也是我国参与经济全球化的重要区域、亚太地区重要的国际门户。

南部海洋经济圈由福建、珠江口及其两翼、北部湾、海南岛沿岸及海域组成。该区域海域辽阔、资源丰富、战略地位突出，是我国对外开放和参与经济全球化的重要区域，是具有全球影响力的先进制造业基地和现代服务业基地。

根据资源禀赋和发展潜力，三大经济圈在定位和产业发展上有所区别。其中，北部海洋经济圈立足于北方经济，在制造业输出上发力；东部海洋经济圈港口航运体系完善，海洋经济外向型程度高；南部海洋经济圈海域辽阔、资源丰富、战略地位突出，是我国保护开发南海资源、维护国家海洋权益的重要基地。

（三）“自贸区 + 自贸港”构建开放与向海发展新窗口

2019 年，随着《国务院关于印发中国（上海）自由贸易试验区临港新片区总体方案的通知》和《国务院关于同意新设 6 个自由贸易试验区的批复》的印发，我国自贸试验区建设向深度和广度拓展，初步构建了“自贸区 + 自贸港”开放与国际合作的新格局。

在自贸区建设方面，山东、江苏、广西壮族自治区、河北、云南、黑龙江自贸试验区获批，将为我国进一步密切同周边国家经贸合作、提升沿边地区开放开发水平，提供可复制、可借鉴的改革经验。至此，我国自贸试验区数量增至 18 个，沿海自贸区实现全覆盖。尽管沿海各省区市自贸试验区战略定位不同，但目的却殊途同归，即由点成线、由线成面，形成我国对外开放的前沿阵地，全方位发挥沿海地区对腹地的辐射带动作用，更好地服务陆海内外联动、东西双向互济的对外开放大格局。

在自贸港建设方面，2019 年上海自贸区扩区升级，将大治河以南、金汇港以东，以及小洋山岛、浦东国际机场南侧区域纳入自贸试验区新片区，实施更加开放的政策和制度，开展开放型经济的风险压力测试，新片区事实上具备了自由贸易港的部分特征。2018 年，《中共中央 国务院关于支持海南全面深化改革开放的指导意见》要求海南探索建设中国特色自由贸易港。目前，海南自由贸易港立法正式提上国家立法日程，自由贸易港政策和制度体系研究也进入细化阶段。

沿海自贸区试验区时代的来临，以及更加广泛的开放合作，为海洋经济高质量发展带来了新机遇。海洋经济具有典型的国际性、开放性特征，沿海地区需要充分利用自贸试验区和“一带一路”建设等机遇，巩固海洋合作基础，拓宽海洋合作领域，提高海洋经济的国际影响力和产业聚集能力。充分发挥东亚海洋合作、“中国—东盟”自由贸易区等的平台作用，完善国际海洋合作交流机制，共享蓝色发展成果。充分利用自贸区政策红利，加强海洋经济全面开放制度体系的顶层设计，围绕全球海洋治理、蓝色伙伴关系、海洋生态保护等方面的合作，切实强化海洋经济全方位开放，增强海洋经济发展活力，推动形成更高层次的开放型产业发展体系。

三、向海经济将成为驱动广西壮族自治区新一轮增长的重要引擎

（一）海洋经济将带动广西壮族自治区产业转型升级与高质量发展

习近平总书记在参加十三届全国人大一次会议山东代表团审议时提出“海洋是高质量发展战略要地”。海洋经济发展水平是一个国家开发、保护、管控和利用海洋能力的重要体现，是建设海洋强国的重中之重。海洋经济以其培育新动能、壮大新产业、引领新发展的重要作用，给经济高质量发展注入新活力，成为撬动区域经济高质量发展的重要战略支点。因此，广西壮族自治区有必要立足海洋资源优势，加快发展向海经济，对促进生产要素向沿海地区聚集，构建向海经济现代产业体系，实现沿海产业向中高端、智慧型、绿色集约化发展，形成示范带动作用。

从全国来看，广西壮族自治区经济总体发展水平属于第三梯队，大力推动广西壮族自治区海洋经济发展，有利于释放沿海开放、西部大开发等政策的最大公约数，形成“中国—东盟自由贸易区升级版”及“广西北部湾经济区和珠江—西江经济带”建设等政策的新动能，为广西壮族自治区高质量发展拓展广阔新空间。通过大力发展向海经济，重点推动国家级海洋牧场示范区的稳步建设，发展远洋渔业生态养殖和渔港经济区，提升海水产品精深加工和冷链仓储能力，建设国家级水产品加工贸易集散中心，深化与21世纪海上丝绸之路沿线国家海洋交流合作，将广西壮族自治区北部湾港建成面向东盟的区域性国际航运枢纽，可为广西壮族自治区产业结构升级和经济快速发展打下坚实基础。

（二）沿海经济带和大湾区为广西壮族自治区提供对接融合新方向

《中共中央 国务院关于建立更加有效的区域协调发展新机制的意见》提出以中国香港、中国澳门、广州、深圳为中心，引领粤港澳大湾区建设，带动珠江—西江经济带创新绿色发展。沿海经济带和粤港澳大湾区在国家区域战略布局和海洋强国建设中的地位和作用愈加重要。

沿海经济带以广东沿海为主体，包括福建、珠江口及其两翼、北部湾、海南岛沿岸及海域，该区域已发展为全国经济最具活力、开放程度最高、创新能力最强、集聚人口最多的区域之一，是国家参与经济全球化的核心区域、改革开放的先行区和世界制造业基地，也是我国保护开发南海资源、维护国家海洋权益的重要基地。顺应全球经济向海发展趋势，统筹规划建设南部沿海经济带，对推动珠三角创新发展，促进和支撑粤东、粤西地区崛起，密切广东与海峡西岸经济区、北部湾地区和海南国际旅游岛的联动融合，以沿海经济的先行发展带动近海、内陆和整体经济发展意义重大。

广西壮族自治区依托全面融入粤港澳大湾区，重点推进三省在培育高端装备制造产业集群、冶金石化产业集群、旅游产业集群、特色农海产品加工集群等领域深度合作，充分发挥北部湾港作为西南地区出海大通道的作用，共同打造桂粤琼滨海旅游“金三角”，建设国际休闲度假旅游目的地。

（三）西部陆海新通道开启广西壮族自治区海陆联动与向海新格局

海上通道是我国对外贸易和进口能源的主要途径，西部陆海新通道是国际陆海贸易新通道的简称，是中国西部向南的出海国际大通道，是中国西部纵贯南北的运输大动脉，主要运输线路包括铁海联运、江海联运、陆海联运、空运，以及跨境公路、跨境铁路等。西部陆海新通道在云南、广西壮族自治区边境实现跨境公路、跨境铁路运输，连通与中国毗邻的越南等国家，在广西北部湾港口形成铁海联运枢纽，南下联通新加坡等东盟国家，并以新加坡港口为二次枢纽中心，辐射至全球各个国家和地区；北与西安、兰州等地连接，与“一带”相连，形成跨区域的国际大联动通道；西部陆海新通道海铁联运主干线以中国西部的重庆为陆路运营中心、以钦州港为陆海运营节点、以新加坡港为海运终点，从重庆往南经贵州、南宁到钦州港转船到新加坡港至东盟各国以及世界各地，由钦州港向北经南宁、贵阳、重庆等市，连通西部昆明、成都、兰州、西安、西宁、乌鲁木齐等地以及中西亚、中东欧各国。

西部陆海新通道是中国西部全面开放开发的战略通道，是“一带一路”建设向纵深发展的战略通道，“一带”和“一路”因为有了西部陆海新通道的无缝对接，形成横跨亚洲、欧洲、非洲、大洋洲、南美洲的联动大区域。区域内国际物流水平的提升、运输成本的降低，将有效促进中国西部经济贸易往来区域的扩大和贸易商品结构的优化，为我国西部建设向海经济带来新的发展机遇。广西壮族自治区是面向南海的、中国西部唯一沿海地区，借助区位和海洋优势加快向海经济发展，构建西南地区面向东盟的国际出海主通道、打造西南中南地区开放发展新的战略支点、形成“一带一路”建设有机衔接的重要门户，可对我国西部经济社会高水平、开放发展起到强大的拉动作用。

四、基础优势、存在的问题和面临的挑战

（一）基础优势

1. 海洋经济成为广西壮族自治区经济新增长点

近年来，广西壮族自治区海洋经济保持较快增长，发展质量和效益不断提升，逐渐成为国民经济新增长点。

——海洋经济总体情况

2018 年，广西壮族自治区海洋生产总值为 1502 亿元，增速为 9.1%，占广西壮族自治区生产总值的比重为 7.4%，占沿海三市（北海、钦州、防城港）生产总值的比重约为 46.9%。按三次产业划分，海洋第一产业增加值为 230 亿元，第二产业增加值为 487 亿元，第三产业增加值为 786 亿元（如图 7－1），海洋三次产业比重为 15.3:32.4:52.3（见表 7－7）。

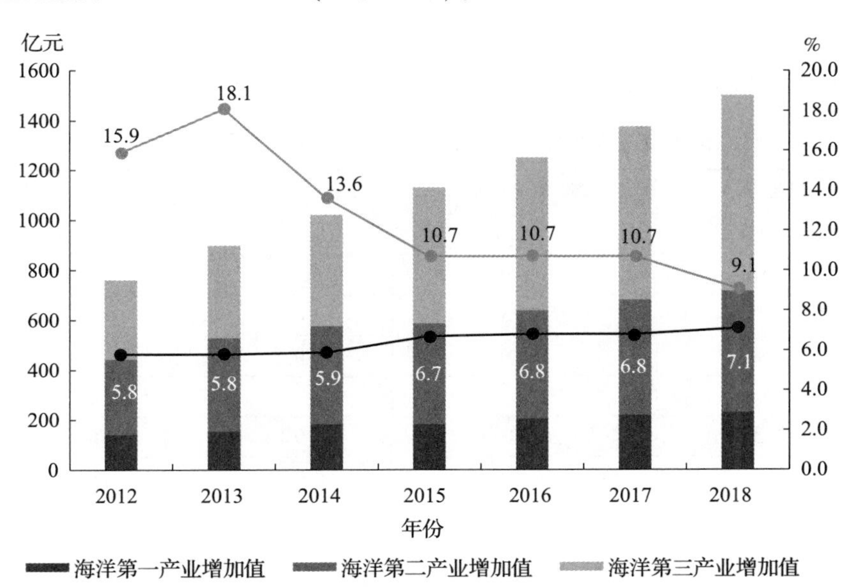

图 7－1　2012—2018 年广西壮族自治区海洋产业增加值和生产总值变化情况

资料来源：2012—2018 年《广西海洋经济统计公报》

表 7-7　2012—2018 年广西壮族自治区海洋经济总体发展情况

年份	海洋生产总值（亿元）	海洋生产总值增速（%）	海洋生产总值占地区生产总值比重（%）	海洋三次产业比重
2012	761	15.9	5.8	18.7:39.7:41.7
2013	899	18.1	5.9	17.1:41.8:41.0
2014	1021	13.6	5.9	17.9:38.6:43.5
2015	1130	10.7	6.7	16.2:35.8:48.0
2016	1251	10.7	6.8	16.4:34.7:48.9
2017	1377	10.1	6.8	15.9:33.6:50.5
2018	1502	9.1	7.4	15.3:32.4:52.3

资料来源：2012—2018 年《广西海洋经济统计公报》

——海洋产业发展情况

2018 年，广西壮族自治区海洋产业总体保持稳步增长。按海洋经济核算三大层次划分，主要海洋产业增加值为 800.5 亿元，增速为 9.0%（见表 7-8），其中，优势产业海洋渔业、海洋交通运输业、海洋工程建筑业、滨海旅游业增速分别为 5.0%、11.4%、5.5% 和 15.4%，占主要海洋产业增加值比重分别为 31.3%、29.4%、14.5% 和 22.5%；海洋科研教育管理服务业增加值为 168 亿元，增速为 17.5%；海洋相关产业增加值为 534.4 亿元，增速为 6.8%。

表 7-8　2018 年广西壮族自治区海洋经济分行业增加值

产业	增加值（亿元）	增速（%）	占海洋生产总值比重（%）
海洋生产总值	1502.0	9.1	100.0
海洋产业	968.0	10.4	64.4
主要海洋产业	800.5	9.0	53.3
海洋渔业	250.0	5.0	16.6
海洋油气业	-	-	-
海洋盐业	0.0	0.0	0.0
海洋矿业	1.0	0.0	0.1
海洋化工业	13.0	8.3	0.9
海洋生物医药业	2.0	0.0	0.1
海洋电力业	0.0	0.0	0.0
海水利用业	0.7	16.7	0.0
海洋船舶工业	2.0	-50.0	0.1
海洋工程建筑业	116.0	5.5	7.7

（续表）

产业分类	增加值（亿元人民币）	增速（%）	占海洋生产总值比重（%）
海洋交通运输业	235.0	11.4	15.6
滨海旅游业	180.0	15.4	12.0
海洋科研教育管理服务业	168.0	17.5	11.2
海洋相关产业	534.4	6.8	35.6

资料来源：《2018 年广西海洋经济统计公报》。

——沿海三市发展概况

2018 年，北海海洋生产总值为 576.38 亿元，占广西壮族自治区海洋生产总值的比重为 38.3%；钦州海洋生产总值为 564.38 亿元，占广西壮族自治区海洋生产总值的比重为 37.5%；防城港海洋生产总值为 362.24 亿元，占广西壮族自治区海洋生产总值的比重为 24.2%（如图 7－2）。

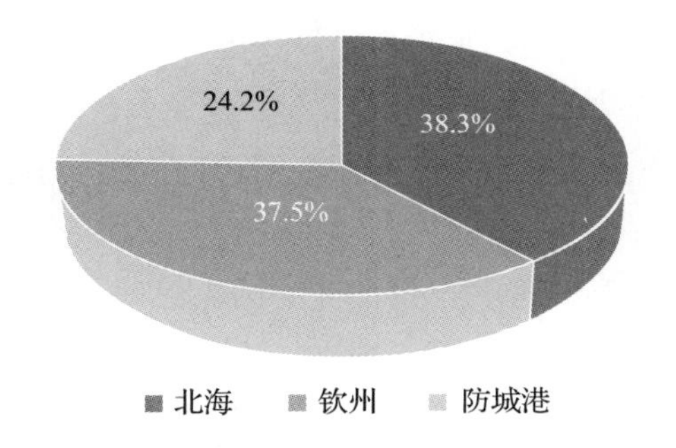

图 7－2　2018 年广西壮族自治区沿海三市海洋生产总值结构

资料来源：《2018 年广西海洋经济统计公报》。

2. 海洋经济创新发展承担先行示范作用

近年来，广西海洋产业科技创新能力不断增强，建设和引进了国家海洋局第四海洋研究所、国家海洋局第三海洋研究所北海基地、北部湾大学、清华大学海洋技术研究中心北部湾研究所、中国科学院烟台海岸带研究所北部湾生态环境与资源综合试验站等一批海洋高校和科研机构，为广西壮族自治区海洋经济发展提供了人才和智力支撑。

3. 南向、北联、东融、西合开放优势明显

广西壮族自治区东邻珠江三角洲和港澳地区、西毗西南经济圈、北靠中南经济腹地，与东盟国家海陆相连，拥有西南地区唯一的出海通道，区位优势明显，战略地位突出。依托自身独特的区位优势，广西壮族自治区正加快构建“南向、北联、东融、西合”的全方位开放新格局。

南向主要是以参与西部陆海新通道、面向东盟的金融开放门户建设为契机，构建面向东盟和衔接“一带一路”倡议的国际大通道。同时，将加快发展临港产业、向海经济，加强与周边地区的贸易合作，在“一带一路”建设中发挥更大作用。

北联主要是以广西北部湾港为陆海交汇门户，深化与贵州、重庆、四川、陕西、甘肃等西部省份合作，形成共谋开放、共赢发展的合作格局，进一步发挥广西壮族自治区在中南西南地区开放发展中新的战略支点的作用。

东融主要是全面对接粤港澳大湾区发展，加快提升做实珠江—西江经济带，主动服务大湾区建设，接受大湾区辐射，对接大湾区市场，承接大湾区产业，借力大湾区发展。

西合主要是联合云南等省份，加强与越南、缅甸、老挝等湄公河流域国家的合作，大力推进基础设施的“硬连通”和政策、规则、标准的“软连通”，推动优势产能走出去，积极开拓新兴市场。广西壮族自治区加快构建更高质量的全方位开放新格局，为向海经济发展带来了良好机遇。

4. 多重优惠政策叠加形成独特优势

广西壮族自治区作为全国唯一既沿海又沿边的少数民族地区，同时享有民族区域自治、西部大开发、沿海和边境地区等的多重优惠政策，广西北部湾经济区发展和珠江—西江经济带建设先后上升为国家战略，国家在行政管理体制改革、市场体系建设、重大项目布局、推进兴边富民与开放合作等方面给予广西区重要支持。2008 年以来，国家先后批复在广西北部湾经济区设立四大海关特殊监管区、五个沿边金融综合改革试验区（南宁市、钦州市、北海市、防城港市、崇左市）、两个国家重点开发开放试验区及边境经济合作区、一个国家级边境旅游试验区（防城港）和一个中国—东盟边境贸易国检试验区（崇左）。这些政策涉及范围广、针对性和可操作性强、相互补充叠加，为广西壮族自治区在税收、土地利用以及人才引进等方面提供了优良的政策环境，带来了多项先行先试的政策红利，推动广西壮族自治区形成了海洋经济跨越式发展的独特政策优势。

5. 海陆生态环境资源承载能力良好

广西壮族自治区生态环境质量位居全国前列，拥有丰富的海洋资源和优良的海洋生态环境。海洋空间资源方面，广西壮族自治区海域面积约为 7000 平方千米，海岸线总长为 1628. 59 千米，拥有无居民海岛 629 个，天然深水港址资源丰富。海洋生物资源方面，北部湾是我国著名的渔场之一，海洋宜渔面积达 1600 万亩。海洋油气及矿产资源方面，北部湾油气资源量为 22. 59 亿吨，矿产资源丰富，其中石英砂矿远景储量在 10 亿吨以上，石膏矿保有储量为 3 亿多吨，石灰石矿保有储量为 1.5 亿吨，钛铁矿地质储量近 2500 万吨。海洋能源方面，广西壮族自治区沿海地区可利用的风能和潮汐能总储量为 92 万千瓦，可建设 10 余个风力发电场和 30 个潮汐能发电点。海洋旅游资源方面，广西壮族自治区沿海地区气候温和、风光秀丽、海岸线绵长，海滩沙细、浪平、坡缓、水暖，海水清澈无污染，拥有银滩、金滩、涠洲岛、红树林、三娘湾等全国知名景点。海洋生态资源方面，广西壮族自治区沿海地区拥有红树林、珊瑚礁和海草床三类最典型的海洋自然生态系统，是全球生态多样性保护的主要对象。相对于我国其他海域，广西壮族自治区近岸海域水质一流，2018 年广西壮族自治区海洋生态监测多项指标位居全国前列，北部湾海洋生态环境优良，其中北海市、防城港市近岸海域水质级别为优，北海市水质优良点位比例达 100%。

（二）存在的问题

1. 海洋经济发展水平较低

尽管广西壮族自治区海洋经济发展具备一定的优势和基础，海洋经济总量连年增长，但与国内沿海发达省份海洋经济相比仍存在很大差距。从海洋经济总量来看，2018 年广西壮族自治区海洋生产总值仅为 1502 亿元，而同年广东、山东、福建海洋生产总值均已超过 1 万亿元。从对全国海洋经济增长的贡献来看，2018 年广西壮族自治区海洋生产总值仅占全国海洋生产总值的 1.8%，对全国的贡献率仅为 2.4%，远低于广东（30.5%）、山东（22.4%）、福建（19.1%）等省份的贡献率水平。从对地区生产总值的贡献来看，2018 年广西壮族自治区海洋生产总值仅占地区生产总值的 7.4%，低于全国平均水平（9.3%），更低于福建（30.7%）、山东（20.9%）、广东（19.9%）等省份的水平（见表 7-9）。

表 7-9　2018 年全国及国内主要沿海省份海洋生产总值情况

地区	海洋生产总值（亿元）	海洋生产总值增速（%）	海洋生产总值占地区生产总值比重（%）	海洋生产总值对全国的贡献率（%）
全国	83415	6.7	9.3	100
广东	19326	9	19.9	30.5
山东	16000	7.9	20.9	22.4
福建	10996	10	30.7	19.1
浙江	7965	9.8	14.2	13.6
江苏	7618.8	9.8	8.2	13.0
广西壮族自治区	1502	9.1	7.4	2.4

资料来源：各省（自治区、直辖市）《海洋经济统计公报》(2018)。

近年来，广西壮族自治区海洋经济结构虽然不断优化，但仍有较大改善空间。广西壮族自治区海洋第一产业增加值比重过大，第二、第三产业增加值比重较小，与全国海洋生产总值三次产业结构相比有很大差距（见表7-10）。2018年广西壮族自治区海洋经济三次产业结构中，第一产业所占比重比全国平均水平高10.9个百分点，第二、第三产业所占比重分别比全国平均水平低4.6个百分点和6.3个百分点（如图7-3）。从细分行业上看，广西壮族自治区海洋产业以海洋渔业、海洋旅游业、海洋交通运输业等传统产业为主，海洋风电、潮汐电站、海洋生物医药、海洋生物工程等高新技术产业尚处于起步阶段，面向海洋企业的金融、信息等服务有待进一步发展。

表7-10　2012—2018年广西壮族自治区海洋产业结构情况

年份	海洋生产总值（亿元）	第一产业占比（%）	第二产业占比（%）	第三产业占比（%）
2012	761	18.7	39.7	41.7
2013	899	17.1	41.8	41.0
2014	1021	17.9	38.6	43.5
2015	1130	16.2	35.8	48.0
2016	1251	16.4	34.7	48.9
2017	1377	15.9	33.6	50.5
2018	1502	15.3	32.4	52.3

资料来源：2012—2018年《广西海洋经济统计公报》。

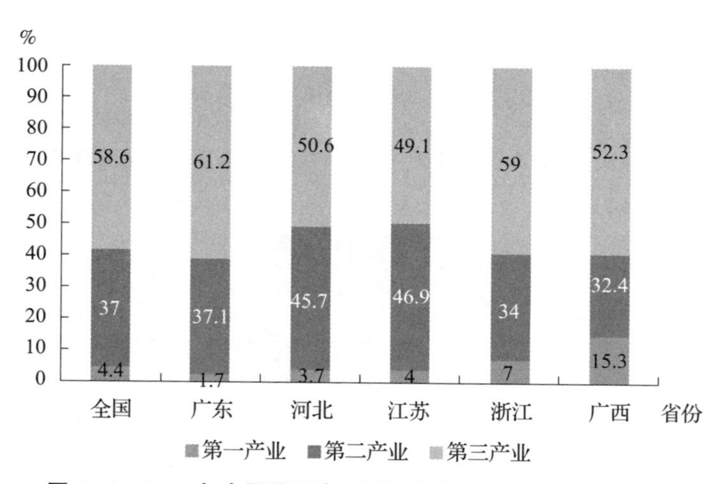

图7-3　2018年全国及国内主要沿海省份海洋产业结构情况

资料来源：各省（自治区、直辖市）《海洋经济统计公报》（2018）。

2. 海洋资源开发效率不高

海洋资源是海洋经济发展的重要基础。从总体上看，广西壮族自治区拥有的海洋自然资源并不算丰富，各类海洋资源处于全国沿海省份的中下游水平。在海洋空间资源方面，广西壮族自治区海岸线长达 1628.6 千米，在全国大陆沿海各省（自治区、直辖市）中排第 7 位，占全国的比重为 8.1%。湿地面积为 754.3 千公顷，在全国排名第 8 位，占全国的比重为 1.4%。盐田面积为 3503 公顷，在全国排名第 8 位，占全国的比重为 0.2%。沿海岛屿面积为 84 平方千米，在全国排名第 8 位，占全国的比重为 1.2%。海域面积为 2.5 万平方千米，在全国排名第 8 位，占全国的比重仅为 0.8%。海水养殖面积为 54720 公顷，在全国排名第 8 位，占全国的比重为 2.5%（见表 7-11）。

虽然广西壮族自治区大陆海岸线长达 1628.6 千米，但东西直线距离仅为 187 千米，曲直比为 8.7:1，为全国之最。由于海域空间较窄，所以北部湾海域水交换能力弱，污染物不易扩散。装备制造、化工、钢铁等大量重工业项目向北部湾滨海聚集，占用海岸线和海域资源的程度随之提升，对海洋生态环境提出了严峻挑战。

广西壮族自治区的油气矿产资源可开发价值低。据预测，北部湾油气盆地资源量为 22.59 亿吨，其中石油资源量为 16.7 亿吨，天然气资源量为 1457 亿立方米。海洋矿产资源主要是建筑砂矿和石英砂矿，其他近海沉积物，如钛铁矿、锆石、电气石等品质普遍不高，达不到工业开发利用的要求。除潮汐能外，广西壮族自治区其他海洋可再生能源相对贫乏，再生能源总储量约为 92 万千瓦，在全国沿海 181 个潮汐电站开发利用潜力综合评价中，广西壮族自治区仅有 3 处站址排在前 50 位，广西壮族自治区波浪能、海洋风能可开发潜力也并不突出。与全国其他沿海省市相比，广西壮族自治区在海洋资源拥有量方面并没有突出优势，海洋经济发展受到资源少、开发难度大的制约。

表 7-11　2016 年全国海洋空间资源情况

省份	海岸线长度（千米）	湿地面积（千公顷）	盐田面积（公顷）	沿海岛屿面积（平方千米）	海域面积（万平方千米）	海水养殖面积（公顷）
天津	133.4	295.6	26895	191.5	0.3	3193
河北	487.3	941.9	69840	8.4	0.7	115416
辽宁	2178.3	1394.8	30744	1.6	15.0	769304
上海	167.8	464.6	-	136.0	0.9	-
江苏	1039.7	2822.8	39175	68.0	3.8	185280

（续）

省份	海岸线长度（千米）	湿地面积（千公顷）	盐田面积（公顷）	沿海岛屿面积（平方千米）	海域面积（万平方千米）	海水养殖面积（公顷）
浙江	2253.7	1110.1	1683	1339.0	26.0	88816
福建	3023.6	871.0	3998	1358.1	13.6	174554
山东	3124.4	1737.5	193017	1400.1	16.9	561549
广东	4314.1	1753.4	8580	1559.5	41.9	196065
广西壮族自治区	1628.6	754.3	3503	84.0	2.5	54720
海南	1823.0	320.0	3503	1000.0	200.0	17823
全国	20174.0	53602.6	369566	7146.0	322.0	2166720
广西壮族自治区占比	8.1%	1.4%	0.2%	1.2%	0.8%	2.5%

注：海南省的海岸线长度值使用其岛屿岸线长度值。

资料来源：《中国海洋统计年鉴》（2017）。

广西壮族自治区海洋开发广而不深，利用方式粗放，各沿海城市间产业同构和重复建设的问题较为严重，海洋开发潜力未得到充分释放。从海洋经济密度分析，以大陆海岸线长度作为衡量地区海洋资源的量化指标，单位海岸线海洋生产总值（海洋生产总值除以大陆海岸线长度）代表了单位海洋资源产生的效益。2018 年，全区单位海岸线海洋生产总值仅 0.9 亿元/千米，远低于全国平均水平，更落后于江苏、山东、广东等省份的水平（如图 7－4）。广西壮族自治区港口资源利用率较低，沿海码头大型专业性泊位不够，超大吨级深水航道供给不足，综合枢纽功能和服务水平不足，临港基础设施发展慢，对港口发展的支撑能力不足。

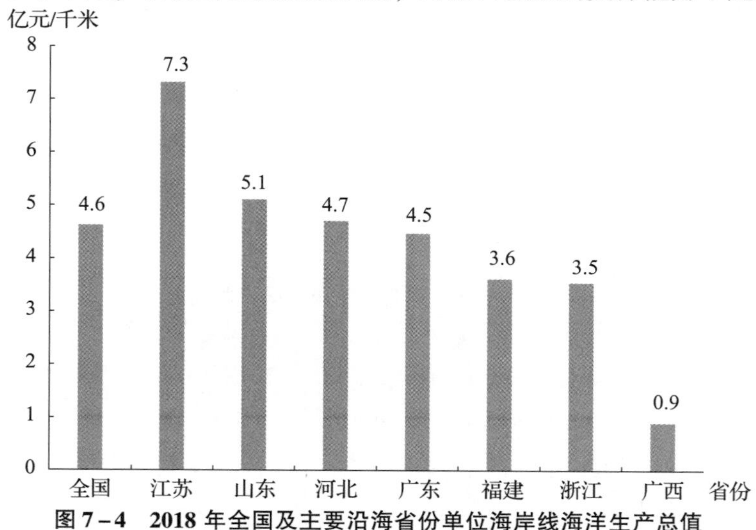

图 7－4　2018 年全国及主要沿海省份单位海岸线海洋生产总值

注：全国及各省数据按大陆海岸线长度计算。

资料来源：各省（自治区、直辖市）《海洋经济统计公报》（2018）。

3. 涉海龙头企业带动能力不强

广西壮族自治区第一次全国海洋经济调查结果显示，全区共有涉海企业3328家，企业所在行业以海洋渔业、海洋旅游业、海洋交通运输业和海洋管理业为主，四大产业企业数合计2551家，占全区海洋企业总量的76.7%（如图7-5）。虽然广西壮族自治区涉海企业已有一定规模，但海洋龙头企业和海洋高新技术企业仍处于稀缺状态，产业竞争力不强。以占比最高的海洋渔业企业为例，广西壮族自治区深远海捕捞能力不足，没有形成大规模的水产品集散交易市场，缺少大型水产品精深加工龙头企业。

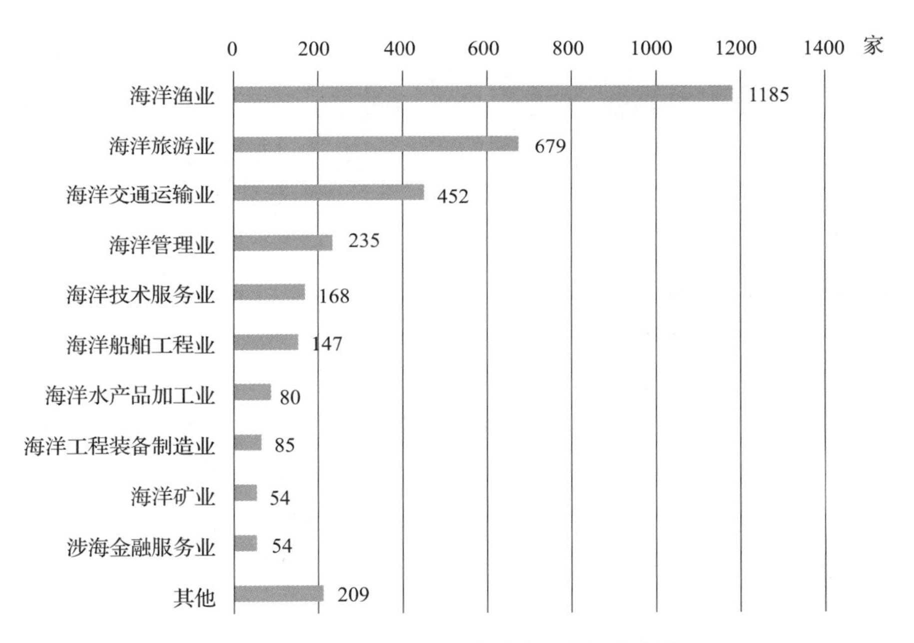

图7-5 广西壮族自治区海洋产业企业分布情况

资料来源：广西壮族自治区第一次全国海洋经济调查结果。

4. 海洋科技创新投入不足

2016年，广西壮族自治区海洋科研机构经费约为1.4亿元人民币，占全国的0.6%；其中基本建设中政府投资为0，在沿海省份中排名倒数第一；海洋科研课题数仅为52项，排名倒数第二；R&D经费内部支出为32587千元人民币，仅占全国的0.2%（见表7-12）。

表 7 – 12　2016 年全国海洋科研经费情况

省份	海洋科研机构经费（千元）	海洋科研课题数（项）	基本建设中政府投资（千元）	R&D 经费内部支出（千元）
天津	1591703	842	20466	757931
河北	239266	63	56696	71485
辽宁	1772541	494	122990	1068030
上海	3776542	935	826233	2150057
江苏	1228021	2501	91707	768831
浙江	1290940	709	58650	479554
福建	782262	590	4733	408332
山东	3607343	1520	468709	1382895
广东	2918603	3047	182560	1966360
广西壮族自治区	142198	52	0	32587
海南	159076	33	26947	16918
全国	24988205	18139	2202359	13149411
广西壮族自治区占比	0.6%	0.3%	0.0%	0.2%

资料来源：《中国海洋统计年鉴》(2017)。

整体来看，广西壮族自治区海洋科技创新体系尚未形成，海洋科技投入不足，海洋科技创新能力亟待增强。企业科技研究力量不强，科技研发及科技成果转化、产业化程度低，科技对现代海洋产业的贡献率仍处于较低水平。涉海企业产品竞争力不强，主要海洋产业以资源开发型和劳动密集型为主，海洋产业产品主要是初级产品，科技含量和附加值低，海洋高技术产业在海洋经济中所占的比重较低，海洋船舶、海洋生物医药等产业还是空白。

5. 海洋专业人才培育乏力

我国海洋领域人才比较缺乏。海洋科教发展先天不足，广西壮族自治区的海洋科教是近年来伴随海洋经济的兴起而逐步发展起来的。广西壮族自治区的海洋高等教育、中等职业教育基本处于组建阶段，以广西大学为例，其海洋学院于 2016 年首次招收本科生；进行海洋科学研究的机构、人员、项目数量少，难以支撑海洋高科技项目的研发；同国际海洋学界交流较少，社会培训机构还是空白。广西壮族自治区海洋科研能力薄弱，科研机构和学术机构少，高层次海洋科技人才匮乏，涉海产业工程技术人员人数少，特别是海洋新兴产业领域人才严重不足。2016 年全国海洋人才培育情况见表 7 – 13。

表 7-13　2016 年全国海洋人才培育情况

省份	开设海洋专业的学校、机构数（个）	海洋专业专任教师数（人）	海洋专业博士点数（个）	海洋专业硕士点数（个）	海洋专业在校博士生人数（人）	海洋专业在校硕士生人数（人）
天津	14	16455	3	9	32	231
河北	31	28783	–	4	–	36
辽宁	25	21866	8	24	353	1012
上海	17	21581	17	32	478	1132
江苏	50	67505	11	24	558	1115
浙江	29	34936	5	25	157	861
福建	21	21421	8	21	241	522
山东	48	58619	13	32	953	1146
广东	27	41188	12	16	151	472
广西壮族自治区	20	18652	1	3	6	50
海南	8	7389	1	4	9	65
全国	537	591928	138	316	4723	10226
广西壮族自治区占比	3.7%	3.2%	0.7%	0.9%	0.1%	0.5%

资料来源：《中国海洋统计年鉴》(2017)。

6. 基础设施瓶颈尚未打通

作为西部欠发达地区，广西壮族自治区经济发展滞后，交通基础设施建设较为落后，港口、铁路、公路等交通运输方式之间未能实现紧密连接，导致货物的运输效率不高。广西壮族自治区各港口通往东盟国家的航线仍然比较少，开往东盟地区的班轮还未实现“天天通”。铁路运输和公路运输成为港口物流集疏散的主要运输方式，但目前广西壮族自治区区内港口集疏散货物大部分通过铁路运输，因铁路运输能力不足而出现货物囤积等现象，再加上地方铁路的运输成本高于国有铁路，因此货物往往通过珠三角港口进行运输，北部湾区域海陆联运体系还未形成。

集疏运体系建设不完善、港口物流服务水平不高、运输货源不足等问题依然存在。广西壮族自治区海洋经济较其他地区起步较晚，投入相对不足，与我国其他沿海地区相比，北部湾基础设施建设仍然比较落后，综合运输网络和港口集疏运体系建设滞后，港口自身硬件实力仍然较弱。部分港口缺少远洋船队，集装箱码头和深水港较少，国际航线相对单一。这些问题制约了港口开发和临港产业发展，也制约着广西壮族自治区海洋经济整体发展水平的提高。2016 年全国海洋港口航运情况见表 7－14。

表 7－14　2016 年全国海洋港口航运情况

省份	海洋货物运输量（万吨）	海洋旅客运输量（万人）	港口货物吞吐量（万吨）	港口集装箱吞吐量（万标准箱）
天津	9515	–	55056	1452
河北	4451	5	95207	305
辽宁	13464	538	109066	1880
上海	46533	404	64482	3713
江苏	22658	5	28058	490
浙江	57512	2932	114202	2362
福建	28263	1769	50776	1440
山东	10938	1389	142856	2509
广东	46690	2204	149026	5094
广西壮族自治区	5728	297	20392	179
海南	10114	1538	16390	165
全国	281081	11081	845510	19590
广西壮族自治区占比	2.0%	2.7%	2.4%	0.9%

资料来源：《中国海洋统计年鉴》(2017)。

7. 专项政策扶持有待加强

广西壮族自治区对海洋产业发展的支持政策存在碎片化、短期化现象，缺乏系统性、针对性的政策支持体系。各市的扶持政策杂乱、不统一，一些政策在客观上推高了行政管理成本，造成企业（行业）不必要的同质发展和恶性竞争，许多船只、船舶纷纷在外注册，税费外流现象严重。而山东、广东和浙江等海洋经济发达省份，不仅在战略定位、空间布局、管理体制等方面走在前列，而且在财税、金融、海域海岛使用、对外开放等方面制定了系统性支持政策体系，对海洋经济发展起到了积极的引领和推动作用。海洋经济发达地区体制政策建设亮点见表 7－15。

表 7－15　海洋经济发达地区体制政策建设亮点

体制规划	建立国家级海洋经济示范区和体制改革试验区； 加强海洋经济产业布局的顶层设计和战略规划； 建立健全财政转移支付、海域使用、海岛开发、海洋金融服务、海洋生态补偿、海洋综合管理等方面的政策法规体系

（续表）

财税政策	远洋捕捞税收优惠； 海洋资源勘探专项政策倾斜； 风力发电增值税优惠； 服务外包示范城市条件的税收优惠； 资源税改革； 中央财政在安排海域使用金、无居民海岛使用金支出项目时倾斜支持
金融政策	设立海洋经济区产业投资基金； 开展船舶、海域使用权等抵押贷款； 引导金融资源和社会资金投向海洋经济发展领域； 支持涉海企业在境内、境外发行债务融资工具； 推动涉海企业在境内发行股票融资； 支持符合条件的金融机构、船舶制造企业设立金融租赁公司，从事船舶租赁融资业务； 推动海洋产业保险产品创新，大力发展航运保险，积极开展国际航运保险业务
海域海岛使用政策	占补平衡市场化方式； 海域海岛、填海海域使用权证与土地使用权证的换发试点； 凭人工岛、海域使用权证书按程序办理项目建设手续试点； 使用政策推进集中集约用海，简化规划区域内的单宗用海项目论证评审程序； 建立海域使用并联审核机制； 建立健全无居民海岛资源市场化配置机制； 完善海域使用权招拍挂制度，建立海域使用二级市场
对外开放政策	海关监管、外汇金融、检验检疫等方面先行先试； 支持外国干线船舶在保税港区发展业务； 支持发展国际过境集装箱运输； 建立国家出口农产品质量安全示范区政策； 建立游艇出入境管理新模式； 扩大通关门类，便利通关手续，提高口岸通行效率； 支持有条件的企业并购境内外相关企业、研发机构和营销网络

（三）面临的挑战

一是全球市场复苏面临不确定性。当前，全球经济复苏放缓，国际局势面临着新的不确定性，全球贸易和投资表现疲软，制造业增长乏力，主要经济体增速下降。我国经济已由高速增长阶段转向高质量发展阶段，面临贸易摩擦、人民币汇率贬值等风险。国际油价波动上升，航运、船舶和海工装备市场面临风险和不确定性，港口吞吐量受国际经济走势和国内劳动力价格上涨影响，增长趋于停滞。此外，新建项目建设用地、用海、环评等的制约趋紧，加大了海洋企业生产经营风险，造成企业投资信心不足、力度不足、渠道不多。

二是东盟南海周边局势复杂多变。尽管中国与东盟经贸、文化交流合作取得了显著成效，但在国际经济形势与政治环境复杂多变的情况下，加之东盟内部存在分歧，中国与东盟的合作仍面临一系列的挑战。此外，虽然中国在南海地区影响力日渐增强，但目前南海形势复杂多变，未来南海地区复杂多变态势仍将持续，对我国积极参与、推动南海周边合作造成影响。

三是国内沿海省市竞争日趋激烈。党的十八大正式提出了建设海洋强国的国家战略目标，十九大报告明确指出实施区域协调发展战略，坚持陆海统筹，加快建设海洋强国。山东省、广东省、浙江省、上海市、深圳市等地相继发布加速推进建设海洋强省、发展海洋经济的相关方案，争做海洋强省、海洋强市。目前国家已布局了 8 个国家海洋高技术产业基地试点、12 个国家科技兴海产业示范基地、15 个海洋经济创新发展示范城市和 14 个海洋经济发展示范区，现阶段沿海城市海洋战略平台和资源竞争极为激烈。广西壮族自治区作为后发区域，在全国沿海竞合形势下谋求发展，面临更加严峻的挑战。

四是海陆区域发展有待统筹协调。沿海地区作为广西壮族自治区开放发展的前沿和门户，新产业、新业态的用海强度不断提高，公众对清洁海洋环境和亲海空间的期望不断提高，供给约束和发展需求之间的矛盾加剧，海洋空间资源利用的统筹难度增大。随着用海规模扩大和用海强度提高，海洋资源供给约束和发展需求之间的矛盾加剧，在满足工业化、城镇化快速发展对海洋空间需求的同时，海洋空间安全保障面临诸多问题和严峻挑战。目前，广西壮族自治区陆海发展缺乏统筹，陆海规划和管理之间有效衔接不足，国土空间管控、海洋资源开发等方面统筹程度不高，海岸线等沿海优质资源开发利用方式粗放低效，海洋项目布局分散，陆海分治、陆海脱节、多头管理和管理缺位并存，陆海一体的综合管控机制尚未建立。

五、总体思路

（一）总体思路

坚持以马克思列宁主义、毛泽东思想、中国特色社会主义理论体系、习近平新时代中国特色社会主义思想为指导，全面贯彻党的十九大和十九届二中、三中全会精神，继续统筹推进“五位一体”总体布局和协调推进“四个全面”战略布局，深入贯彻落实习近平总书记赋予广西壮族自治区的“三大定位”新使命和提出的“五个扎实”新要求，立足“一湾相挽十一国，良性互动东中西”的独特区位，释放“海”的潜力，激发“江”的活力，做足“边”的文章，牢牢把握西部陆海新通道和粤港澳大湾区建设重大机遇，坚持陆海统筹，以海洋经济高质量发展为主线，立足全球视野和战略思维，充分发挥海洋资源优势，打造向海经济现代产业体系，培育向海经济科技创新动能，推进海洋特色产业园区建设，构建国际海洋合作开放格局，加快建设西部陆海新通道，提升海洋公共服务能力，优化海陆生态环境水平，涵养振兴海洋文化根脉，扎实推进海洋强区建设，为海洋强国贡献广西壮族自治区的力量。

（二）发展方向

一是形成具有竞争力的现代产业体系。大力发展临港产业、海洋渔业及海洋装备制造业，坚持油气及石化产业优化发展，升级改造海水养殖模式，重点培育海洋生物医药、海洋可再生能源、海水综合利用等海洋新兴产业，促进海洋交通运输业和滨海旅游业向国际化、高端化服务转型。形成以向海发展为核心，以服务经济为支撑，高端引领、特色突出的现代海洋产业体系。

二是形成结构合理的产港城空间格局。进一步优化空间布局和空间结构，形成分工合理、优势集聚、辐射联动的区域发展格局，推动北钦防一体化发展，有序拓展蓝色空间，不断完善沿海经济带的产业、城镇和生态格局，使海洋产业布局更合理，分工合作、良性互动的产业园区体系、港口体系和城镇体系更加成熟。

三是形成海洋科技创新核心示范区。建设一批国家级创新载体试点，打造一批海洋高等教育、海洋专职技术教育的海洋科研教育基地，努力提升海洋科技创新水平，不断完善协同创新体系，运用国内外海洋创新资源，形成以创新为主要引领和支撑的经济体系和发展模式。

四是形成具有影响力的战略枢纽门户。积极推进西部陆海新通道建设，形成内联外通的综合交通运输体系，形成面向东盟国家和“一带一路”沿线国家和地区的国际航运枢纽和物流中心、国际商贸中心、国际综合性枢纽，打造与“一带一路”倡议有机衔接的重要门户，推动形成全面开放新格局。

五是形成极具魅力的宜居宜游美丽湾区。进一步健全软硬件设施，建设多层次广覆盖的社会保障体系和高效安全的基础设施网络，稳步提高城镇化水平，逐步提升区域发展品质，不断改善生态环境质量，把海洋生态文明建设纳入打造海洋强区总布局，深化绿色发展理念，描绘出一幅海碧物丰、岸美滩净的美丽海洋画卷。

（三）发展目标

到2025年，向海经济空间布局趋于合理，向海产业体系支撑带动作用突出，海洋科技创新能力增强，海洋空间开放格局基本形成，海洋生态环境不断优化，海洋文化意识显著提升。全区海洋生产总值达到3000亿元，年均增速超过10%，海洋经济对广西壮族自治区经济增长贡献率达15%，海洋三次产业结构更趋合理，海洋第三产业增加值年均增长12%以上，占全区海洋生产总值比重超过55%，以海洋经济、沿海经济带经济、沿边沿江通道经济为主体的向海经济总产值达到5000亿元，占全区地区生产总值的比重达18%。全区海洋研究与试验发展经费投入强度接近3%，较清洁以上（一、二类）海域面积达到85%左右，海洋强区建设取得重大突破。

到2030年，向海经济实现跨越式发展，海洋科技创新处于全国领先地位，海洋港口跻身国内一流，海洋现代产业体系基本形成，“智慧海洋”建设实现跨越，海洋蓝色屏障基本建成。全区海洋生产总值达到7000亿元，年均增速持续稳定在10%以上，占全省生产总值的比重为25%左右。海洋基础设施体系达到高水平，建成全国一流的现代化枢纽港、物流服务基地、大宗商品储运加工基地、港口营运集团。海洋开放合作水平明显提高，与“一带一路”沿线国家和地区及东盟国家的海洋合作交流持续深化。海洋综合管理能力明显提升，形成领导有力、协调高效、陆海统筹的海洋保护开发体制机制。

到2035年，力争海洋生产总值突破万亿元，基本建成与海洋强国战略相适应、海洋经济发达、海洋科技领先、海洋生态优良、海洋文化先进、海洋治理高效的海洋强区。

六、空间格局

统筹推进沿海、沿江、沿边区域协调发展，构建“龙头带动、区带支撑、特色鲜明、协调发展”的向海经济空间新格局。

▶“一核”——向海经济核心区

强化南宁中心城市的核心作用，带动南宁—钦州产业廊道、北钦防一体化和北部湾经济区协同发展，做强做优重要节点城市，完善设施网络，健全服务功能，强化城市分工合作，提升产业、人口集聚能力。

南宁市实施强首府战略，推动南宁城市发展框架向沿海拓展，集聚创新资源，强化国际合作、金融服务、信息交流、商贸物流、创业创新等核心功能，提升南宁核心城市综合功能和集聚辐射带动北部湾城市群的能力。

钦州市建设“一带一路”倡议有机衔接重要门户港、区域性产业合作新高地、现代化生态滨海城市，重点整合港口资源，拓展港口综合功能，促进陆域资源要素加速向海汇集，发展港航物流、国际贸易、绿色化工、新能源汽车关键零部件、电子信息、生物医药等产业，打造国际陆海贸易新通道门户港和向海经济集聚区。

北海市重点建设高新技术与海洋经济示范区、生态宜居滨海城市、“海上丝绸之路”旅游文化名城。加强深水航道和泊位建设，建设高水平的出海通道，发展临港及配套产业，形成以商贸和清洁型物资运输为主的集约化程度较高的综合性港区；发展深水抗风浪离岸养殖，发展南珠养殖，强化对南珠的保护，加强人工鱼礁建设，维持海洋生态平衡；按照养殖容量控制养殖规模和养殖密度，发展健康的生态养殖方式，增加人工增殖放流活动，减少海水养殖对海洋环境的影响；加强海洋环境监测，严格控制开发活动对自然岸线的占用，保护好红树林、海草床等海洋生态系统。

防城港市重点建设面向东盟的国际枢纽港、国家重点开发开放试验区、生态宜居海湾城市。依托优良深水岸线资源，发展多功能港口，做好与城市发展、区域综合交通运输的衔接；科学引导临海工业集中布局，建设特色支柱产业集群，形成以工业港为主的多功能现代化工业区；加快发展临海能源工业，高质量开展核电建设；因地制宜发展休闲渔业和旅游业；加强红树林及其海洋自然生态系统保护，提高红树林生态系统的生物多样性，保护自然景观。

▶ “一带”——沿海科技产业带

按照“海陆联动、优势集聚、功能明晰”的要求，坚持资源共享、优势互补、错位发展、合理分工的原则，打造设施互通、产业互补、园区协同、服务共享、内外联动的沿海经济带科技产业新格局。

北部湾沿海（沿边）经济带，以海洋经济为依托，以沿海经济带为支撑，补齐向海产业发展短板，培育向海产业树，壮大向海产业林，提升产业园区协同发展能力，培育建设海洋科技创新产业园、“北部湾蓝色硅谷”、向海产业孵化基地，加快向海产业集聚，促进陆海产业融合发展。建立“北防钦产业协同发展机制”，明确功能定位，优化产业空间布局，重点打造电子信息、石油化工、钢铁、有色金属、食品加工、林浆纸、能源、先进装备制造等工业集群，推动临海重化工业高质量发展，促进产业链、供应链、创新链深度融合，打造特色鲜明、布局合理、区域联动的现代产业基地。推进交通互联互通，构建“两纵一横”

骨干轨道交通网，开行“南宁—防城港—钦州—北海”公交化城际高铁，实现四市主城区轨道交通1小时通达。强化北部湾港三港域分工协作、协同发展，统筹港口规划建设运营和港航资源配置，加快钦州国际集装箱干线港、防城港大宗商品集散枢纽港、北海铁山港综合航运港和国际邮轮码头建设。借助东兴和凭祥的沿边开放平台，畅通向海通道，构建充满活力、富有特色的沿边经济带。

多园区支撑发展。以推动向海经济发展，建设宜居宜业宜人新区、园区为重点，集聚特色优势产业，增强创新驱动能力，推进功能混合和产城融合，为促进新型城镇化、发展向海经济和服务经济拓展空间。加快建设南宁五象新区、北海廉州湾新区、防城港海湾新区、钦州滨海新城、玉林玉东新区、崇左城南新区。加快建设铁山港—龙港新区，推进湛江—北海粤桂北部湾经济合作区建设。围绕特色优势产业，大力推动北海市海洋产业科技园区、北海工业区、钦州港经济技术开发区等产业园区加快发展。

▶“两翼”——区域国际合作圈

桂粤琼海洋合作圈，加强与广东、海南两省联系，主动对接粤港澳大湾区、海南自贸区（港），构建区域间产业协作平台。规划建设广西壮族自治区CEPA先行先试示范基地，进一步深化广西壮族自治区北部湾地区与港澳地区的开放合作，通过联合出资、项目合作、资源互补、技术支持等多种方式发展“飞地经济”，支持城市间合作共建产业园区，推进湛江—北海粤桂北部湾经济合作区建设。建立桂粤琼三省区推进北部湾城市群合作机制，议定跨省区间重大事项，探索建立区域产业协作利益共享和持续发展的长效机制。

桂越海洋合作圈，顺应全球产业转移新趋势，将“两廊一圈”建设纳入北部湾经济发展战略，规划建设广西与越南跨境经济合作区。加强广西—越南自由贸易区建设，围绕“资源开发—资源运输—资源加工—产品运输、销售”等各个环节，构建桂越跨境产业链。从海陆空全方位推进桂越互联互通建设，增强广西北部湾港与越南沿海港口的直通对接，使广西北部湾港与越南港口互为中转港。加强广西与越南旅游城市之间的航空联系，增开航线航班、海上邮轮旅游线路等，互相打造国际旅游目的地。

▶深蓝空间拓展——拓展南海、深远海蓝色经济新空间

加强南海资源综合开发。积极参与南海渔业、矿产、油气等资源勘探开发，推动海洋矿产资源、生物资源、特色海洋资源等方面的基础调查和研究，提升海洋资源综合开发和利用水平，稳步推进海砂、海洋微藻、南珠等特色资源产业化和市场化。探索建设南海深海基地，积极争取建设深海海洋装备试验基地和装配基地，探索建设海洋技术装备海上公共试验场和深海生物资源中心。

深化深远海国际海洋合作。深远海空间指500米等深线以外的区域，海域辽阔，海洋生态、海洋矿产、海洋油气等资源丰富，开发前景广阔，是蓝色经济的延伸拓展空间。配合国家开展深远海资源综合调查与勘探，积极参与国家层面涉海国际科技合作事务和国际大科学计划。拓展远海深水利用空间，推进远海深水水产养殖和海洋风能利用。鼓励企业参与建设一批海外产业园区、综合服务保障基地、高标准经贸服务区，拓展海洋强区发展新空间。

▶海陆空间统筹——优化海陆资源利用方式和水平

集中集约用海，加强海陆统筹，优化海岸带布局。建设海洋自然保护区、人工鱼礁、海洋牧场，适度控制近海捕捞强度，加强海洋生态多样性与生态环境敏感地区保护。统筹协调滨海湿地、入海河口、海湾等重点地区生态环境建设，提高重点区域和重点流域生态环境质量，逐步实施入海污染物总量控制，构建蓝色生态屏障与绿色生态屏障相互支撑的海岸带生态安全格局。

七、主要任务

（一）打造向海经济现代产业体系

1. 着力打造绿色临海工业

坚持绿色发展理念，培育临海（临港）产业树，壮大临海（临港）产业林，拓展沿海经济带的向海产业空间。发展以电子信息、石化、冶金及有色金属产业为龙头的临海（临港）产业集群，主动承接粤港澳大湾区产业转移，打造“油、煤、气”三头并进的多元化临海石化产业体系，建设国家级冶金创新平台、有色金属加工基地，建成西南最大的石化产业基地。推动防城港、钦州、铁山港等港区和重点工业园区，以及北海、防城港、钦州等能源基地的绿色化改造。加快推进龙港新区产港城一体化建设，打造北部湾新兴临港工业基地。

2. 优化海洋传统产业

一是巩固现代海洋渔业。鼓励发展休闲渔业，深化发展外向型渔业，高水平建设“海上粮仓”和“海洋牧场”，加快国家级海洋牧场示范区建设。振兴南珠产业，创建南珠产业示范基地，着力打造广西壮族自治区海洋渔业知名品牌。加快建设中国—东盟北海港现代渔港经济区、防城港江平工业园海洋经济示范园区，打造现代高效养殖渔业生态养殖示范区，建立水产品精深加工示范基地。推动海洋牧场优化升级，建设10处国家级海洋牧场示范区。

二是推动海洋化工产业升级。做大做强海藻化工，开发高附加值化工产品，推动产业链向高端延伸，打造绿色、集聚、高端的海洋化工基地。严格执行化工项目进区入园制度，引导项目向董家口化工产业园和平度新河化工产业园集聚。支持重点企业、科研院所设立各类新材料研发平台。

三是大力发展海洋交通运输业。整合北部湾港口资源，优化布局、拓展功能、创新体制，提升港口建设现代化水平。推动陆海联动、港产城融合，打造国家综合运输体系的重要枢纽，打通陆路、铁路运输与港口的瓶颈，构建“海+铁”、公、空多元化的“多式联运”集疏运体系，提升货物通关效率，大力发展海洋物流、冷链仓储行业，建设面向东盟的区域性国际航运中心。

3. 重点培育海洋新兴产业

一是发展海洋高端装备制造产业。面向深远海资源开发，开展深远海养殖、冷链运输和加工一体化船等装备的示范应用和产业化。优先发展满足海洋油气矿产资源开采需求的工程装备，统筹梧州、“北防钦”等各市修造船及海洋工程装备制造产业。联合玉柴船用发动机生产制造技术，建设防城港云约江、北海铁山港和钦州中船大型船修造基地，加快打造具有国际竞争力的广西北部湾海洋工程装备产业制造基地。

二是发展海洋空间信息产业。依托南宁东盟遥感空间信息科技产业园，打造海上丝绸之路空间信息综合服务平台，形成国家空间信息综合应用创新平台的区域节点，建设海上丝绸之路卫星综合服务“一张网”“一张图”，开展蓝色经济空间信息、西部陆海新通道重大工程监测空间信息等应用示范，形成以自主卫星为主体的通导遥一体化综合应用服务体系。加快海洋信息网络体系建设，促进海洋信息服务业与海洋渔业、海洋物流、海洋制造业等产业有机融合。

三是培育海洋生物医药产业。建立海洋生物制药原产地，推动海洋微生物、海洋抗癌活性物、鲎试剂、珍珠保健品等海洋生物资源的成果孵化、转化，构建广西壮族自治区海洋生物医药产业研究和开发平台，打造面向东盟的北部湾海洋生物医药产业聚集区。

四是积极发展海水综合利用产业。积极布局海水利用与淡化产业，推动海岛海水淡化工程落地。推进沿海电力、石化、钢铁等重点行业海水冷却的循环利用，集中配套海水供水管网，加快推进海水作为生产生活用水的应用进程。

五是扶持海洋能源及环保产业。扶持海洋油气矿产勘探业发展，争取国家大洋深海油气矿产资源接纳加工基地落户广西壮族自治区。安全发展核电，大力发展清洁能源，合理开发渔光互补业。发展绿色循环的海洋生态经济，积极布局海洋环保产业，加大海洋环保装备研发投入，支持建立海洋环保产业协会和联盟。

六是培育邮轮游艇产业。结合“一带一路”建设，推动广西壮族自治区与泛北部湾地区各国旅游线路对接，打造以海上跨国邮轮度假旅游为主体的21世纪海上丝绸之路国际精品旅游线路。整合沿海岸线旅游资源，推进在重点城市实行特定国家和地区免签、落地签政策。积极引进国内外邮轮航线挂靠北海、防城港，开通北部湾港至东盟国际邮轮航线。依托防城港边境旅游试验区开通东兴至越南下龙湾国际旅游客运航线。推动北部湾客运联合海南岛共同发展，培育加密北部湾港至海南客滚航线。推动游艇设计、培训、交易、展示、金融保险等高端游艇服务业发展，规划建设国际游艇帆船展示交易中心和配套服务基地。推动公务艇、特种船舶的研发制造。依托广西壮族自治区自贸区建设，探索对通过自由行方式办理入境手续的港澳游艇实行关税免担保入境政策，口岸管理部门应进一步加强和提高对境外游艇的监管能力和水平。

4. 加快发展海洋现代服务业

一是建设国际滨海休闲旅游目的地。依托北海、防城港、钦州等沿海城市，打造北部湾滨海旅游带。创新发展国家蓝色旅游示范基地、国家海洋公园、国家滨海湿地公园、海上运动休闲基地、海上牧场、渔家乐等。大力发展滨海旅游、海岛旅游和海上邮轮游艇旅游产品。提升滨海旅游品质，创新海岛旅游模式，构建涵盖海洋观光、海洋休养、海洋专项的产品体系。北海市重点围绕北海银滩国家旅游区和涠洲岛建设，发展邮轮游、滨海游和养生游。钦州市重点围绕坭兴陶文化创意产业园、三娘湾旅游管理区，推广千年古陶、中华白海豚文化，发展海上丝绸之路文化旅游。崇左市、防城港市重点围绕东兴—芒街、德天—板约、友谊关—友谊等跨境旅游合作区建设，推进中越公母山—母山跨境旅游合作区和中越红色旅游国际合作区建设，打造边关风情旅游发展带。深入挖掘特色文化资源，强化南宁、北海、崇左、湛江、海口等的交通连接，打造环北部湾特色旅游线路。

二是发展壮大海洋金融服务业。探索以金融支持海洋经济发展为主题的金融改革创新。支持金融机构和企业设立海洋产业投资基金。支持航运相关企业、金融机构设立与航运相关的产业的基金。建立涉海项目筛选机制，鼓励产业投资基金投资海洋企业和项目。加大创业投资基金和产业引导基金对海洋产业的支持力度，吸引产业投资基金和创业投资机构投资种子期和初创期的海洋企业。支持涉海企业利用资本市场融资、联合发行企业债券试点。联合航运相关企业、金融机构设立与航运相关的产业基金、船舶产业基金、航空产业基金、航运新能源基金等。聚集国际船舶和海工装备等融资租赁企业和要素资源，支持企业开展飞机、船舶、海工设备等高价值租赁业务，吸引会计、法律、金融、税务等上下游专业服务机构。

（二）培育向海经济科技创新动能

1. 建设创新发展试点示范平台

建设“一带一路”向海经济北部湾先行区，重点推进北海海洋经济发展示范区建设，开展示范区建设的监控评价和经验推广，促进产业链和创新链的深度融合，实现新旧动能转换。靶向海工装备、仪器仪表、海洋生物医药、海洋新材料、海洋新能源等产业需求，围绕蓝色粮仓、透明海洋牧场、深海基础平台维护、矿产油气勘探开发、智慧海洋工程、健康海洋、海洋药物与生物制品、海洋环境监测、海水淡化和综合利用、深远海养殖、大型生态修复、海洋环境保护等方面，突破一批产业核心关键技术，壮大海洋领域高新技术企业队伍。拓展北斗综合应用示范，推进中国—东盟北斗卫星导航展览展示中心、中国—东盟北斗质量检验检测中心等项目建设，合作建设北斗卫星导航国际联合实验室。

2. 建设陆海联动创新合作中心

加快建设一批跨省区关键技术创新平台和自治区级企业技术创新平台，攻克制约海洋产业转型升级的技术瓶颈。推进中间协同，以高校、科研院所和企业为主体，加快平台协同创新，构建海洋资源产业化示范基地。注重后端转化，支持建设一批重点实验、中试平台等向海产业孵化转化平台，加快培育海洋科技成果应用市场。支持高校院所建设专业化技术转移平台，组建产业技术研究院，推动一批重大海洋科技成果工程化、产业化。落实促进创投风投机构发展政策，设立科创母基金，集聚国内外创投风投机构。吸引一大批相关服务配套企业聚集，搭建公共服务和技术平台，提供前期创业辅导、资金支持、技术管理、法律、财务、产业化、上市等一条龙服务。构建海洋产业创新的苗圃、孵化器和加速器，吸引一批国内外优秀的海洋领域内的创新团队、科技公司落户，形成海洋科技国际创新合作中心。加强科技创新智库建设，提升科技创新决策咨询水平和能力。

3. 推动海洋高端人才资源集聚

加强对广西壮族自治区本地海洋领域人才的培养、使用和激励，加快引进从事产业技术创新、成果产业化和技能攻关的海洋高端领军人才。鼓励国家级海洋类科研院所和高校分院落户广西壮族自治区。支持北部湾大学和自然资源部第四海洋研究所建设，打造海洋科技人才高地。实施顶尖人才奖励资助计划、科技创新高层次人才团队引进计划、创新创业领军人才计划等，形成合理人才梯队。以“一核”（南宁）、“双翼”（柳州、北海）、“两特区”（凭祥、东兴）为构架，建设中国—东盟人力资源服务产业园，加快建设中国—北海人力资源服务港。探索建立国际合作人才培养模式，完善人才激励机制和科研人才双向流动机制。

4. 支持军民融合科研创新示范

依托南宁、防城港、钦州优势产业创新平台，打造北斗卫星导航技术产业园，推动卫星导航系统应用核心元器件产业化。依托广西壮族自治区北斗综合应用示范项目工程，加快建设面向东盟的北斗卫星导航应用与运营服务中心和卫星导航生产制造基地，加快形成集产品研发、推广应用、技术服务于一体的北斗导航产业链。推动北斗导航与位置服务应用平台的资源整合，重点在道路交通、航运交通、应急救援、海上搜救、跨境通关等领域开展应用示范。推进玉林军民融合示范基地建设。推进海上船舶观测和航路管理、海底海面海上低空立体观测、岛礁建设与综合管养、人工浮岛、海水淡化、水陆两用飞行器、海洋卫星、船联网、船载功能模块等项目的开发建设，加快海洋动力环境卫星应用。

5. 大力培育涉海科技龙头企业

实施中小涉海企业培育计划，推进涉海企业“小升规、规转股、股上市”，对符合条件的企业依规给予奖励。支持有实力的涉海企业到境外合作共建远洋渔业基地、海洋特色产业园区，打造一批有影响力的区内海洋品牌企业和产品。实施科技企业培育行动，建立梯次培育体系。瞄准世界海洋产业新业态及领跑团队、顶尖人才、最新技术、高端产品，盯紧国内外龙头企业，开展专业化、点对点的以企招商、产业链招商。落实招商引资、项目支持等一揽子政策，吸引知名海洋企业总部落户，鼓励尚未涉海的企业向海延伸，支持重点涉海企业上市。

（三）推进海洋特色产业园区建设

1. 优化升级现代海洋渔业园区

发展海水高效循环的设施化养殖、生态养殖等先进模式，扶持发展深水抗风浪网箱养殖、工厂化养殖、循环水养殖等设施渔业，建设北部湾海洋牧场，建设南珠产业标准化示范基地和南珠专业市场，打造全球南珠和南珠产品集散地。加快推进渔港建设和升级改造，以北海、南潢、钦州、防城港 4 个渔港经济区为依托，延伸海洋渔业产业链，创新发展海洋渔业新业态，申请和建设国家级水产品出口基地，加快建设防城港京岛国家现代海洋渔业产业园和钦州现代渔港产业园，打造集水产增养殖、水产品交易、水产品加工、冷链物流、休闲渔业、旅游观光、远洋渔业等为特色的现代渔港经济区。

2. 积极建设海洋新兴产业园区

建设海洋生物医药园。以北海为核心，共建医产学研紧密结合的新药研发平台，开展海洋资源药物的研究与开发、海洋生物活性分子提取研究开发，提升海洋生物制品和药物科研成果的转化力度，促进海洋新药、高分子材料和功能特殊的海洋生物活性物质产业化开发。加快发展功能性食品、高端化妆品和保健食品产业，发展大蚝、珍珠等海洋生物深加工产业。

建设海洋电子信息城。支持大型电子信息企业向海洋领域拓展，培育海洋电子信息龙头企业，重点发展基于北斗卫星导航系统的船舶通信导航设备，打造北斗卫星导航技术产业园，推动卫星导航系统应用核心元器件产业化。积极发展水声和浮标等船载传感器、深海观测仪器和运载设备、海洋专用通信设备、海洋电子元器件、电子海图显示与信息系统、海洋地理信息与遥感探测系统、水下无线通信系统、船联网等。

3. 集约布局现代海洋服务园区

按照集约布局、集群发展的要求，以现代海洋服务业聚集区建设为突破口，以项目为载体，强化公共服务平台建设。东部在北海市建设铁山港—龙潭综合物流园、北海出口加工区现代物流园、北海国际邮轮服务聚集区、北海高新科技创业聚集区、北海海洋科研创新园、中国—东盟（北海）水产品交易聚集区、北海文化创意产业园、北海数字信息服务外包聚集区、北部湾国际滨海养生健康服务基地、北海白龙南珠城 7 类、10 个聚集区。中部在钦州市建设北部湾（钦州）国际航运服务中心、钦州保税港区—钦州港综合物流园、钦州皇马综合物流园、中国广西—东盟商贸城、中国—东盟（钦州）农产品大市场、北部湾（钦州）石化产品交易中心、钦州高新科技创业聚集区、钦州坭兴陶文化创意产业园、钦州白石湖中央商务区、北部湾滨海特色健康养老基地、中马（钦州）产业园综合性服务聚集区、中国—东盟（中马钦州产业园）北斗导航服务基地 7 类、12 个聚集区。西部在防城港市建设北部湾（防城港）国际航运服务中心、防城港综合物流园、防城港冲仑物流园、中国—东盟（防城港）进出口商品交易中心、北仑河国际商贸城、防城港国际滨海休闲养生基地、东兴国际综合性服务聚集区 4 类、7 个聚集区。

4. 着力打造临港特色工业园区

建设海洋装备制造基地。重点依托钦州和北海产业基础，鼓励现有装备制造企业逐渐向海工领域拓展，钦州重点推进修造船、海工装备制造等一批重大项目，加快建设中船钦州大型海工修造及保障基地项目；北海重点依托北海工业园、北海高新区和北海海洋产业科技园区，大力发展海洋装备零部件和配套设备，着力促进系列高新海洋探测装备国产化研制与信息系统开发、北部湾深海网箱高效养殖装备集成制造、环保型自动化水产品精制系统装备制造，建设现代海洋装备制造业基地和船舶修造基地。

合力申请国家级石化基地。重点建设钦州千万吨级炼化一体化、钦州一百万吨芳烃、华谊煤基多联产、中石油原油储备二期、北海炼油基地改造二期、广西（北海）液化天然气、新浦化学400万吨烯烃综合利用、中石油120万吨石脑油乙烯装置和华谊化工新材料一体化基地等项目，加快三墩循环经济示范岛规划建设。

（四）构建国际海洋合作开放格局

1. 探索面向东盟的自贸试验新空间

一是创新自贸试验空间。对标国际先进规则，形成更多有国际竞争力的制度创新成果，推动经济发展质量变革、效率变革、动力变革，努力建成贸易投资便利、金融服务完善、监管安全高效、辐射带动作用突出、引领中国—东盟开放合作的高标准高质量自由贸易园区。加快实施东兴、凭祥重点开发开放试验区管理体制改革方案，争取北海出口加工区尽快获批升格为综合保税区，加快推进钦州保税港区等海关特殊监管区创新升级发展。加快推进设立国际进口贸易促进创新示范区、中国（南宁）跨境电子商务综合试验区。持续推进服务业开放，深化农业、制造业开放，加快落实取消或放宽外资股比限制的政策措施。鼓励中外企业加强技术交流，保护外商企业知识产权等合法权益。

二是用好开放合作平台。加快打造中国—东盟博览会、中国—东盟商务与投资峰会升级版，延伸展会价值链，增强经贸实效。加快建设面向东盟的金融开放门户，全面落实广西金融工作联席会议三项制度，完善跨境金融基础设施和交流合作机制，推进保险创新综合试验区建设，开展绿色金融改革创新试点，力争一批金融机构区域总部落户广西壮族自治区。高水平建设中国—东盟信息港，打造支撑信息产业发展和数字广西建设的重要平台，与重庆运营组织中心协同合作，建设面向东盟、服务西南中南的国际通信网络体系和信息服务枢纽，促进信息资源互联互通与共享共用。加快建设覆盖中国和“一带一路”沿线国家和地区，尤其是东盟10国的技术转移协作网络，重点培育100个核心协作网络成员，支持建立面向东盟的国际科技合作组织。

三是大力发展通道经济。发挥广西壮族自治区与东盟国家陆海相邻的独特优势，着力建设西南—中南—西北出海口、面向东盟的国际陆海贸易新通道，通过配置完善的物流设施，整合各类开发区、产业园区，引导生产要素向通道沿线更有竞争力的地区集聚。鼓励支持物流企业通过并购、合资、合作等方式，加强国际物流基地、分拨集散中心、海外仓等的建设，加强回程货源组织，发展国际物流业务。鼓励大型生产制造企业将自营物流面向社会提供物流服务。积极引导东部地区产业向通道沿线有序转移，形成一批具有较强规模效益和辐射带动作用的特色产业集聚区。

四是加快建设合作园区。深入参与中国—中南半岛经济走廊和中国—东盟港口城市合作网络建设，推进文莱—广西壮族自治区经济走廊、中国—印尼经贸合作区、东兴跨境合作示范区建设，研究设立中国（广西）—东盟海洋合作试验区。加快推进中马钦州产业园、中泰（玉林）旅游文化产业园、中泰（崇左）产业园、中国—文莱（玉林）健康产业园等产业合作新平台建设。推进现有中马两国双园、中印尼经贸合作区等转型升级为科技园区，探索建设中国—东盟科技城，打造区域性创新中心。支持与东盟国家共建联合实验室、创新平台、科技园区，充分发挥中国—东盟技术转移中心作用，加强国际产能合作，强化第三方市场合作，提升园区创新能力和区域开放合作水平。

2. 打造面向湾区的粤桂融合新空间

把粤港澳大湾区作为对接先进生产力的重要战略方向，深入落实广西壮族自治区全面对接粤港澳大湾区发展规划和实施方案，提升做实珠江—西江经济带，加强产业融合、基础设施互联互通、水流域生态环境保护合作等领域的合作发展。

首先，交通对接。加快建设广西壮族自治区内河“一干七支”航道网络，全面提升西江黄金水道航运能力，加快推进南宁经玉林至深圳高铁、柳州经肇庆至广州铁路、柳州经贺州至韶关铁路、岑溪至罗定铁路、北海至湛江高铁等重大项目建设，加快完善通达大湾区的高速公路网，推动南宁、北海、玉林等机场改扩迁建项目，构建全方位对接大湾区的立体交通体系。探索我区沿海和内河港口码头、高速公路等资产与大湾区港口、交通企业重组，推动北部湾港与世界级港口群对接合作，提升运营管理水平。

其次，产业承接。聚焦大健康、大数据、大物流、新制造、新材料、新能源“三大三新”重点产业，加强与大湾区产业补链式对接，打造大湾区产业转移最佳承接地。依托广西壮族自治区特色农业和旅游生态资源，打造大湾区“菜篮子”和“后花园”。借助大湾区现代服务业优势，结合CEPA先行先试，加强会展、金融、服务贸易等合作。深化桂港、桂澳全面合作，引进港澳企业和相关专业机构参与西部陆海新通道、面向东盟的金融开放门户建设。

最后，要素流动。大力打造沿江产业带，支持大湾区城市到广西壮族自治区建设发展“飞地经济”和“科创飞地”，加快粤桂合作特别试验区等的建设。突出人才引领开放发展，充分利用国家鼓励港澳同胞在内地就业创业的政策举措，实施人才引进专项计划，为广西壮族自治区高质量发展提供有力支撑。引进和培育一批品牌知名度高、技术水平领先、具有核心竞争力的企业集团，打造具有国际竞争力的新兴产业集群。

3. 拓展“一带一路”通道的新空间

一是建设“一带一路”国际交流平台。定期举办中国—东盟海洋合作论坛，加强在海洋科技、生态环境、海洋经济等领域的合作交流。构建中国—东盟海洋产业联盟，推动与国际蓝色产业联盟建立友好合作关系。建立健全与海上丝绸之路沿线国家的“一国一港”或“一国多港”合作机制，构建港口+配套园区“双港双园”发展新模式。加强“一带一路”沿线技术性贸易的交流合作，发起举办相关国际论坛。设立多语种服务热线平台，拓展国际文化教育领域交流合作，加强规划设计及建设领域的国际合作交流。加强与“一带一路”沿线友城的联系与合作，组建由多国专家学者共同参与的“一带一路”智库联盟和咨询研究产业集群。

二是建设“一带一路”企业服务平台。完善企业“走出去”公共服务体系，建立“桂企出海+”综合服务平台。通过网络化、智能化、电子化互动方式，及时发布各国投资政策、行业资讯、社会舆情、境外风险等信息，搭建项目资源共享和项目对接撮合平台，拓展项目融资渠道。汇聚金融、保险、法律、税务等服务机构，为承接重大项目提供多元化服务。探索建设跨境区域知识产权交易平台，推动“一带一路”知识产权交易、科技与产业对接、科技研发合作、科技信息共享。举办“一带一路”科技交流系列活动，积极打造标志性的科技交流活动。

三是建设“一带一路”要素信息平台。在自贸片区建设集大宗商品交易、结算、金融服务等功能于一体的交易平台。支持搭建中国—东盟海洋投资促进平台，支持“一带一路”国家海洋产业领军企业设立总部和海洋领域多边合作组织。探索建立海洋能源、海洋产业、海洋科技研发合作平台，探索建立海洋资源交易所，促进“一带一路”沿线海洋资源要素优化配置。从提升“一带一路”信息互联互通水平、完善我国国际通信整体架构、发挥西南地区与东盟毗邻的优势出发，在北部湾地区建设国际海缆登陆站，推动形成以广西壮族自治区为辐射中心、海陆统筹、无缝衔接的中国—东盟区域信息高速公路。

4. 拓展面向南海的国际交流新空间

建设南海国际应急服务中心。聚焦海上应急救援、地质灾害监测、气象水文灾害、疫情联防联控、跨国犯罪治理、环境污染防治、公路交通监测及应急管理等重点领域，推进我区应急监测预警系统升级优化和数据汇聚，加强与南海周边国家的信息互换共享，拓展区域应急联动信息交流渠道，提升区域应急联动响应能力、联合决策指挥能力。依托广西壮族自治区海上紧急医学救援中心，加快中国—东盟海上紧急医学救援信息平台建设，开展灾难医学教育、专业救援队伍培训、应急救援信息互通、远程医学救援。

规划建设南海信息科技城。建设南海信息中心、南海立体观测系统、南海国际共同保护机构等重要平台。力争创建东盟海上丝绸之路研究院，建设中国—东盟海洋合作研究中心、海产品质量检测中心，筹建南海资源开发综合保障基地。大力推动海洋新兴产业、海洋服务业聚集，面向南海、服务南海、深耕南海，建设国际海洋科技创新高地、国际海洋经济合作区，积极争取成为国家“海洋强国”战略的重要支点和南方基地。

（五）加快建设西部陆海新通道

1. 整合优化港口通道资源

坚持海陆联动，统筹利用中国与东盟海陆运输资源，着力打造北部湾港及沿边口岸连接东盟国家和我国西南中南地区、东部沿海地区的陆海双向货运通道，形成以北部湾港为陆海交汇门户的多条运输通道汇集的物流枢纽，充分发挥西部陆海新通道的牵引作用。

加强港口分工协作。完善北部湾港功能，提升北部湾港在全国沿海港口布局中的地位，打造西部陆海新通道国际门户。钦州港重点发展集装箱运输，防城港重点发展大宗散货和冷链集装箱运输，北海港重点发展国际邮轮、商贸和清洁型物资运输。积极推进钦州港建设大型化、专业化、智能化集装箱泊位，提升集装箱运输服务能力。大力推进防城港等港口建设大型干散货码头，促进干散货作业向专业化、绿色化方向发展。加快推进中国—东盟港口城市合作网络建设，争取更多的国内和东盟国家港口城市、港口管理机构、港务企业和航运公司加入，积极谋划建设第

二、第三期项目。推进中国—东盟国家主要港口班轮航线及航运服务、航运服务配套、物流信息中心一期项目、水上训练基地建设。

专　栏

中国—东盟港口城市合作网络

中国—东盟港口城市合作网络不断发展壮大，港口合作日益升级。目前合作网络的成员已发展到39家，覆盖了中国—东盟的主要港口机构。

在中国—东盟海上合作基金支持下，广西壮族自治区已在钦州市建设中国—东盟港口城市合作网络相关服务设施，包括水上训练基地、海洋气象监测预警中心、海上搜救分中心等。同时，一批与东盟相互投资的合作项目取得突破。广西北部湾国际港务集团与新加坡国际港务集团等合资组建北部湾国际集装箱码头公司，投资设立北部湾国际码头管理公司，共同经营和管理钦州港口码头。北部湾国际港务集团还分别在马来西亚关丹港、文莱摩拉港进行了投资，并进一步推进与东盟其他国家合作开发、建设港口的商谈工作。

中国—东盟港口间的航线开通出现了新的态势。广西北部湾港已开通往东盟国家的直航航线15条，航线涉及新加坡、越南、泰国、印度尼西亚、马来西亚、缅甸等国的14个港口。北部湾港—南非直航航线，实现了北部湾港至非洲集装箱远洋航线零的突破。海铁联运干线方面，北部湾港—中国香港、北部湾港—新加坡航线分别达一周6班和一周2班，逐步实现“天天班”，渝桂、蓉桂、滇桂班列已实现常态化运行，兰州、宜宾至北部湾港的班轮已开展试运行。

依托港口的产业园区合作正在改变区域产业链布局。“两国双园”国际产业合作新模式成为服务国家“一带一路”建设的先行探索和积极实践。目前中马钦州产业园区内注册企业超过325家，有139个产城项目，总投资超过1160亿元。马中关丹产业园一期开发建设基本完成，铝加工、陶瓷制品等项目正在加速布局。

中国—东盟港口物流信息中心建设已初见成效。目前，该平台已成功接入包括北部湾港、马来西亚巴生港在内的中国、欧洲、东盟的共23个港口船期动态计划数据、集装箱动态数据，成功对接北部湾港口系统、国家铁路总公司系统、中交兴路公司货运跟踪系统、国家交通物流公共信息平台，初步实现中国与东盟港口之间的物流信息共享。

2. 建设区域国际航运中心

打造西部陆海联通航运枢纽。加快建设服务西南、中南、西北的国际陆海联运基地。深化泛北部湾区域合作，加快推进中国—东盟港口城市网络建设。支持钦州港提升集装箱干线运输水平。支持设立航运、物流区域总部或运营中心，开展国际中转、中转集拼、航运交易等服务。探索依托现有交易场所依法依规开展船舶等航运要素交易。支持开展北部湾港至粤港澳大湾区的内外贸集装箱同船运输。探索建立更加开放的国际船舶登记制度，争取设立北部湾航运交易所。

大力发展航运相关服务。充分依托自贸试验区政策优势，积极培育航运交易服务、航运金融保险服务、航运法律服务、航运信息服务、运价指数服务、船舶技术服务等现代航运服务业，吸引国际航运服务企业进驻。依托广西壮族自治区创建保险创新综合试验区，创新发展出口信用保险、航运保险、物流保险、融资租赁保险、质量保证保险、邮轮游艇保险、海上工程保险、大型海洋装备保险等业务，打造航运保险创新示范区。与大连海事大学等高校以及东盟国家合作开展海事官员和船员培训，重点培训引航员、验船师、港口国监督官员和船舶交通服务人员，打造东盟船员培训中心。

3. 打造北部湾国际门户港

打造海陆空铁联运港口。支持广西壮族自治区与中西部省（自治区、直辖市）及国际陆海贸易新通道沿线国家和地区建立完善的合作机制，实现物流资源整合和高效匹配。支持开通和加密北部湾港国际海运航线，使之与海南洋浦的区域国际集装箱枢纽港一道，成为西部陆海新通道的主要出海口。支持北部湾港开行至中西部地区的海铁联运班列，与中欧班列无缝衔接。加快构建经西部地区连通“一带一路”的大能力铁路货运通道。加密中国—中南半岛跨境货运班列、国际道路运输线路。强化南宁空港、南宁国际铁路港的服务支撑能力，支持加密南宁至东南亚、南亚的客货运航空航线。提升通关便利化和口岸智能化水平，推进国际贸易“单一窗口”应用项目全覆盖。聚焦交通、信息、港口、园区、金融、无水港等重点领域，务实推进与通道沿线国家和地区的合作，完善通道建设和运营长效协同机制，加快建成连接中国—东盟通行的时间最短、服务最好、效率最高、效益最优的国际贸易大通道。

打造绿色智慧国际港口。利用以物联网、云计算、大数据为代表的现代信息技术，加快实施智慧港口工程项目，建设北部湾港智慧查验系统平台，实现海关系统与码头生产信息系统互联互通。依托国家交通运输物流公共平台和港口物流信息平台，建设公路、铁路、港口和航空四位一体的多式联运物流信息综合服务平台，实现广西与西南中南地区、广西与东盟、中国与东盟之间的国际国内多式联运全程物流供应链的网上交易对接撮合、物流信息的高度汇聚与共享，服务西部陆海新通道沿线物流企业和物流园区。建设高效、安全、智能的港口感知网络，发展基于大数据的高品质增值信息服务新业态，实现资源集中管理与大集成应用，全面提升港口物流供应链一体化服务能力与水平。

4. 推进海陆交通设施体系

一是加快港口基础设施建设。建设钦州港大榄坪南作业区自动化集装箱泊位、30 万吨级油码头，北海铁山港东港区及西港区泊位；研究建设防城港 30 万吨级码头、钦州港 20 万吨级集装箱码头；研究钦州港 20 万吨级进港航道、钦州港东航道扩建、防城港 30 万吨级进港航道。有序推进进港航道疏浚整治，改善通航条件。

二是完善陆路交通设施建设。推进凭祥—同登—河内和东兴—芒街—下龙—河内高速公路，南宁—凭祥—同登—河内和防城港—东兴—芒街—下龙—海防—河内铁路，以及水口至驮隆界河二桥建设，推进垌中至横模口岸桥维修改造。重点推进钦州东—三墩铁路支线、钦州港—大榄坪支线联络线、钦州港—钦州港东电气化改造、南防线南宁—钦州段电气化改造等项目建设，加快打通黄桶至百色铁路、黔桂二线、南昆铁路百色至威舍等瓶颈路段，构建连接东盟“三铁三桥十三高速”及湘黔滇“十四铁二十四高速三航道”的综合交通网。

三是提升物流设施装备水平。推进钦州港东站集装箱办理站、南宁国际铁路港、柳州铁路港、中新南宁国际物流园等的建设。优先通过统筹规划迁建等方式整合铁路专用线、专业化仓储、多式联运转运、区域分拨配送等物流设施。加快推进现代化、信息化、智能化物流基础设施建设，支持节能环保型仓储设施建设与设备、材料应用。积极推进物流枢纽“无水港”建设，高起点建设冷藏物流设施，重点发展产地冷库、流通型冷库、立体库等，加快冷藏集装箱、空铁联运集装箱等新型多样化载运工具和转运装置的研发与推广应用。

四是强化口岸设施通关建设。根据国家关于口岸查验基础设施建设的有关标准，进一步完善全区口岸查验基础设施，加快推进东兴、友谊关等重点口岸扩容改造。在钦州港、北海港、防城港、梧州港、友谊关、东兴等重点口岸加快配备大型集装箱检查系统、自动消毒系统、大宗散装货物自动取制样系统及核与辐射生物化学探测仪等大型查验设备。

5. 完善航运物流服务体系

第一，强化物流枢纽功能。围绕中国—东盟区域性国际航运物流中心建设，完善北部湾港口物流配套设施，积极开展保税、国际中转、国际采购分销、配送等物流服务业务。依托自由贸易试验区和保税港区等，按照陆港型、港口型、空港型、生产服务型、商贸服务型等不同物流枢纽功能定位，有序推进物流设施建设，着力提升国际物流功能。提升港口服务能力和铁海联运水平，完善广西北部湾港仓储、中转、分拨等物流功能。在通道沿线重要节点，以开展地区分拨为主要功能，分类建设陆港型、生产服务型、商贸服务型物流设施，完善相关服务。加强陆路边境口岸物流枢纽建设，提供国际贸易通关、国际班列集散换装和公路过境运输等服务。支持建立桂港澳台货运代理企业协作联盟，增辟中国—东盟主要物流通道。

第二，创新多式联运服务。建设以海铁联运为主干的多式联运体系，引入具有全球运营网络的承运企业、国际供应链整合供应商，有序推动干线运输、多式联运、仓储物流等资源集聚，组建多式联运专业化经营主体，培育壮大通道沿线地区的物流企业。以铁路为重点建立健全内外贸多式联运单证标准，优化国际多式联运单证的陆上使用环境，推动并完善国际铁路提单融资工程。探索建立国际陆海贸易新通道班列全程定价机制，探索在东盟国家主要港口设立铁路集装箱还箱点。发挥中国—东盟多式联运联盟作用，建设高水平综合物流信息服务平台，构建高效多式联运集疏运体系和现代航运服务体系。

第三，优化物流运输组织。鼓励推行大宗货物中长期协议运输，开行重庆、成都等至北部湾港口的高频次班列直达线和运量较大的其他物流枢纽至北部湾港口的班列直达线。支持对接班列运输，引导货源向主通道集聚，开行至北部湾港口的班列直达线或中转线。依托广西北部湾港，持续开行至中国香港、新加坡的“天天班”航线，推进常态化和规模化运营，开行至越南沿海港口的直达航线和至洋浦港的海上“穿梭巴士”。研究扩大沿海捎带和内外贸同船运输适用范围，降低货物物流成本。推进南宁铁水联运、北部湾港海铁联运和水水联运、促进“江铁海”联运。

第四，推动通关便利化。在防城港等探索完善大宗商品“先验放后检测”检验监管模式，支持在通道沿线铁路主要站点和重要港口合理设立直接办理货物进出境手续的查验场所。在有效监管的前提下，科学设置肉类、冰鲜水产品、水果等的指定查验场地，建立口岸进口商品负面清单管理制度。优化海关特殊监管区域、保税监管场所设置。推动海关“经认证的经营者”互认国际合作。加强与周边国家在国际道路运输、国际铁路联运、国际班轮航线、国际航空航线等方面的对接，推进铁路跨境运输标准与规范的协调，加强国际运输规则衔接，推动与东盟国际货物“一站式”运输。

6. 探索国际贸易转型升级

首先，提升贸易便利化水平。加快建设国际贸易“单一窗口”，依托“单一窗口”标准版，探索与东盟国家“单一窗口”互联互通。试行“两步申报”通关监管新模式。探索对自贸试验区海关特殊监管区域内企业取消工单核销和单耗管理。依照自由贸易协定安排，推动实施原产地自主声明制度和原产地预裁定制度。优化生物医药全球协同研发的试验用特殊物品的检疫查验流程。优先审理自贸试验区相关口岸开放项目。支持依法依规建设首次进口药品和生物制品口岸。

其次，培育贸易新业态新模式。逐步实现自贸试验区内综合保税区依法依规全面适用跨境电商零售进口政策。支持在自贸试验区的海关特殊监管区域开展现货交易、保税交割、融资租赁业务。开展平行进口汽车试点。支持发展国际贸易、现代金融等总部经济。在综合保税区内开展高技术、高附加值、符合环保要求的保税检测和全球维修业务，试点通信设备等进口再制造。促进文物及文化艺术品在自贸试验区内的综合保税区存储、展示等。

再次，深化面向东盟的产业合作。支持发展面向东盟的临港石化产业，延伸产业链，提升产业精细化水平。支持在自贸试验区内发展新能源汽车产业，加强与东盟国家在汽车产业上的国际合作。支持发展以东盟国家中草药为原料的医药产业。支持自贸试验区内医疗机构与东盟国家依法同步开展重大疾病新药临床试验。自贸试验区内医疗机构可根据自身的技术能力，按照有关规定开展干细胞临床前沿医疗技术项目研究。支持中西部地区在自贸试验区设立面向东盟的开放型园区。

最后，打造与东盟合作先行示范区。依托现有交易场所依法依规开展面向东盟的大宗特色商品交易。支持在中国—马来西亚“两国双园”间形成更加高效便利的国际产业链合作关系。推动中国—马来西亚全球电子商务平台落户自贸试验区。加强与东盟国家在通关、认证认可、标准计量等方面的合作。支持中国—东盟博览会服务区域从中国—东盟向“一带一路”沿线国家（地区）延伸。在国际会展检验检疫监管模式下，支持博览会扩大原产于东盟国家的农产品的展示范围。

（六）提升海洋公共服务能力

1. 形成海陆动态监测能力

建设覆盖广西壮族自治区全海域的天基和空基、岸基和平台基、海基和海床基等的立体观测网，建立海洋立体监测系统，实现对海水水质、水文、气象、海洋生态等多种海洋要素的立体、实时、在线监测。建立海洋灾害精细化预警预报机制，为应对海洋环境突发事件、提高海洋防灾减灾水平提供强力的辅助决策信息支撑能力。基于多媒体平台构建海洋信息发布综合服务体系，定期发布具有较高社会关注度的多元化海洋信息产品。

2. 强化海洋防灾减灾能力

建设辐射北部湾沿岸国家的海洋观测网和预报中心，构建三级海洋观测预报、防灾减灾队伍，全面提高沿海风险防控与灾情预报能力。建设气象多灾种综合监测平台，启动北部湾海洋气象能力系统工程，全面提高沿海气象灾害综合预警服务能力和应急能力。实施北钦防地区重点海堤加固工程和郁江、北流河、南流江等流域的防洪排涝工程。健全地震（海啸）灾害监测预警体系，实施北部湾区域防震减灾重点基础设施工程。因地制宜建设、改造和完善应急避难场所。健全救灾物资储备体系，提升救灾物资和装备统筹保障能力。

3. 建设数字海洋信息平台

组建广西向海经济运行监测与评估中心，完善海洋经济运行监测与评估系统，完善海洋经济调查与监测评估联动的机制和信息数据库，建设智慧海洋大数据共享支撑平台。深化“蓝色指数”监测指标、评价指数和评估方法的研究，丰富评估产品和政策工具，提升海洋经济运行监测与评估能力。完善海洋资源普查机制，开展海洋物理、海洋化学、海底地质、海底地形地貌、海洋生物与生态等方面的普查工作，逐步建立统一的海洋与规划国土信息平台，加强海陆现状数据、管理数据、规划数据的“三统一”。

4. 提高海洋服务专业水平

筹建海洋经济专家委员会，为产业发展提供决策咨询。探索、规范各类项目用海面积、使用方式、环境保护、公共配套等方面的标准，进一步健全海岸带区域建设的标准、准则，为项目用海审定提供管理依据。开展海洋经济运行监测与统计分析工作，搭建海洋经济运行监测网络，实现海洋经济运行监测与评估业务化运行。开发月度、季度、年度海洋经济运行评估产品和各类海洋经济专题评估报告，提高服务海洋经济的能力。

（七）优化海陆生态环境

1. 优化海洋功能区划布局

优化调整海洋功能区划，促进生产、生活和生态功能的协调发展。优化近岸海域空间布局，严格控制围填海规模，强化岸线资源保护和自然属性维护，加强生态修复，确保自然岸线保有率稳步提高。优化存量占用、严控增量建设，按照海洋功能区划，提高开发岸线利用率和配置效率，实行分区管控，最大限度降低城镇建设、基础设施、产业项目对海岸线的干扰和破坏。弹性规划滨海岸线资源，将水的景观、生态功能最大地引入腹地，布局城市文化、休闲和公共服务等功能，形成集生态、景观、文化于一体的高品质滨海公共活动带。

2. 实施美丽海洋生态修复工程

实施生态系统修复工程，推进海岛和海岸线生态修复项目建设，加强对红树林、珊瑚礁、滨海湿地的保护。推动受损岸线、海湾、河口、海岛和典型海洋生态系统等重点区域结构和功能的修复，开展珍稀濒危海洋生物、渔业资源的保护修复工作，构建“壮美”海洋景观。

一是浅海海底生态再造。播殖海藻、投放人工鱼礁等，恢复浅海渔业生物种群。

二是海湾综合治理。修复和保护海洋生态、景观和原始地貌，恢复海湾生态服务功能。

三是河口生境修复。实行排污控制、河口清淤、植被恢复，修复受损河口生境和自然景观。

四是滨海湿地生态建设与修复。通过开展滨海湿地植被修复和微生物群落修复等重点工程，恢复受损滨海湿地原状或加快恢复受损湿地生态系统的结构和功能，改善滨海湿地生境。

五是沙滩保育。研究各地不同类型海域地形地貌的沙源形成和消退机制及其相关水动力等理论，研究保护和优化海岸沙滩资源的最佳技术手段。

六是海岸防护。开展遭侵蚀、受海洋等自然灾害威胁严重、人为活动破坏严重的海岸防护技术研究，维护海岸平衡，改善海岸环境，优化海岸资源。

七是典型生态系统恢复与重建。研究典型区域的相关环境参数，通过红树林种植、珊瑚礁移植、海草种植等方式，因地制宜地重建或者恢复已经退化的红树林、珊瑚礁和海草床等生态系统。

八是水生生物资源恢复。研究重点海湾水生生物资源的种群动态和食物链演替模式，研究海域生态环境和富营养化进程，通过建设人工鱼礁和海洋牧场等方式，改善近岸水域水质状况。

3. 开展污染排放专项整治

以恢复和改善近岸海域水质与生态环境为目标，以控制入海污染物和海洋生态修复为重点，加快推进南流江、茅尾海、钦州湾、廉州湾和防城港西湾、东湾等重点入海河流和近岸海域污染防治。

首先，加强海洋岸线流域综合整治及城市污物排放整治。切实加大入海河流全流域主要污染物减排力度，加强畜禽养殖污染、水产养殖污染等的治理工作力度，加强城乡污水及生活垃圾处理设施建设，加快和推进城区入海排污口截留，改善近岸海域水环境。

其次，完善临海工业环保基础设施建设。对沿海工业园区的污染源制定污水及污物处理设施建设方案，确保园区污水及污物治理设施发挥应有作用，杜绝园区工业污染物直接排放入海。

最后，加强船舶运输和港口污染物防治。定期开展对海域船舶的检查，强化港口、旅游区等重点海域环境污染防治设施监察和监督管理。

4. 深化海陆统筹联防共治

坚持海陆统筹、河海兼顾。正确处理沿海海洋资源环境承载力、开发强度与生态环境保护的关系，坚持海陆一体、江河湖海统筹，陆域污染排海管控和海域生态环境治理并举，做到海域和陆域联防、联控和联治。坚持生态保护优先，同步开展整治修复，既将生态敏感脆弱区和重要生态系统纳入海洋生态红线区范畴，限制损害主导生态功能的产业扩张，也将受损的生态系统纳入生态红线范畴加强整治修复，遏制生态进一步恶化。以海洋自然属性为基准，以其社会属性为辅助，结合广西自然资源条件、生态环境状况、地理区位，以及地方经济与社会持续发展需要，在维持海洋生态功能基础上分区明确海洋生态保护、海洋环境质量底线，严控各类损害海洋生态红线区的活动，同时兼顾持续发展的需求，为未来海洋产业和经济社会发展保留余地。

加强国际国内生态建设对接。创新生态合作体制机制，建立健全广西北部湾经济区与粤港澳大湾区生态环境保护联防联控机制，合作推进江海生态治理，合作发展循环经济，构建两湾一体化生态屏障。深化推进广西壮族自治区与越南水环境联防共治，通过联络机制通报双方跨境水域污染治理进度；与越南联合实施海水质量达标管理，组建跨区域水域监测网络，加强与越南的监测数据共享。

（八）涵养振兴海洋文化

1. 提升海洋文化意识

加大海洋文化意识与海洋宣传知识的普及与推广力度，建立一批海洋科普与教育示范基地，普及全区海洋特色文化及涉海法律法规，提升公众对传承海洋文化、保护海洋环境、维护海洋权益的意识。不断加深、加强与东盟等的国际海洋文化交流。

2．挖掘海洋文化基因

全面盘清海洋文化资源家底，挖掘古代海上丝绸之路北海史迹和南珠文化资源，构建广西海洋文化基因库。开展海洋文化古迹、遗址抢救性修复和保护工作，支持和鼓励具备条件的海洋古迹申报各级别遗产名录。建设一批古遗址公园，参与“海上丝绸之路”联合申遗。推进涉海博物馆建设。

3．传承特色海洋文化

充分发掘广西合浦作为古代海上丝绸之路始发港文化、南珠文化、贝丘文化、疍家文化、京族文化代表的内涵，加大海洋特色文化发展的创新力度，打造一批展现广西题材、广西元素、广西形象的文艺精品，讲好广西故事。在区社科规划课题中设置海洋文化研究专项，推出系列海洋文化研究成果。发展地方性智库，强化海洋经济、海洋科技等领域的战略研究。

4．强化海洋文化形象

统一规划建设滨海文化景观长廊，将海洋自然人文景观及标志性文化设施、文化项目串点成线，构筑文化线路和区间。规划建设游艇公共码头。设计举办有影响力的海洋文化节庆活动，办好各类主题节会等活动。

5．发展海洋文化产业

用好广西滨海文化旅游资源，积极融入国家全域旅游战略。建设一批广西—东盟沿海旅游环线、沿海休闲度假养生基地。加快海岛旅游与邮轮、游艇等新型交通载体结合，拓展海上旅游新空间。建设以海洋民俗文化、涉海节庆文化、海洋创意文化等为重点的海洋文化产业高地，实现海洋文化与向海经济融合发展。开发设计串联北部湾沿海一线及周边区域的旅游线路和产品，实现海洋主题公园、大型旅游综合体等重大旅游项目的突破。

6．丰富海洋文化活动

升级海洋教育节，完善海洋知识竞赛、海洋创客大赛等传统项目，增加全国性海洋实践活动。推出“海洋 VR（虚拟现实）教育课程”，探索海洋实验 STEM（科学、技术、工程教学）课程，构建海洋教育课程体系。加强以海洋、海权、海防为特色的国防教育，建设高水平海洋教育基地。

八、制度创新

（一）政策创新

1. 争取国家设立蓝色经济试验区

依托北海海洋经济发展示范区建设，发挥海洋经济体制机制创新、海洋产业集聚、陆海统筹发展、海洋生态文明建设、海洋权益保护等区域性海洋功能平台作用，争取国家设立蓝色经济发展试验区。构建现代海洋产业体系，推动海洋产业转型升级。建设海洋科技创新体系，强化海洋经济智力支撑。探索海洋对外开放新模式，提升开放经济发展水平。推进海洋生态文明建设，促进经济持续健康发展，为广西向海经济发展创造良好的政策环境。

2. 争取国家开放航运管理领域

以广西自贸试验区建设为契机，允许中资公司拥有或控股非五星旗船，试行外贸进出口集装箱在国内沿海港口和北部湾港口之间的沿海捎带业务。支持对经营国际船舶的航运企业实行现代船舶吨位税制，取消增值税和企业所得税。探索和试点国际航运商务新规则，重点在“一船两港”登记制度、船舶金融租赁权登记制度、船舶优先共有权登记制度、海洋装备和海上设施物权登记制度、全程提单登记制度、国标仓单登记制度等方面探索制度突破和创新。支持广西建设北部湾航运交易市场，开展国际航运交易。支持设立船员劳动仲裁中心。

3. 争取国家海洋科技创新支持

支持国家海洋科技重大专项、海洋重大基础科研和工程示范项目落地，支持国家海洋技术研究院等具有影响力的国家工程实验室、工程中心和海洋科研单位核心业务或分支机构落地。支持企业和机构申报国家级海洋科研项目。建议纳入“十四五”规划的重大政策见表 7－16。

表 7－16　建议纳入“十四五”规划的重大政策

政策类型	政策内容
金融政策	允许北部湾经济区企业在一定范围内进行跨境人民币融资、允许银行业金融机构与港澳同业机构开展人民币借款等业务
	支持符合条件的港澳保险公司在北部湾经济区设立分支机构，适用于内地保险、中介机构相同或相近的准入标准和监管法规
	允许北部湾经济区内符合条件的中资银行试点开办外币离岸业务
	积极推动港资机构在北部湾经济区按规定设立全牌照合资证券公司和合资基金管理公司

（续表1）

政策类型	政策内容
金融政策	争取扩大人民币与非主要国际储备货币特许兑换业务试点范围
	设立以蓝色经济为主题的国家金融改革试验区
	积极推动国际海洋开发银行等国际海洋金融机构落户。支持涉海企业跨境融资，为涉海领域国际并购提供外汇出境支持
	支持成立亚洲船东互保协会，并设立各类型海洋、航运、船舶产业基金
	积极争取前海合作区内登记注册的海洋金融服务企业享受前海税收优惠政策
产业政策	在CEPA框架下进一步取消或放宽对港澳投资者的资质要求、股比限制、经营范围等准入限制，重点在金融服务、交通航运服务、商贸服务、专业服务、科技服务等领域取得突破
	试行粤港澳认证及相关检测业务互认制度，实行“一次认证、一次检测、三地通行”，适度放开港澳认证机构进入北部湾经济区开展认证检测业务，比照内地认证机构、检查机构和实验室，给予港澳服务提供者与在内地设立的合资与独资认证机构、检查机构和实验室同等的待遇
	探索开展知识产权处置和收益管理改革试点
	探索与港澳在货运代理和货物运输等方面的规范和标准对接
	建设航运交易信息平台，发展航运电子商务、支付结算等业务
	在落实国际船舶登记制度相关配套政策基础上，北部湾经济区海关特殊监管区域内中方投资人持有船公司的股权比例可低于50%
	逐渐放宽外商独资设立船舶管理企业、跨国通关、检验检疫、认证许可和标准计量等合作互认方面的制度限制
通关监管	创新加工贸易监管制度，实行“一次备案多次使用”制度，加工贸易企业办理一次备案，即可开展保税加工、保税物流、保税服务等多元化业务
	经国际海关认证的经营者互认合作制度
	推行“原产地管理改革”
	支持开展“出境加工”“委内加工”试点
	推行保税货物区间流转
	实施中介机构协助海关稽查、保税核查和核销制度。支持资信良好、管理规范的加工贸易企业开展自核单耗管理试点
	实施与国际海关的“经认证的经营者”互认管理，便利企业境内外通关
	实施企业注册登记改革，实行“一地注册全国申报”，取消北部湾经济区报关企业行政许可
	试行企业自主报税、自助通关、自助审放、重点稽核的通关征管模式

（续表2）

政策类型	政策内容
通关监管	对在北部湾经济区海关特殊监管区域内注册的融资租赁企业进出口飞机、船舶和海洋工程结构物等大型设备，在执行现行相关税收政策前提下，根据物流实际需要，实行海关异地委托监管
航运政策	以广西自贸试验区建设为契机，允许中资公司拥有或控股非五星旗国际航行船舶，试行外贸进出口集装箱在国内沿海港口和北部湾港口之间的捎带业务
	支持对经营国际船舶的航运企业实行现代船舶吨位税制，取消增值税和企业所得税
	探索和试点国际航运商务新规则，重点在“一船两港”登记制度、船舶金融租赁权登记制度、船舶优先共有权登记制度、海洋装备和海上设施物权登记制度、全程提单登记制度、国标仓单登记制度等方面探索制度突破和创新
	支持广西建设北部湾航运交易市场，开展国际航运交易。支持设立船员劳动仲裁中心
	争取对境外游艇开展临时开放水域审批试点
科技创新政策	支持国家海洋科技重大专项、海洋重大基础科研和工程示范项目落地，支持国家海洋技术研究院等具有影响力的国家工程实验室、工程中心和海洋科研单位核心业务或分支机构落地
	支持企业和机构申报国家级海洋科研项目
人才政策	经认定的高层次人才可以知识产权、科技成果、研发技能等人力资本作价出资、入股，最高可达企业注册资本的80%，并实行商事登记制度改革
	为高层次人才提供医疗、教育、住房、交通等多项便利。如给予经认定的国（境）外高层次人才VIP医疗保健待遇；建立覆盖学前教育到高中教育的“一站式”国际学校，探索高中毕业报读国际高校“直通车”模式，高层次人才子女将享受就近优先安排公办幼儿园、免费入读公办学校等优待
	探索健全高层次人才及紧缺人才补充养老、医疗保障制度
财税政策	实施启运港退税政策试点
免签政策	支持南宁空港口岸成为72小时过境免签和东盟10国144小时旅游入境免签口岸
	争取将北海列入试行对境外游客72小时过境免签政策城市
	实施外国旅游团乘坐邮轮15天入境免签政策

资料来源：根据调研所得。

（二）制度创新

1. 构建向海发展体制机制

一是建立向海经济规划体系。统一发展蓝图，推动陆海“多规合一”，减少重复建设，优化资源配置，更好地发挥规划引领作用。编制向海经济产业和空间分布规划、广西海洋资源（近、远海）综合开发利用中长期规划、海岸带综合保护与利用规划，强化落实海岸带空间管控政策。

二是建立陆海创新要素合理配置机制。盘活沿海存量土地和海域利用，妥善解决围填海历史遗留问题。突出国土空间规划地位，优化海域海岛、岸线的利用和管控。建立健全海域和无居民海岛开发利用市场化配置及流转管理制度，开展无居民海岛有偿使用试点。

三是建立沿海与内陆地区联动机制。发挥西部陆海新通道作用，继续深化粤桂琼、粤桂黔、云桂黔省际合作交流。探索建立广西北部湾与云、贵、川、渝、甘、陕等内陆地区陆海联动统筹发展新机制，为推动建设西部陆海新通道提供政策与机制保障。

2. 创新海陆统筹协调机制

坚持生态优先，严守生态红线，构建生态网络，加强生态服务功能，满足公众对生态产品的需求。以改善海洋生态环境质量为目标，统筹近岸海域污染防治和流域环境保护，建立海洋生态环境损害赔偿、海洋生态补偿等制度。建立以入海污染物总量控制为核心的海陆环境联合治理机制。科学计算海洋环境容量，以海定排，建立以环境容量为基础的海洋环境治理机制。探索建立基于不同功能区的海洋环境管理目标指标体系，促进陆海环境管理要求的衔接。完善河流海湾环境年度考核制度，列入政府绩效考核内容。

3. 创新海洋综合管理制度

第一，构建海洋综合管理的地方性法规政策体系。对海洋环境保护、规划管理、资源利用进行统一立法，建立完善海域综合管理基本制度体系。制定完善相关配套法规，研究制定海域资源市场化配置管理办法、海上（无居民海岛）工程建设审批管理规范、已出让海域闲置处理的配套政策等，加强对海域使用的规范管理。开展海洋生态环境保护法制建设，重点开展海岸带综合管理、海洋生态红线、海洋生态补偿等方面的地方立法。研究制定海洋产业导向目录和相关配套政策。

第二，创新层次分明的海洋规划体系。建立由海洋发展策略、海洋功能区划、海域使用详细规划以及相关专项规划组成的海洋规划体系，加强对总体层面和分区层面的管控。适时开展海洋功能区划修编和海域使用详细规划编制工作，积极创新规划编制手段与方法。重点探索开展海岸带规划，协调海陆使用功能、加强海岸带资源保护，强化海岸带公共属性，划定海岸带空间功能分区，开展海岸带公众接近规划，整合布局海岸带重大基础设施，提出海岸带建设设计指引。

第三，探索海域资源配置与有偿使用制度。完善海域使用权权利制度，开展项目海域使用权、海上建（构）筑物权属属地登记管理试点，优化完善海域、海上建（构）筑物物权登记实施机制。探索建立以合同约定方式实行海域使用权提前收回、期满续期的机制，完善海域使用权终止制度。建立海域资源市场化配置机制，探索海域资源租赁、作价入股、公告出让等有偿使用方式，健全海域使用权供应体系，建立海域使用权出让合同管理制度，完善海域物权产权交易制度。探索完善海域有偿使用制度，深化海域分等定级和海域使用金标准体系与动态调整机制。

第四，完善海域使用的行政管理机制。建立海岸线定期修测机制，作为海陆管理界限划分的依据。探索建立海域使用管理线制度，对不具排他性的用海，通过划定管理线进行管理。建立海上工程建设审批管理制度，探索凭用海预审意见和海域使用权证等用海文件办理规划、施工许可及竣工验收等手续的实施机制。

优化海域监督执法机制。开展海域监督属地执法试点，明确国家、自治区、市分级管辖的具体标准及移交程序。以“海＋渔”为切入点，推动综合执法，积极推进海监执法队伍与规划土地监察队伍的资源融合与共享，实现执法效果“倍增”。探索建立行政执法与司法衔接的有效联络机制，有效打击海洋违法行为，提升行政执法的震慑力。

4. 创新海洋金融服务制度

一是推动产业金融创新。鼓励商业银行开展投贷联动融资服务方式创新，鼓励银行业金融机构开展银行贷款与期权组合、银行与创投合作等股债结合的融资方式创新。支持创业企业通过上市、区域性股权交易市场挂牌、股权众筹融资等方式筹措资金。鼓励开展以服务实体经济为重点的要素交易平台业务模式创新，积极争取建立全国性交易市场平台，培育区域性股权、产权、大宗商品、金融资产等要素市场。

二是推动科技金融创新。探索试点成立区域政策性银行及专业科技银行，推动民营资本筹建科技银行，鼓励国际知名科技银行设立分支机构，为科技创新企业提供专业金融服务。引进技术评估、产权交易、成果转化等科技服务机构，规划建设海洋新兴产业研发基地。探索创新政府财政扶持方式，撬动信贷资金对高科技的投入，引导更多的信贷资金向科技创新企业倾斜。

三是完善科技金融体制机制。建立海洋科技成果信息发布、使用、处置和收益管理制度，鼓励发展海洋技术交易中心等中介机构、行业协会和新型服务企业，建立符合市场规律的海洋科技成果评价和技术转让机制，提升科技成果转移转化成功率。完善海洋科技成果信息共享机制，加大知识产权保护力度，强化知识产权运用和管理。积极开发适合海洋科技创新及成果转化的金融产品，聚焦海洋领域低碳、绿色、循环的技术，构建技术、资本、市场、产业相融合的科技金融结合新模式，覆盖绿色技术转移转化的全链条。

5. 创新海洋科技体制机制

首先，建立灵活高效的海洋科研项目管理体制。给予海洋科研单位和科研人员更多自主权，探索建立市场化的项目遴选机制，建立常态化的政企科技创新咨询制度，在制定科技计划和遴选攻关项目时，充分征求涉海企业和科研机构的意见；探索建立海洋科研项目经理人制度，提高研发效率和成果质量；探索建立海洋科研容错机制，鼓励科研人员大胆探索、挑战未知。

其次，优化市场导向的海洋创新资源配置机制。探索建立海洋科研项目攻关动态竞争机制。建立海洋科研创新失败案例数据库，减少从零开始创新的试错成本。鼓励涉海企业与高校、科研院所等共建海洋研发机构和实验室，加强面向海洋共性问题的基础应用研究。

最后，完善价值导向的海洋科技创新评价机制。建立科学分类、合理多元的海洋科研项目评价体系。改进海洋科技人才评价方式，不唯论文、职称、学历、奖项评价人才，注重海洋科学和工程技术成果对实际应用的影响和贡献。完善海洋科研机构评估制度，避免简单以高层次人才数量评价科研事业单位质量。

第三节 盐田区打造全球海洋中心城市核心区

盐田区因海而生、因港而兴，是深圳海洋经济、海岸带经济及港口经济发展的重要核心区，也是典型的全域海洋经济区，更是整个粤港澳大湾区海洋经济发展不可或缺的重要组成部分，凭借优越的资源和区位条件，形成了以海洋交通运输业和滨海旅游业为主导的海洋经济发展格局，海洋产业覆盖三大门类，成为盐田国民经济和社会发展的重要基石。从海洋经济的发展趋势来看，盐田国际枢纽大港的行业地位持续巩固、滨海旅游的外部效应逐渐释放，继续支撑盐田国民经济和社会发展走向全新的海洋时代，在全球海洋中心城市建设中发挥重要作用。盐田区海洋产业布局现状见图 7-6。

一、基础条件

盐田区位于深圳市东部，地势北高南低，背山面海，属低山丘陵滨海地势，盐田区地形基本由北部山地地貌带和南部海岸地貌带组成。山地地貌由高至低依

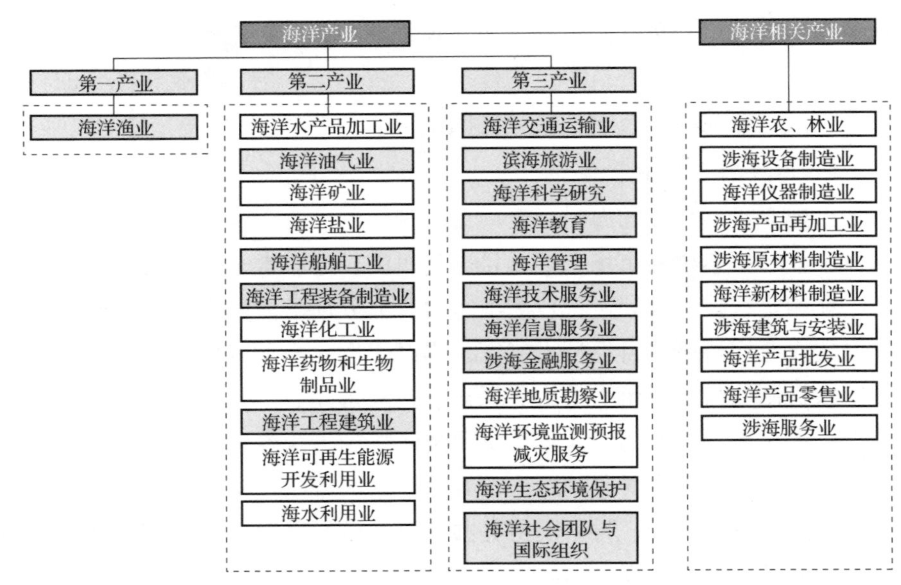

图 7-6　盐田区海洋产业布局现状

资料来源：根据调研所得。

次为低山、高丘陵及低丘陵。海岸地貌带分布在大鹏湾北侧，主要为山地海岸类型，岬角、海湾相间。前者崖高、坡陡；后者主要由沙滩、沙堤、潟湖平原组成，构成了基岩—砂砾质海岸。盐田区屏山傍海，自然环境得天独厚，海岸蜿蜒曲折，海滨栈道长达 19.5 千米，沙滩、岛屿错落，海积海蚀崖礁散布其间。盐田区岸线用途目前主要为海洋交通运输及滨海旅游。

（一）拥有发展世界级港口经济和都市海洋产业的区位优势

一是港口航运产业发达。盐田港水域开阔，水深不淤，天然掩护良好，航道维护成本低。盐田港有 20 个大型深水泊位，泊位利用长度为 9078 米，港池水深达 17.6 米（如图 7-7），超大型船舶可全天候进出，可实现同时停靠 5 艘全球最大的 20 万吨级大船，是全球单体最大和效益最佳的集装箱码头，荣获“中国港口船舶装卸效率平均每艘时超 100 自然箱集装箱码头”称号。经历了 30 多年的高质量发展，盐田港的相关配套基础航运服务业已趋完备，港口和航运物流产业发

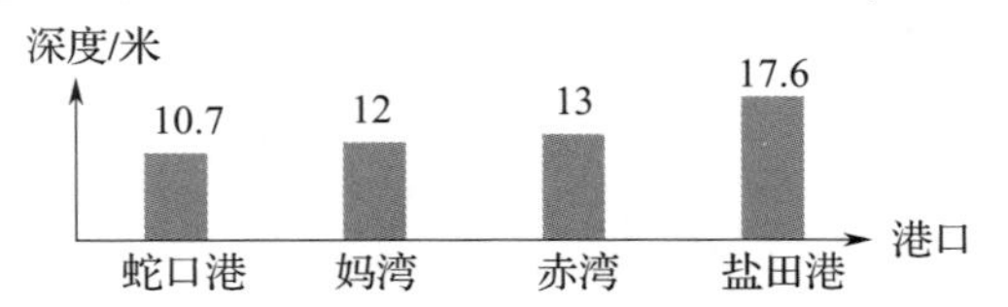

图 7-7　深圳主要港口港池水深

资料来源：《中国港口年鉴》(2019)。

达，为盐田进一步发展现代航运服务业奠定了坚实的基础。2019 年国内单体码头公司吞吐量和盐田周边港口装卸效率见图 7－8 和图 7－9。

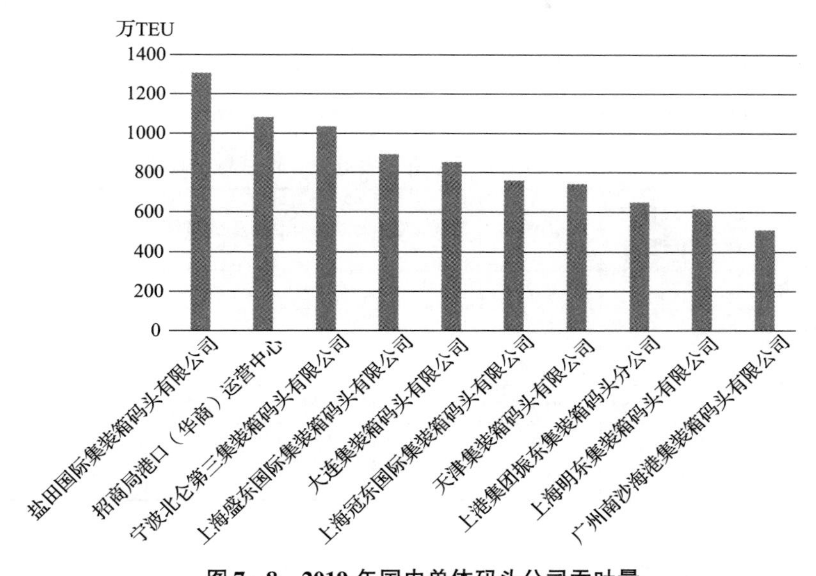

图 7－8　2019 年国内单体码头公司吞吐量

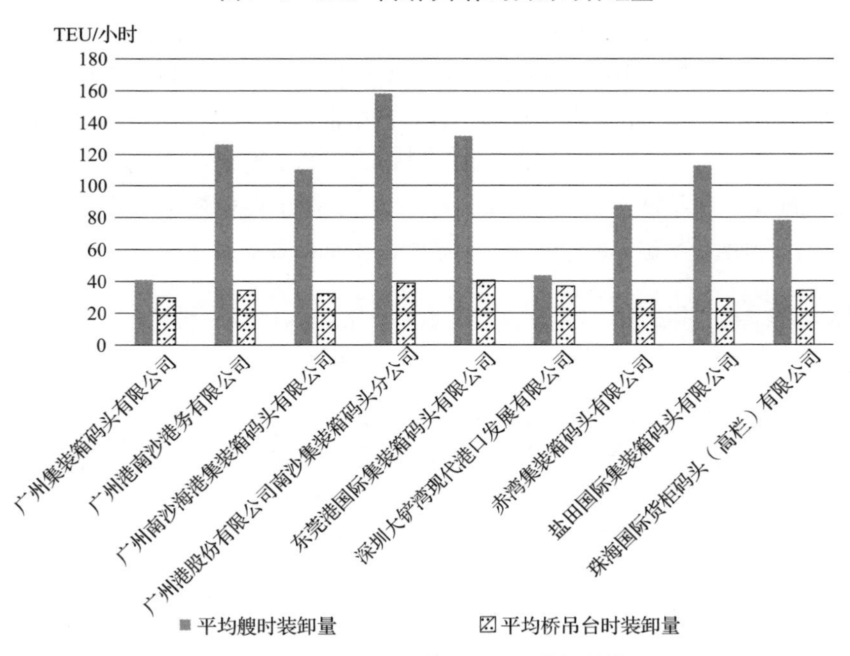

图 7－9　2019 年盐田周边港口装卸效率

资料来源：《中国港口年鉴》（2019）。

二是区位优势明显。盐田港地处亚太主航道，是华南地区欧美航线的首选港，航线遍布全球，拥有北美、欧洲、南美、亚洲、澳洲等远洋航线，每周提供100多条航线抵达世界55个国家和地区，在中国海洋经济发展中扮演了关键的角色。全球1万标箱以上超大型集装箱船舶靠泊率为80%，1.8标箱船舶靠泊率为100%。盐田港与周边港口吞吐量、航线数量的比较见表7－17。

表7－17　盐田港与周边港口吞吐量、航线数量比较

港口	2019年集装箱吞吐量（万TEU）	增速	欧美航线	地中海航线	亚洲航线	非洲航线	澳洲航线
盐田港	1307	－0.7%	50	5	20	0	3
蛇口港	570	1.4%	7	4	74	3	4
赤湾港	511	－10.8%	12	8	44	4	1
大铲湾港	185	50.4%	8	2	12	1	0
南沙港	1768	7%	6	2	17	12	1
高栏港	256	10.8%	0	0	3	0	0

资料来源：根据调研所得。

三是背靠广阔的华南进出口贸易腹地。盐田港地处外向型经济十分发达和作为“世界工厂”的珠江三角洲地区。根据统计资料，广东省35%以上、深莞惠60%～70%的进出口货物都必须经由盐田港运输，盐田港的冻肉、木材等进口商品货值位于全国单港前列。盐田港单港集装箱年吞吐量居世界第一，盐田国际集装箱码头被评为亚洲最佳码头，荣获“中国港口国际中转超170万标箱集装箱码头”称号，联合国发布的《2019年世界最佳连接港口排名》中盐田港排名第十六位。环球跨境贸易园正式开业，跨境电商、供应链金融等高附加值业态加速发展。

专　栏

深圳周边港口发展情况

广州港拥有各类码头泊位807个，其中万吨级以上泊位有76个。南沙港区已建成集装箱码头、通用码头、修造船和汽车码头、石油化工码头等专业化码头，港池水深17米，可以实现10万吨级与15万吨级集装箱船双向通航，满足世界最大集装箱船靠泊作业要求。截至2019年6月，广州港共开通集装箱航线214条，其中有外贸航线108条，内贸航线106条，珠江流域水上泊船航线160多条。2018年广州港完成货物吞吐量6.10亿吨，同比增长3.9%，集装箱吞吐量为2162万标箱，同比增长7.2%，均位居世界港口第五位，完成商品汽车吞吐量132万辆，位居国内港口第二位。在广州注册的航运企业经营船队规模超过3000万载重吨。

东莞港已成为地区性重要港口和地区综合交通体系的重要枢纽、珠江三角洲港口群的重要组成部分，主航道水深13.5米，5万吨级船舶可全天候通航，呈现出大型综合性海港的发展格局。截至2018年，东莞港共有码头101座，泊位168个（其中有在经营码头72座，在经营泊位139个，万吨级及以上泊位33个），码头泊位岸线总长为20294米。东莞港完成货物吞吐量1.64亿吨，同比增长4.5%，位居广东省港口第三名；完成集装箱吞吐量356万TEU，同比增长-9.0%。位居广东省港口第三名。2018年，全市海洋交通运输业增加值为102.79亿元，同比增长15.8%。

惠州港（沿海）现有生产性码头泊位48个，其中万吨级以上泊位有25个（含2个30万吨级和2个15万吨级泊位），沿海港口货物设计吞吐能力为1.2亿吨，集装箱设计吞吐能力为94万TEU。2018年惠州港完成货物吞吐量0.88亿吨，同比增长21.4%，集装箱吞吐量为25万标箱，同比增长22.1%。惠州港拥有11条航线，包括内贸集装箱航线6条、港澳台集装箱航线3条及内贸散货航线2条。

珠海拥有珠江口西岸亿吨级深水大港。截至2018年年底，全港有泊位165个，包括生产性泊位157个、非生产性泊位8个，万吨级以上生产性泊位28个，设计年通过能力为1.60亿吨，集装箱吞吐能力为198万标箱。港池水深12.5米。其中，有高栏港区生产性泊位72个，万吨级以上生产性泊位27个，设计年通过能力1.44亿吨，占全港通过能力的90%。2018年全港共完成货物吞吐量1.38亿吨，同比增长1.6%；港口集装箱231万标箱，同比增长1.6%；旅客吞吐量829万人次，同比增长12.6%；港口铁路专用线累计发送货物826万吨，同比增长29.8%。

（二）拥有支撑全球海洋中心城市建设的优质滨海岸线和空间载体

一是具有发展滨海旅游业得天独厚的条件。盐田区山海旅游资源丰富，海岸线长达30.2千米，是深圳东部滨海旅游业发展的核心区域，拥有沙滩岸线、人工岸线、礁石岸线等多种岸线类型，拥有大梅沙、小梅沙2个沙滩以及国家级风景名胜区梧桐山国家森林公园、大梅沙海滨公园、小梅沙度假村等山海特色休闲旅游资源，拥有占地近9平方千米的东部华侨城、“一街两制”中英街、小梅沙海洋世界、金色海岸观光游艇和大梅沙湾游艇会等人文特色旅游资源。大鹏湾水质条件优越，各类岸线齐备，适合开展多种水上活动。以“全域+全季”为旅游发展理念，盐田区大力实施“旅游+”和“+旅游”战略，于2019年成功入选首批广东省全域旅游示范区。

专 栏

深圳周边城市滨海资源情况

广州滨海旅游岸线主要布局在南沙湾海鸥岛，南沙区拥有海岸线170千米，包括大陆海岸线95.61千米。沿着南沙湾海岸线，星罗棋布众多旅游重点项目和丰富的旅游资源，包括南沙邮轮母港、南沙国际游艇会、上下横档岛、天后宫、滨海公园、南沙湿地、百万葵园、黄山鲁森林公园等。

惠州拥有巽寮湾、海龟湾等众多优良的滨海旅游资源。其中旅游开发海岛有6个，分别是有居民海岛大洲头（东升村）、大三门岛、小三门岛和盐洲岛，以及无居民海岛三角洲岛和大辣甲岛。其中有居民海岛总户籍人口约为1.1万，以渔业、旅游业为主导产业。工业利用的无居民海岛有3个，分别是马鞭洲岛、纯洲岛和芒洲岛。惠州的海洋社会文化基础雄厚，主要有惠东县平海古城物质文化遗产、大星山炮台、范和村及“惠东渔歌”非物质文化遗产。其中，平海古城保存了较为完整的四座城门楼、十字古街、部分城墙、大部分古民居以及一批古寺庙、古文化遗址和大量的历史文物。大星山炮台是保存相当完好的炮台。2018年全市滨海接待游客1177.5万人次，实现旅游总收入61.99亿元。

滨海湾拥有40千米海岸线，是多条河流的出海口，拥有威远炮台、沙角炮台等鸦片战争遗址以及海战博物馆等爱国主义教育基地。2018年全市海洋旅游业增加值为254.66亿元，同比增长11.2%。

珠海以海洋、海岛、海湾为核心，目前全市已建成特色景区（景点）40多处，形成了休闲度假、主题公园、温泉养生、海岛运动、商务会展等海洋特色明显的旅游产品体系。珠海是滨海旅游城市，2018年接待游客4300万人次，其中88%都是国内游客。近5年游客年均增长8.8个百分点，人均消费在不断增长。横琴长隆国际海洋度假区主题公园开业以来，累计接待游客近7000万人次。

二是具有发展海洋经济的产业空间载体。盐田区以东西为主轴线，进行海陆统筹规划，构建“海陆双线、南北双向”的产业链条空间，拓展盐田区产业发展空间。全区通过城市更新和棚户区改造，可释放土地资源265万平方米，超过当前（除港区外）未建设空地的3倍，可释放建筑空间1000万平方米，与辖区现存建筑体量接近，相当于再造一个“新盐田”。通过城市更新预计可提供500万平方米产业空间，其中有商业办公建筑空间225万平方米，生产研发及配套建筑空间275万平方米。盐田以东部冰雪城、翡翠岛广场、盐田科技大厦、大百汇生命健康产业园、现代产业服务中心、壹海国际中心等重点园区载体为主阵地（盐田区发展潜力空间见表7－18），打造海陆产业空间布局，形成特色鲜明、优势突出的海洋产业集群，建设盐田海洋经济带。

表 7－18　盐田区发展潜力空间

项目名称	建筑面积（万平方米）
田心工业区	48
盐田现代产业服务中心	12
沙头角保税区	72
盐田科技大厦	7.2
创智核心区	245
小梅沙片区	28
翡翠岛广场	23
大百汇生命健康产业园	30

资料来源：根据调研所得。

（三）拥有海洋经济龙头企业和行业组织

一是拥有一批海洋经济龙头企业。在海洋交通运输方面，盐田港集团、盐田国际、盐田港现代物流中心、保惠物流公司等海洋交通运输业龙头企业，带动海洋交通产业链上下游企业落户盐田，推动航运物流转型升级，进一步增强盐田航运服务的发展势能，加快建设国际航运枢纽。在海洋生物医药方面，华大基因成长壮大为全世界最大的基因测序机构，对于盐田引导生物科技产业向海延伸、推动海洋生物科技快速变革和产业化创造了良好条件。在滨海旅游方面，不断拓展国家级旅游度假区的内涵，建设中英街和盐田海鲜街品牌等，突出龙头引领。东部华侨城以旅游为核心，实施“文化＋旅游＋城镇化”和“旅游＋互联网＋金融”两大创新发展模式，助推转型升级发展。

二是拥有海洋经济行业组织。盐田港为深圳市海洋产业协会会长单位，该协会拥有241家会员单位，涵盖海洋高端装备、海洋电子信息、海洋生物、邮轮游艇等行业。具有代表性的有研祥智能、中科院深圳先进技术研究院、中集集团、朗诚科技、华大水产、清华大学深圳研究生院、智慧海洋科技、海王药业、深圳湾游艇会等单位和院所，同时协会还吸收了一批中介机构，如新材料行业协会、电子行业协会、深圳市知识产权服务中心等。依托深海协会，搭建海洋领域科学研究、成果孵化、产业集群培育、人才培养的高端平台，吸引国内外海洋科技、产业、资本和管理力量，开展国内外经济技术交流合作，提高盐田区海洋国际竞争力。

（四）拥有港口航运、滨海旅游等企业集群及品牌价值

盐田区已形成海洋交通运输企业集聚、海洋生物医药快速发展的态势，打造

现代化、国际化、创新型滨海城区，实现陆海统筹和谐发展。在海洋交通运输业方面，港口物流是盐田区的重点支柱产业。依托世界级天然深水良港盐田港，盐田区建成了全国最大的临港物流仓储基地，盐田港后方陆域海洋交通运输业企业聚集，根据第一次全国海洋经济调查数据，盐田海洋交通运输企业有1185家，占全市的比重为31.3%，形成了仓储、运输、报关、通关、装卸、转运为一体的全链条港口物流运输体系。政策优势逐步释放，将进一步增强盐田航运服务的发展势能。综保区—海关—港口联动体系见图7-10。

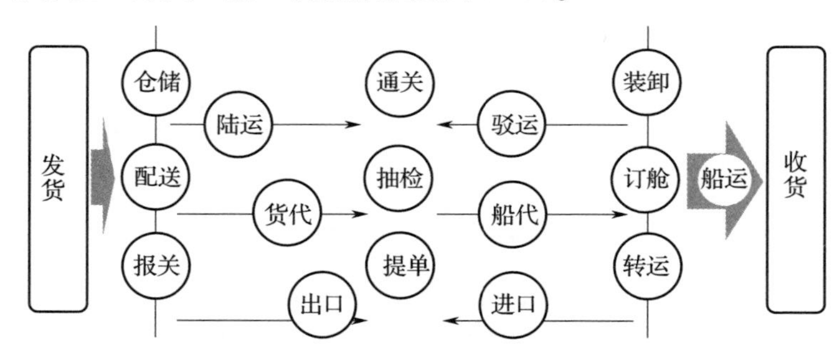

图7-10　综保区—海关—港口联动体系

资料来源：根据调研所得。

在滨海旅游方面，依托翡翠岛、东部华侨城等布局特色旅游购物街区，培育旅游消费发展增长极。围绕沙头角深港国际旅游消费合作区建设，大力实施“旅游+”和“+旅游”战略。大力推进旅游项目升级改造，包括大梅沙海滨公园及海滨栈道高标准修复重建、小梅沙片区整体更新改造、东部华侨城整体升级改造、小梅沙新海洋世界建设等。积极引导巴塞罗那电音节正式落户盐田，打造国际滨海音乐节庆品牌。滨海高端体育赛事精彩纷呈，成功举办2019年全国帆板锦标赛（gasstra级）、2019年世界杯国标舞和环球巨星公开赛等一系列高端体育赛事。

在海洋生物医药方面，随着全球生命科学研究取得一系列重大突破，生命健康产业即将成为新的全球性主导产业。据统计，截至2019年年底，盐田区生物生命领域创新载体共28家，占比为88%，是盐田区创新活力的主要来源。国家高新企业中，生物医药企业有10家，数量仅次于电子信息和高技术服务业。盐田区引进的高层次人才中80%为生命健康领域人才，2017年生命健康产业增加值增速为434.2%。

深圳以华大基因为代表的企业相继推出病毒检测产品，凭借检测快速、灵敏度高、特异性高、操作简单等优点迅速抢占国内外市场。华大基因等骨干企业的核心竞争优势，吸引了生命健康领域重大科研平台、重点实验室以及相关产品与服务的示范试点落户。依托大百汇生命健康产业园和深圳健康智谷，集聚更多上下游企业落户发展，包括安多福、海滨制药、凯特生物等在内的优质生物科技企业，逐渐形成规模大、专业化程度高、配套成熟的海洋生物产业集聚发展态势。深圳市海洋生物类创新载体见表 7－19。

表 7－19　深圳市海洋生物类创新载体

创新载体名称	类型	级别	主管部门	依托单位
深圳海洋生物多样性可持续利用重点实验室	重点实验室	市级	市科技创新委	香港城市大学深圳研究院
深圳海洋生物医用材料重点实验室	重点实验室	市级	市科技创新委	中国科学院深圳先进技术研究院
深圳市海洋生物基因组学重点实验室	重点实验室	市级	市科技创新委	华大基因研究院
深圳市海洋生物资源与生态环境重点实验室	重点实验室	市级	市科技创新委	深圳大学
深圳微藻生物能源工程实验室	工程实验室	市级	市发展改革委	哈尔滨工业大学深圳研究生院
深圳海洋藻类生物开发与应用工程实验室	工程实验室	市级	市发展改革委	深圳大学
深圳市海洋药物工程技术研究开发中心	工程中心	市级	市科技创新委	深圳海王药业有限公司
深圳市海滨制药有限公司技术中心	技术中心	市级	市经贸信息委	深圳市海滨制药有限公司
深圳市海洋生物公共技术服务平台	公共技术服务平台	市级	市科技创新委	大鹏新区海洋生物产业服务中心

资料来源：深圳市科技创新委员会。

（五）拥有综合保税区及深港跨界合作开放、制度创新优势

一是综合保税区改革创新优势。2019 年，国务院公布了《关于促进综合保税区高水平开放高质量发展的若干意见》，以将综合保税区建设成新时代全面深化改革开放的新高地为目标，制定了 21 条具体措施。盐田综合保税区是深圳市唯一的综合保税区，并且其管理权已经移交盐田区政府，为其发展注入新的动力。2020 年第一季度盐田综合保税区进出口贸易值位于全国第 14 位。要用足用好综保区“21 条”，畅通通关环境，促进保税研发、保税租赁、再制造业等“保税 +”高

端业态集聚发展，壮大 MCC 国际中转业务①。2020 年第一季度进出口贸易值超百亿元综合保税区见表 7－20。

表 7－20　2020 年第一季度进出口贸易值超百亿元综合保税区

排序	综合保税区名称	进出口贸易值（亿元）
1	成都高新综合保税区	1078.36
2	昆山综合保税区	619.82
3	新郑综合保税区	610.81
4	重庆西永综合保税区	518.56
5	无锡高新综合保税区	358.51
6	上海松江综合保税区	342.77
7	苏州工业园综合保税区	312.07
8	西安高新综合保税区	223.71
9	苏州高新技术产业开发区综合保税区	203.04
10	上海金桥综合保税区	167.61
11	广西凭祥综合保税区	158.57
12	上海浦东机场综合保税区	149.60
13	北京天竺综合保税区	145.64
14	盐田综合保税区	143.69

资料来源：海关总署。

二是深港跨界海洋经济合作优势。盐田与中国香港合作源远流长，一大批优秀港资企业在盐田扎根发展。随着粤港澳大湾区战略的实施，盐田国际大港和口岸的战略通道优势将进一步显现，盐田港通过国际航线与世界联通，沙头角口岸升级改造，梅沙旅游专用口岸将恢复使用，盐田作为深港合作的桥梁纽带作用进一步增强，在产业、政策、空间等多个层面大胆探索、先行先试，充分挖掘盐田与中国香港在航运服务、海洋金融、海洋旅游、海洋文化等领域的深层次合作需求，吸引海洋高端要素资源集聚，打造辐射、引领深圳东部海洋经济发展的综合

① 多国集拼（Muti-Country Consolidation，即 MCC）物流模式是衡量港口国际化程度的一项重要指标。MCC 国际中转集拼分拨中心物流公司按照梅沙海关积极拓展 MCC 创新业务的要求，完成了 21 号仓 MCC 业务监管所需的工程改造，并按预定计划高质高效启动运行“MCC 盐田”模式。

服务枢纽，促进海洋经济发展提质增效。

二、定位目标与产业方向

（一）角色定位

借力“双区驱动”，充分挖掘和利用盐田海洋资源禀赋和优势产业基础，以港为基，以海为魂，以产为体，对标全球海事之都，依托世界级港口资源，引入国家级科研平台，大力发展海洋现代服务业和海洋高科技产业，推动港产城、文旅体融合创新发展，率先打造滨海城区可持续发展样板，建成海洋经济发达、海洋文化突出、海洋环境优美的现代化、国际化、创新型滨海城区，为全球海洋中心城市建设提供核心支撑。

1. 国际航运枢纽建设核心承载区

强化盐田港在全球航运大船化趋势中枢纽港的战略地位，以建设粤港澳自由贸易组合港为目标，创新发展航运金融、保险、信息等海洋高端服务业，打造智能化水平高、服务完善、竞争优势强的智慧航运服务中心，完善国际航运中心产业体系，加强对高端航运服务业人才的教育和培养，助力深圳提升国际枢纽港的地位。

2. 海洋高科技产业创新示范区

立足盐田现实，着眼海洋未来，在海洋产业、政策、空间等多个层面大胆探索、先行先试，吸引海洋创新要素资源集聚，积极扶持和发展各类海洋新兴产业，聚焦产业链核心环节，打造海洋新兴产业高地，为深圳海洋产业向全球高端价值链迈进，构建高端引领、协同发展、特色突出、绿色低碳的开放型、创新型海洋产业体系贡献盐田力量。

3. 全域全季海洋文旅休闲区

引入世界级滨海旅游运营主体，打造一系列标杆海洋旅游项目，策划内涵丰富的海洋文化主题节事活动，建设海洋城市地标、海洋公共文化设施，构建历史与现代融合、科技与人文彰显、更具特色和内涵丰富的滨海文化空间载体，着力提升旅游发展全域化、旅游供给全季化、旅游服务精细化水平，形成具有盐田特色的“全域+全季”海洋文旅产业新模式，打造景区、城区、产业区“三区融合”的世界级滨海休闲生态旅游目的地。

4. 粤港澳海洋经济合作先行区

以陆促海、以海带陆，充分挖掘深圳及东部地区与中国香港在航运服务、海洋金融、海洋旅游、海洋文化等领域的深层次合作需求，加快推动沙头角深港国际旅游消费合作区规划建设，加快梅沙客运码头口岸恢复等工作，开设粤港澳“一程多站”海上通航游线，争取将盐田打造成粤港澳大湾区海洋经济合作先行区及深港互利合作、共同发展的区域范例。

（二）发展目标

到2025年，一批重大涉海标志性项目建成并投入使用，海洋科技创新要素集聚，海洋产业集聚态势初显，现代海洋公共文化设施完备，海陆生态系统可持续发展，成为海洋经济的新增长点，建成海陆联动、产城融合、宜业宜游、生态宜居、智慧高效的湾区蓝色新城，成为全球海洋中心城市的核心标杆和先锋范例。

1. 海洋主导产业

第一，港口航运。发展集装箱运输和现代物流，加快智慧港口建设，推动港口转型升级、提质增效和可持续发展。

集装箱运输。发展集装箱运输，形成规模化、专业化港区，构建功能完善、运作高效的集装箱转运中心和综合运输枢纽。

智慧港口。加强港口智能化、信息化建设，提升港口码头关键设备的自动化、智能化水平，打造港口集装箱数据云服务平台。

现代物流。大力发展保税物流、国际中转集拼、进口分拨配送，形成与国际市场接轨的港口物流网络体系，打造国际供应链管理中心。

航运信息。充分利用现代信息技术，建立航运市场监测和风险预警机制，为货物贸易、服务贸易、电子商务等提供信息服务。

第二，全域海洋旅游。

滨海公园。规划建设滨海公园、湿地公园、产业社区公园等，满足游客及从业人员的游览、观赏、休憩等需求。

商业综合体。重点打造商业综合体，建设滨水商业街，完善旅游住宿、文化服务、旅游管理等配套服务。

2. 海洋高新技术

第一，海洋生物医药。推进海洋生物新技术、新产品产业化，建立海洋生物和药物资源样品库。支持高附加值的海洋生物营养品、功能食品、保健品和新型营养源的开发生产。鼓励海洋医用材料、创伤修复产品的研发及产业化。重点开发抗肿瘤、抗感染、抗病毒以及治疗心脑血管疾病、神经系统疾病、糖尿病、老年性疾病的海洋药物。

第二，海洋信息大数据。推动海洋信息技术与制造业、服务业深度融合，培育海洋大数据、海洋卫星通信、船舶电子、海洋探测仪器设备等产业。积极推进大数据处理技术研究，支持海洋大数据平台设计和研发，开展海洋大数据信息服务，提出海洋管控、海洋开发等方面的整体解决方案。

第三，海洋新能源。瞄准国际海洋可再生能源先进技术和发展趋势，结合深圳相关研发基础，开展天然气水合物、波浪能等关键技术和设备的研发和设计，培育具有自主知识产权的海洋可再生能源产业体系。

第四，深海科技。

依托国家深海科考中心规划建设，聚焦深潜器关键技术和装备、海底作业机器人、海洋矿产勘探技术和装备等产业链，引进龙头项目，建立海洋高端装备核心配件制造研发基地。

发展载人深潜器、无人潜水器等水下探测装备的研发设计。围绕水下探测和水下作业需求，突破水下探测与开发核心技术，提高水下探测装备自主研发能力。

3. 海洋现代服务

第一，海洋科技服务。

海洋科技服务。发展海洋科技研发服务、科技成果转化应用交易服务、海洋科技交流与推广服务等，构建海洋科技服务体系。

海洋专业服务。发展海洋咨询服务、海洋工程技术服务、海洋专业技术服务等，引进国际海洋管理机构、海洋行业组织等。

第二，海洋金融。

航运金融。加强与中国香港的合作，发展多样化、专业化离岸金融、船舶融资租赁、航运保险、航运衍生品交易等航运金融业务。

航运交易。开展船舶买卖、船舶租赁等，发展船舶交易、运价交易、运力交易等航运交易业务。

第三，总部经济。

整合海洋产业领域资源，积极发展海洋特色金融服务、海洋信息服务、海洋专业服务等，培育和引进一批涉海总部企业，打造具有国际竞争力的蓝色经济总部集群。

三、空间布局

构建“一带四区”海洋产业空间布局，即大鹏湾蓝色海洋经济带、国际航运枢纽建设核心承载区、粤港澳海洋经济合作区、海洋高科技产业创新示范区、全域全季海洋文旅休闲区。依托大鹏湾蓝色海洋经济带，沿滨海岸线布局海洋文化旅游、海洋交通运输、海洋科技产业核心优质项目，突出港口航运枢纽、海洋科技产业、海洋文旅休闲、海洋开放合作功能区建设，构建盐田海洋重点项目布局和海洋经济发展新格局。结合盐田产业布局和未来潜力空间，提升招商引资效能，以单位土地投资和单位土地产出为导向，提高单位土地生产效率，强力推进小梅沙整体改造、盐田河临港产业带、太平洋工业区等项目建设，加快启动田心工业区、盐田旧墟镇等项目，推动资源错配、用途错位的土地转化为产业用地，为海洋经济高质量可持续发展提供空间保障。

四、实施策略

（一）港城再造，加快构建国际航运枢纽港

1. 巩固世界级集装箱枢纽港地位

一是大力拓展国际中转集拼业务。加快发展以国际班轮航线为依托的国际中转模式，推动多式联运试点，助力深圳建设“国际中转港”。支持“MCC 盐田”业务试运行工作，尽快开放运行已通过测试、条件成熟的中转集拼分拨业务模式。积极引进国际一流的中转集拼企业（如 Awards、Shipco 等船代公司）和国际采购、供应链金融企业入驻，对进一步开展国际中转集拼业务提供支持。对标中国香港通过国际中转和集拼将物流价值链做大做强，发展多国集拼、国际中转与转口贸易、国际采购、国际分拨配送、保税展示与交易、多式联运等产业，促进集装箱拆集拼、综合处理与货物采购、分拨、分销、配送等业务的联动，探索港口产业发展的多元化。搭建国际中转集拼综合信息服务平台，打造集“出口集拼、进口集拆、提货配送、国际中转、操作代理、增值服务”为一体的公共物流服务平台，实现快速中转集拼。设立国际转运集拼监管中心，对集拼货物实行闭合式、信息化、集约化管理，对大型集装箱航运企业、国际货代企业按中转量给予补贴，做大做强国际中转业务。

二是加强港口基础设施建设。加快推进盐田港东作业区建设，建设超大型集装箱深水泊位，协调东港区集装箱码头项目整体申报工作，规划建设 20

万吨级及以上的集装箱泊位，加快建设全球领先的自动化码头。编制《盐田港国家物流枢纽建设方案》，争取纳入国家物流枢纽年度建设名单。加快盐田港拖车综合服务中心、明珠道改造、盐港东立交等项目进度，加快推进平盐铁路改扩建、盐田港多式联运示范工程等的建设，推动在更大范围内布局更多海铁联运一体化内陆港，强化与广州铁路集团公司和中国铁路总公司的合作，拓展海铁联运范围，提升海铁联运的设施建设和运营效率。鼓励建设独立专用、大运量的地下集装箱轨道物流系统，实现盐田港与内陆港的快速联系，为盐田港口与城市功能腾出高效及高价值的建设空间，解决盐田区港城空间资源矛盾。

2. 强化高端航运服务业引领功能

一是集聚高端航运服务要素。借鉴伦敦国际航运中心建设经验，支持航运法律服务业发展，加强海事法律业态集聚，鼓励法律服务机构开展国际交流，拓展航运法律服务领域，为航运机构和相关企业提供专业的航运法律服务。建立与国际接轨的航运经纪规则，支持发展专业航运经纪公司。充分发挥盐田港国际物流信息服务平台的作用，着重围绕船舶买卖政策、船舶运价、航运风险、船舶检测等方向，积极整合盐田港航运交易信息，将云计算、大数据与航运交易进行创新性融合。积极引进专业性较强的第三方航运咨询机构办事处，推动航运咨询市场化，利用互联网、大数据整合航运市场数据，建设涵盖各类基础数据的大而全的航运市场数据局。

二是大力发展航运金融保险。推动建立航运企业与金融机构信息交流平台，加快产品设计开发运用和产品许可，推动航运业务资本化。探索建设国际航运金融及物流服务数字平台，研究设立航运金融联合实验室和盐田航运交易所，推进港口贸易、金融、物流、码头等一体化发展。积极引导航运金融机构入驻盐田港后方陆域，鼓励利用企业现有线上平台或线下资源开展航运金融合作，同时，对航运金融产品的研发、市场推广、技术升级给予支持，创新航运金融产品及其衍生品。促进航运金融发展，联合航运相关企业、金融机构设立与航运相关的航运产业基金、船舶产业基金、航运新能源基金等，为盐田航运服务中心建设提供金融支撑。设立国际航运保险仲裁快速理赔服务中心，为国际船舶提供便捷、高效的保险理赔和追偿服务。探索航运保险产品注册制，扩大航运保险业务规模，支持具有专业能力的航运保险营运、航运保险经纪、保险公估、海损理算等机构落户。

三是培育本土航运专业人才。打造国际一流的海员服务业集聚区，探索建立海员权益保障中心、海员人才交流中心、国际海员评估中心，支持在港口建设海员福利设施。试点允许境外船东或船舶管理公司设立船员职业培训机构，引进国际先进培训理念和培训模式。开展航运高端人才与船员培训业务，为国内航运人才服务机构和航运企业提供行业综合资讯、航运人才资源、薪酬指数等专业人力资源服务。设立劳务外派服务机构，扩大船员劳务对外输出，开展船员职业档案集中备案，为港航企业招聘人才和航运人才求职提供服务。争取将深圳海员工会设立在盐田，业务接受广东省海员工会的指导，有利于推动政府、企业、海员三方机制的建立。鼓励中外合作开办开放式航运学院，开展跨专业、复合型高级航运人才的教育和培养，探索建设国际海事人才培训基地。海洋交通运输产业链如图7－11。盐田区适宜发展的高端航运服务业见表7－21。

图7－11　海洋交通运输产业链

资料来源：根据调研所得。

表7－21　盐田区适宜发展的高端航运服务业

行业	服务领域	发展指数
航运教育	航运及海事人才培训、行业交流	★★★★★
航运经纪	船舶买卖、船舶租赁	★★★★★
航运交易	航运信息咨询，船舶注册、登记	★★★★
航运金融	船舶及设备融资、贸易融资、应收账款融资、存货融资、运费托收和结算等	★★★★
船舶管理	资产管理、人员招聘	★★★
航运保险	海事保险理赔、海损估算、船舶保险、货物保险	★★★
仲裁公证	海事法律咨询、海事仲裁、船舶检验	★★

资料来源：根据调研所得。

3. 推动港口物流业产业模式创新

一是规划建设智慧物流综合体。以发展智能化、集约化和低碳化的物流业为重点，引导现代物流业的发展。探索开展仓储物流技术标准规范、分拣配送标准化操作等的研究，依托盐田港智能化仓储管理系统，整合三维仿真建模、智能化虚拟仓库、“区域链物联网”等技术，实现协同配送、设备共享。结合国际分销平台培育新的业务增长点，打造智能物流示范区和物流综合体集聚区。依托中建投、嘉里物流等龙头企业，从传统物流向供应链策划、供应链金融、物流规划与咨询管理等方向发展，培育壮大现代物流总部集群。重点推进供应链和物流企业申请海关高级国际认证——AEO 认证，建立完善的贸易安全管理体系。

二是推动保税物流业态创新。用足用好综保区“21 条”，支持盐田综合保税区发展平行进口汽车、跨境电商、保税展示、食品交易等新业态。引导企业充分发挥“保税＋实体新零售”保税展示交易政策功能，应用保税存储、集中申报、销售后交税等政策和便利措施，打造临港商业街区，优化区域慢行系统，应用“保税＋社区新零售＋前店后仓”模式重点推进精茂城国际商贸 O2O（线上到线下）生态园建设，打造集仓储、展示、交易、配送、金融于一体的“保税展示＋跨境电商＋直购直销”运营模式，培育跨境电商新业态。大力引导跨境电商总部、运营中心、支付决算中心、金融服务中心入驻综保区，打造专业运营与结算中心，提供金融、物流、咨询、外汇结算、产业孵化等综合服务。

三是大力完善冷链物流产业链。积极探索打造进口食品交易中心，发展鲜活水产品、冻肉等进口业务，全力推动盐田区打造完整的冷链进口产业链。依托瑞源冷链、保惠冷链等冷链物流企业，建立水果、冷冻肉等进口冷链消费品线上交易市场，构建线上网络平台，搭建线下展示柜。建设自动化立体仓库，为深圳市食品、冷冻肉、农副产品、药品等提供冷冻、冷藏等仓储服务，完善冷冻食品物流安全追溯体系。围绕干线运输、城市配送、生鲜电商等领域，搭建“天网＋地网”（天网即大数据信息化网络，地网即干线网络、冷库网、区域＋城配网）的冷链物流配送模式，建立高效的冷链配送体系，打造港口冷链物流中心、冷链物流中转基地和辐射华南地区的冷链物流分拨基地。

4. 战略谋划港城区空间创新利用

一是推动西港区综合城市功能改造提升。随着粤港澳大湾区港口功能整合、盐田港港口功能转型升级进程的加快，尤其是东港区建成运营后，西港区有条件通过弹性空间机制，为未来建设发展预留空间，实现升级转型、可持续发展，高标准打造具备一流服务职能的城市综合发展片区。基于区域职能定位，未来西港区将成为盐田“东部滨海地区综合性服务中心”“海洋科技创新的集聚地”“离岸商贸中心”的重要战略支撑平台，引入相关港口金融、物流总部、新型产业等，促进港口功能多元化发展，为海洋产业提供完善的服务保障，成为全球海洋中心城市建设的重要引擎。

专 栏

汉堡港口码头转型升级

德国汉堡港口是欧洲第二大港口，有100多年的历史。港口新城位于汉堡市郊区、易北河的南岸。2000年以来，汉堡市政府重新对这一区域进行整体规划，打造港口新城。在港口新城建设之前，易北河畔的旧港口遍布着半废弃的码头和仓库建筑。另一个城市更新项目是海港城——一个从1997年开始启动，预计到2025年全部建成的欧洲最大的城市更新项目。

以稳定而持续的总体规划作为统领。汉堡港口新城是最有特色的滨水项目和新城市中心区项目之一，汉堡港口新城的开发建设始终坚持规划主导，规划理念先进，且实施办法具有现实可操作性。港口新城占地面积为157万平方米，其中陆地面积为126万平方米。根据概念性规划，港口新城将融合居住、办公、文化、休闲、商业和旅游几种不同功能，打破了内城单一的商务和购物区的格局；将现代都市的面貌回归到“汉堡市中心”的范畴中，使汉堡城区面积扩大40%。港口新城通过彻底开发，成功地将一个曾经具有重要地位的汉堡港区转化成新的核心城区，不仅将汉堡市的范围扩展到了易北河边，还形成了新的都市风格，并在城市中心创造了新的滨水环境。

分片区逐步开发。新城的开发从西向东逐步推进，分西、中、东3个片区，共10个板块。单个板块一般开发量为建筑面积10万~20万平方米，每个板块的开发时间一般在5~8年，总开发周期约为25年。逐步开发缓和了资金压力，也迎合了开发商的需要，促进了功能的混合。

产城高度融合。港口新城打破了市中心单一的商务和购物区格局，可以同时实现居住、零售、餐饮、商务、休闲、旅游、文化等混合功能。港口新城2/3的项目必须满足办公、居住和公众使用3个功能，在实践中，更新的各板块富有各自的特色和主题，且均有标志性建筑，既是板块形象代表，又是区域功能体现。在汉堡港口的产业和经济变得多样化的同时，地方经济对港口本身的依赖性逐渐减弱。汉堡没有随着城市转型而完全“去工业化”，而是实现了从码头服务、集装箱堆场、仓储服务等下游产业到航运融资、海事保险、航运专业机构等上游产业的迈进。

水陆相互交融。港口新城并不采用堤坝围水，即水陆之间没有阻隔，只是码头或河岸林荫道的规划地势高出平均海平面8～9米。这种人工增高地势的方案使原有的港口和工业区域形成一种新的独特地貌，保持了进出水域的便利性以及港口特有的环境，同时也起到有效防洪的作用。

二是打造东港区智慧港口示范工程。探索发展新兴物流业态，加快智能物流园区建设，做大做强国际中转集拼业务，建设国际海洋商品交易中心。推进盐田港智慧港口人工智能实验室和5G智慧港区建设，完善港口集疏运体系建设，推进盐田港区东作业区3个20万吨级全自动化集装箱泊位建设。建设智能导助航、传感、时空信息数据交换等设施，开展航道、导助航、水文、船舶流量等数据的收集和分析，开发智能航道管理系统，推动智慧航道建设。通过智能监管、智能服务、自动装卸等形式，提升盐田港口物流交通及空间利用效率。支持推进提柜单信息化平台、拖车互助网平台、大后方陆运管理服务平台等多个企业第三方物流信息平台的协同管理与信息整合。吸引境内外资本参与航运科技创新，推动航运物流等领域智能化发展，巩固盐田港“国际大港”地位。

三是释放港口后方陆域产业空间。盐田土地性质多为物流用地，随着通关便利化程度提高，港区的仓储功能逐渐被削弱，物流用地大量闲置且使用受限，亟需转型升级，释放港口后方陆域空间。现通过城市更新预计可提供500万平方米产业空间，其中商业办公建筑为225万平方米，生产研发及配套建筑为275万平方米。城市更新统筹规划可快速推进一批中小规模产业项目更新，为海洋产业发展提供空间载体，实现港城融合，打造后方陆域产业新平台。

（二）创新引领，激活海洋战略性新兴产业平台

1. 积极建设国家级海洋科技创新平台

积极争取国家海洋技术中心支持，在盐田建设国家海洋技术研究院，在海洋卫星遥感定标检验、海洋无线电管理、海洋观测监测监视及海洋可再生能源利用技术创新等领域探索产业化示范，打造产学研一体化的海洋创新引擎。积极争取国家深海科考中心在盐田建设配套保障基地，立足南海，建成面向深海科研、深海开发、深海安全保障的国家级多功能平台，推动海洋领域军民融合。推动大连

海事大学“船舶导航系统国家工程研究中心”在深圳设立分中心，与中兵集团、国家海洋预报中心、盐田港集团等合作，通过开展北斗全面替代GPS在船舶导航系统领域的应用，全面研发依托北斗系统的船舶导航设备，研发《珠江电子航道图及移动终端（APP)》并在大湾区推广应用。依托上海交通大学深圳研究院智慧海洋研究中心和科技成果转化中心，推动设立“海洋工程国家重点实验室”深圳分实验室，开展智慧海洋工程技术研发和成果转化。

2. 搭建海洋高科技产业创新孵化载体

一是推动盐田建设涉海重大科技新型基础设施，促进科技资源在盐田集聚、开放和共享，加快搭建海洋产学研集聚平台和孵化推广中心，形成共建共享、互联协作的开放运营模式，构建海洋“基础研究+技术攻关+成果产业化+科技金融+科技人才”全过程创新生态链。

做大做强生命健康科技产业载体。依托华大基因等骨干企业核心优势和大百汇生命健康产业园及健康智谷的平台作用，充分利用基因中心，强化基因科技和生物医药产业聚集优势，打造国际领先的海洋生物医药产业集群，构造生命健康产业生态圈。抓住海洋药物和海洋生物制品的研究与产业化趋势，依托深圳健康智谷，建立“海洋生物医药创新发展中心”标准化研发和检测基地。在海洋生物医药及相关领域深化深港合作，争取得到国家在生物产业发展政策和评审机构设立等方面的支持。依托华大创享空间、蓝色彩虹孵化器和创新创业大赛，发掘、培养海洋生物医药领域优质创业团队和领军人。

二是打造综合保税区海洋研发创新平台。发挥综合保税区的政策优势，围绕海洋电子信息和智能高端设备开展全球维修和再制造业务，着力引进海洋高技术仪器设备的检测维修业务，对产业链中关联度高的企业实施整体监管、全程保税的新型业务模式，形成维修检测产业聚集。支持保税港区内企业以有形料件、试剂、耗材及样品等开展研发业务，便利企业申报方式，降低企业研发成本。同时，推动新一代信息技术、物联网、大数据等技术手段与传统海洋产业加速结合，加大研发投入，促进产业链条向研发、高端制造等环节延伸。与国际生物谷生物医药和海洋产业联动，重点发展关键设备、技术和高端材料进口保税需求较大的产品研发、小试、技术服务业务，积极培育一批具有国际竞争力的海洋保税、制造龙头企业与潜力企业。

三是布局若干重大海洋创新载体。支持龙头企业与科研院所联合打造海工装备、智慧海洋、海洋新材料等共性技术平台。支持智能海洋工程装备研发中心建设，突破水下机器人、智能无人船艇等高端智能装备的关键技术。联合港澳海洋科技资源，在海洋高端装备、深水资源探采等领域布局联合实验室、省和国家实验室。鼓励企业与高校、科研院所开展深度产学研合作，建立开放高效、专业化水平高的大数据开发创新平台，开展现代渔业信息、海洋医药、海洋遥感、滨海旅游、海洋安全等方面的大数据研究和科技成果转化。以生命健康、医药、基因检测为主，协同推进孵化器和中试基地建设，着力打造行业关键共性技术研发平台、海洋信息成果高效转化平台。

3. 超前布局全球海洋未来产业新领域

一是智慧集装箱。探索建设智慧集装箱大数据中心、智慧集装箱运输规划人工智能系统、智慧集装箱运力交易平台、全程提单交易平台、衍生服务交易市场，探索智慧集装箱运输标准、检验、认证、管理、运营、金融、保险、法律等方面的高端服务，集聚智慧集装箱产业和高端服务业资源，争取国际定价权。依托盐田港集团等龙头企业，合作组织全球智慧集装箱运输的全程承运。成立智慧集装箱研究平台，研究智慧集装箱产业、贸易和运输体系创新和建设方案，研究智慧集装箱时代国际贸易和运输体系的核心运营载体和功能平台，探索智慧集装箱产业技术标准制定和技术方案设计。

二是新型海洋生物制品。加强海洋生物功能活性物质研究，开发高附加值的海洋生物营养品、功能食品、保健品和新型营养源，开展海洋医用材料、创伤修复产品的研发，促进绿色、安全、高效的新型海洋生物功能制品产业化。主要包括：海洋功能食品，海洋新资源食品和特膳食品；药物酶、工具酶、工业用酶、饲料用酶等海洋特色酶制剂产品；微生态制剂、饲料添加剂和高效生物肥料等绿色农用制品；海洋生物基因工程制品、海洋极端环境生物制品、海洋生物新化合物制品等新型生物功能制品。

三是蓝色碳汇。积极参与国际碳金融市场竞争与合作，探索制定国际海洋碳汇评估标准和方法体系，开展海洋碳汇交易试点，率先掌握海洋碳汇经济发展主动权。开展海洋碳汇专项调查，建立海洋碳汇计量监测体系框架，实现对典型海洋生态系统碳储量及碳汇动态的科学监测和分析，并建立海洋碳汇数据库，探索符合国际国内交易规则的海洋碳汇交易模式。积极开展海洋碳汇技术研发，结合当代生物科技、信息技术和新材料科技等先进科学技术，鼓励企业在海洋碳汇、碳汇渔业等领域进行核心技术和关键技术攻关。

四是蓝色债券。蓝色债券是近年来国际上兴起的一种新型海洋投融资工具，旨在通过公募、私募的方式向投资者筹集资金，专门用于蓝色经济、海洋可持续发展等领域。作为公共治理的补充手段，蓝色债券有助于缓解公共资金供给压力。要加强政策引导，撬动私营部门的资金，将捐赠基金、税费、资源许可或使用费用等公共资金作为重要项目的担保金，探索把长效担保基金作为一种投资杠杆。探索蓝色债券标准制定，充分利用现有绿色债券标准制定蓝色债券标准基本框架，例如2015年气候债券倡议组织发布的《气候债券标准》、2016年国际资本市场协会发布的《绿色债券原则》等。借鉴绿色债券评估机制，通过独立的第三方机构等对海洋可持续发展水平进行信用评级，量化海洋生态环境对信用等级的影响。

4. 建设深圳海洋总部经济产业综合体

一是积极发展海洋航运总部经济。充分发挥海上丝绸之路和深圳港作为粤港澳大湾区核心枢纽的作用，依托盐田港丰富的港口资源与航线资源，重点引进航运管理机构、航运企业总部或地区性总部。大力吸引国际班轮公司地区性总部或操作中心落户盐田，鼓励开辟新的国际集装箱班轮航线、内支线。积极与国际海洋组织如船级社等建立长期合作，吸引一批“一带一路”沿线国家和地区航运、金融企业总部落户盐田。努力形成海洋总部企业集群、涉海产业总部经济集群，与深圳东部地区形成“总部 + 基地”的外溢发展模式，辐射带动东莞、惠州等地海洋经济快速发展，提升盐田海洋经济发展的区域优势。

二是打造海洋科技企业产业橱窗。依托翡翠岛及城市更新产业旗舰项目，立足深圳东部区域成长型的海洋电子、海洋设备、海洋生物医药等科技中小企业的办公物业需求，积极采用集约高效的办公空间设计，为海洋中小企业研发设计、品牌策划、营销策划、财务结算等部门提供集中式的综合办公空间，将其打造成海洋中小企业展示企业形象、进行企业品牌推介的窗口和平台，形成海洋中小企业总部基地。

三是完善涉海企业金融创新环境。培育以产业金融为核心的金融服务体系，积极引进各类金融机构业务总部、营运总部、产品创新总部，推进海洋基金落地，构建全过程科技创新生态链。建设粤港澳海洋技术转移及成果转化中心，吸引海洋机构、相关服务配套企业聚集，为涉海企业、项目团队提供前期创业辅导、资金支持、技术管理、法律咨询等一条龙服务，打造大湾区专业、系统、集中的创业生态社区和综合服务平台。加快构建知识产权等智力资产评估机构、海洋高技术产业投资服务机构和中小企业担保中心等海洋科技中介服务体系。市区共建国家级海洋资源交易服务中心，促进科研成果转化。积极推动设立集海洋资产流转交易、海洋科技成果转化交易和海洋企业（产权）交易等平台于一体的海洋产权交易中心。

四是探索海洋企业集聚政策试点。创造适合海洋企业的总部经济环境，充分利用以商招商和已有项目载体，加快完善区域总部企业扶持政策，在总部认定、财政扶持、融资服务等方面提供一系列完善的配套政策。依法实施最严格的知识产权保护，大力支持企业开展品牌建设和标准制定，打通知识产权创造、运用、保护、管理、服务全链条，多维度发展创新空间。加快完善吸引总部企业的配套服务和办公、居住环境。重视优化商务环境和营造优美城市生态与人居环境，充分满足产业带内企业及高端人才的配套服务需求。

5. 谋划建设海洋产业高层次人才基地

加强高层次高技能人才引进，建立海外海洋人才公开招聘和评价准入制度，积极引进海洋高新技术、海洋金融、航运等方面的高层次人才；制定外籍海洋人才职业紧缺清单，依据需求动态调整。加强人才培养载体建设，推动创建大湾区深港博士后海洋实践基地，为企业持续输送优质科研人才。建立人才数据联动共享机制，借助智能化手段绘制盐田海洋人才画像，精准把握海洋人才群体特征，提炼紧缺海洋人才类型，定期编制和发布盐田外籍紧缺人才职业清单，建立人才数据信息共享机制，为分类精准开展人才服务创造条件，为全市招才引智、人才评价、人力资源开发等提供数据支持。

（三）文旅复兴，重塑全域全季海洋文旅品牌高地

1. 打造大湾区海洋文旅产业标杆

按照国际一流标准完成大梅沙海滨公园重建，加快推进大梅沙滨海文旅小镇、小梅沙世界级都市型滨海旅游度假区、东部华侨城改造等重大项目建设，打造滨海地标建筑，积极争取大梅沙、小梅沙纳入国家级旅游度假区范围，建设粤港澳大湾区的新旅游地标。

一是推动小梅沙升级。对标全球领先者，布局休闲度假、商贸会务、精品会展、健康管理、水上运动等产业形态，建设屏山面海的步行廊道，探索陆海空间统筹、生态保育以及海洋旅游开发的新范式。加快小梅沙土地征拆进度，先期建设世界顶级海洋主题公园。将小梅沙建成以“拥抱海洋，梅沙小镇”为主题，以海洋文化为核心，集旅、居、业于一体的世界级滨海乐活小镇。

二是高标准改造大梅沙海滨公园。将大梅沙海滨公园建成风沙水沙的游乐场，以国际一流标准推进大梅沙海滨公园、海滨栈道重建工作，使得公园功能多样化，提高防灾防潮能力，增强公园维护的可持续性，最终实现公园与城市相融互连，重塑多层次公园，演绎风沙水沙自然之力，激活海滨休闲动感体验。

三是建设渔人码头（都市渔港）文化地标。依托海鲜食街的品牌基础，加

强盐田旧墟镇与翡翠岛周边片区的整体规划、设计，通过重新进行文化包装，发展海产批发、零售业务，形成海产品观光交易市场，建设一个集饮食、购物、休闲、观光于一体的具有海洋文化特色的滨海渔港风情小镇。

四是打造半山公园带“山—海—城”融合典范。将半山公园带、防火巡逻道、大小梅沙、滨海栈道串起来，充分利用山海资源优势及现状条件，打造正坑公园、沙头角郊野公园、鸳鸯谷公园、盐运古道公园、菠萝山文化海角公园、梅沙湾公园6个公园，以节点建设带动公园带山海结合整体建设，通过精心谋划，为山海资源注入文化内涵。打造“港式街区＋城市客厅＋美丽港湾＋度假海岸＋滨海小镇”的串联游线，形成集观景、休闲、娱乐、运动、购物、展会、美食、艺术、科教、生态等于一体的滨海旅游景观带。

专 栏

国外码头、渔港转型升级发展经验

美国旧金山渔人码头

旧金山渔人码头兼具渔业生产与观光游憩功能，是世界上最知名的渔港之一，是美国西海岸最大的商业鱼类加工商和分销商聚集地，每年上岸渔获量约为1500吨，渔获物价值超过600万美元，渔获物主要包括鲑鱼、螃蟹、长鳍金枪鱼、鲱鱼等。45号与47号码头主要功能是为商业渔船提供停泊服务、燃料和补给品。周边娱乐游憩设施包括海滩、公园、购物街、游艇码头等。

渔人码头地区规划目标：恢复和扩大渔港，创造缤纷活跃的商业生活氛围，用各种活动吸引世界各地的游客，并吸引更多旧金山本地人参与活动，改善公众参与和流通程度。

传统渔港之转型——直销鱼市场。渔人码头先后建成45号码头与海德街渔港，该港口为渔民码头的商业渔船提供泊位。港口也提供燃料、冰和其他补给品。

周边观光资源活用。滨水区规划加强了历史捕鱼活动和游客服务活动的协同作用，沙滩、离岛游览（恶魔岛）、购物街、博物馆、美食餐厅、水族馆、历史建筑、公园、自然生态景观（海狮观赏），使码头成为美国最吸引游客的景点之一。

日本神户垂水渔港

垂水渔港位于关西地区兵库县的神户市垂水区，渔港区西侧配合游憩发展兴建游艇停泊码头，设置人工沙滩、渔业教育文化等设施。

功能设施：舞子海水浴场；神户 Fisharina；水产体验学习馆；南欧风格大型商场；海洋牧场；休憩广场；绿地；水产会馆；神户市渔业协会；水产品销售部；

第一综合水产加工厂；第二综合水产加工厂；水产品简易加工处理设施；冷冻冷藏库；加油设施；海苔种苗生产设施；活鱼陆扬设施；渔港道路；制冰储冰设施。

神户垂水渔港空间上实现传统作业和拓展区软分离，在业态上实现全产业融合发展，在协调渔业各功能发展的同时实现产业链向高端发展。

2. 探索邮轮游艇陆海联动新模式

一是建设翡翠岛游艇产业基地。在翡翠岛广场商业项目近岸规划建设亲水坡道和岸上配套设施，大力推动游艇设计、展示、交易、金融保险、维修保养、培训等产业的发展。开展“海上＋岸上”游艇旅游线路设计，面向高端消费群体，开发游艇商务交际、游艇婚庆摄影、游艇旅拍、游艇庆生、游艇派对、游艇海钓等高端游艇休闲产品。

二是探索东部邮轮游艇旅游互联互通。探索建设国际游艇旅游自由港，规划与自由港相匹配的游艇产业现代服务园区和预留产业配套用地。推行游艇航行水域负面清单制度，放宽游艇出入境管制，简化口岸进出手续，降低游艇交易费用，推动建立粤港澳大湾区游艇“一船多港”自由行模式。面向青年客群开发邮轮蜜月旅行产品、邮轮修学旅行产品，面向中老年客群，开发邮轮海上康养产品、邮轮海洋度假产品等高端游轮休闲产品。

3. 建设大鹏湾都市海洋运动中心

升级大梅沙水上运动中心，建设成功能完善、特色鲜明的海洋体育中心，成为深圳乃至全国范围内的海上运动中心基地。打造海洋体育赛事训练基地，积极申办海岸赛艇高端赛事。积极推动海洋方面赛事运用5G等实现线上线下结合，与电竞虚实结合，制定相关赛事标准。建设海洋体育运动产业基地，吸引海洋体育企业落户盐田，延伸海洋休闲运动产业链，引进国际海洋休闲运动展会，继续办好世界杯国标舞和环球巨星公开赛暨CEFA国标舞全国锦标赛等活动。发挥品牌体育赛事的带动效应，建设海洋体育休闲旅游基地，大力发展游艇、摩托艇、帆船、海钓、潜水等高端运动，努力打造集旅游、健身、休闲和海上观光于一体的综合性海上运动中心，形成独具特色的海上运动及娱乐活动产业。逐步形成海洋体育企业集聚化、规模化的发展效应，形成社会化、专业化、市场化力量互补的赛事格局。

4. 策划海洋文化科普教育宣传活动

一是策划海洋生态科考研学。依托盐田的海洋资源特性，发展具有海洋特色的海洋生态研学旅游、博物馆研学旅游等。建立海洋生态保护观察站，对周边海域的发展情况进行记录，可组织中小学生在海洋生态观察站开展海洋科考研学旅游，如珊瑚生态观察、盐田港海豚出没踪迹考察。另外可以在海豚出没地点设立海豚观景台，便于普通游客观赏拍照。举办“世界海洋日”科普系列活动，策划组织海洋科普“嘉年华”。

二是推动海洋历史文化教育。以中英街历史博物馆为重点，积极推进红色研学旅游，增加博物馆信息咨询区、休憩区、纪念品区等的附加功能。将紫禁书院朝着文化体验活动基地的方向进行深化提升，将习学书院的相关活动内容进行海洋文化研学游客群体的适应性创新改造，打造游客和居民共同参与、主客一体互动的海洋研学旅游活动体系。恢复海关旧址、抗日活动基地旧址等，构建大梅沙遗址区文化体系，积极推动资源共享和区域合作，促进跨境文化交流，丰富区内博物馆展陈内涵，支持与中国香港的博物馆合作策展。

三是搭建新媒体海洋宣传平台。推动传统媒体和新兴媒体在内容、渠道、平台、经营、管理等方面深度融合，建设“内容＋平台＋终端”的新型传播体系，依托“壹深圳”等打造一批海洋主题新型主流媒体和传播载体，加强盐田海洋旅游文化宣传。加大优秀海洋文化产品推广力度，推动大学、作协、演艺机构、影视文化企业开发海洋文化精品，运用主流媒体、公共文化场所等资源，在资金、频道、版面、场地等方面为展演、展映、展播、展览海洋文化精品提供条件，支持海洋文化精品进入网络终端，培育一批海洋文化品牌网络服务商。

5. 培育国际海洋文化创意产业集群

一是策划大湾区海洋文化标志性会展节事活动。继续办好黄金海岸旅游节、梅沙国际珊瑚节，当好世界海岸赛艇沙滩冲刺赛、巴塞罗那声纳国际音乐节等高端赛事活动东道主，全面增强盐田海洋文化的感召力和影响力。深入挖掘沙头角鱼灯舞、疍家人婚俗、盐田山歌等非物质文化遗产的丰富内涵，形成一批艺术水准高、市场潜力大的文化旅游演艺精品。举办“国际港口文化论坛”等交流活动，扩大盐田港口文化的影响力和知名度。组建文旅科技运营平台和服务机构，开展国际模型展、世界动漫大赛、世界电竞大赛、世界海洋博览会等大型节事活动，增强区域知名度和影响力，同时带动大小梅沙等核心板块的旅游基础设施和服务升级。

二是打造海洋文创产业集群。论证适合的区域建设以文化科技创新为主题的产业园区。借鉴北京莱锦创意产业园、尚 8 里文化创意产业园和华为小镇等园区设计，在企业的引进上注重“头部＋创意工作室”，通过头部公司的溢出效应增加园区的核心吸引力，筛选独具创意的工作室保障园区的活力，二者结合推进园区的持续稳定发展。促进文化创意与海洋科技创新深度融合，提高海洋特色文化产品的科技含量和创意水平。将5G、人工智能、区块链等技术优先应用在旅游市场上，并将成功模式向全国进行推广。出台促进文化体育产业发展扶持办法，依托盐田国际创意港等载体，积极推进文化与滨海旅游、黄金珠宝、服装设计等产业融合发展。鼓励教育机构与企业共同建立海洋文化创意孵化器、加速器等产业载体，以科研教育促进海洋文化产业发展，以企业资源推动海洋文化创新。

（四）开放合作，争当粤港澳大湾区海洋合作先锋

1. 面向“一带一路”倡议推动港口开放合作

一是融入全球航运体系。加快盐田港走出去参与全球重点港口建设运营，大力拓展国际航线，增强对东南亚、欧亚大陆国家的辐射和影响，鼓励支持航运物流企业探索海外市场开拓模式，不断深化国际产业合作和贸易互通，打造连接全球、辐射内陆的国际贸易节点，促进海上丝绸之路沿线国家的互联互通。支持海洋交通运输企业主动对接“一带一路”国家战略，开展境外投资和跨国经营，构建国际化产业布局和服务网络，在更高层次上参与国际港航交流与合作。

二是拓展海外战略空间。根据“21世纪海上丝绸之路”沿线资源情况，以港口为切入点，以临港的产业园区为核心和主要载体，打通港口与腹地集疏运通道，开发产业园区、物流园区、内陆港等项目，积极发展“港城园”一体的综合性项目，支持盐田港与国内海洋电子信息、海洋高端装备、海洋渔业、海洋生物医药等海洋新兴产业企业合作，重点推进东盟、南亚、非洲、中东欧等地区的港口和园区项目建设和运营，拓展港口综合服务保障功能，拓展海洋经济海外战略空间。

三是健全“走出去”支撑体系。布局建立海上丝绸之路各国家或地区港口信息服务网络系统，搭建沿线港口资源信息咨询平台，通过与国外著名咨询机构建立广泛联系，扩大港口相关信息采集渠道，提供海上丝绸之路沿线国家或地区港口经营、政策、投资评估等的信息。同时，搭建国际合作平台，通过积极争取和创造与港口跨国公司、国内知名企业合作的机会，积极开展深层合作，确保盐田港绿色发展模式“走出去”有全方位的配套系统，提升盐田港国际影响力。

2. 构建陆海一体的深港海洋合作先行区

一是加强盐田深港高端航运服务合作。借鉴中国香港航运中心管理经验，允

许外资在盐田设立独资、合资或合作的国际船舶管理公司、海员外派公司和海员基地。发展航运总部经济，促进深港现代航运服务业集聚，依托盐田港集团，积极吸引有国际竞争力的航运企业落户，引入中国香港航运业务管理中心、单证管理中心、结算中心、航运中介等，增强现代航运服务功能和对外辐射能力。培育船舶代理、客货代理品牌企业，吸引港资航运服务企业入驻。放宽外资股比限制，降低准入门槛，以船舶登记、租赁与交易为主题，从事公共国际船舶代理业务，拓展船舶管理、海事仲裁、航运金融等高端航运服务功能。

二是加快建设沙头角深港深度合作区。结合深港两地资源禀赋，构建“一核、一区、两带”的发展架构。在深港合作、边境旅游等方面大胆探索，以深圳侧沙头角边境特别管理区和中国香港侧沙头角禁区为核心，高水平建设沙头角深港国际旅游消费合作区，打造以文化旅游、免税购物、国际教育、健康医疗、研发服务等现代服务业为主导产业的国际化商贸旅游文教区域。进一步加强中英街转型升级，将其打造成旅游发展的主要引流点及改革创新的重要支撑点。依托沙头角口岸、盐田港、盐田综保区等重要节点，创新“线下体验 + 在线购买”购物模式，拓展跨境电商、进口商品展销、保税延展等消费新业态。向沙头角街道、海山街道、盐田街道等周边邻近区域拓展，向中国香港侧向新界北等区域拓展，辐射深圳东部口岸经济带和黄金海岸带。

三是建设深港海洋高水平开放试验区。加快梅沙口岸规划建设及配套，加快梅沙旅游客运码头等码头的规划建设，探索建设大鹏湾滨海旅游自由港试验区，助推深港两地滨海商贸旅游发展及跨境旅游合作。协调创建深港东部海上合作平台，与中国香港、大鹏、惠州等共同开发海洋旅游、海上运动等高端旅游产品，推进“海洋—海岛—海岸”旅游立体开发，探索以旅游度假等服务业为主体功能的无居民海岛整岛开发方式。加快打造离岸贸易中心，借鉴中国香港自由贸易港核心政策，推动深港共建自由贸易组合港，在贸易自由化、企业经营、资金流动、人员进出、信息流通和税收优惠政策等方面进行探索。

四是打造深港国际离岸科技研发合作平台。依托中国香港海洋经济基础领域创新研究优势，引入海洋科技创新平台，促进海洋经济发展。支持深港企业在区内建设产学研成果转化平台，开展医疗新技术、新装备、新药品的研发应用。发展国际医疗旅游服务，形成诊疗、康养、度假全产业链条。探索设立国家级药物认证检测机构，推动实现医疗技术、设备、药品与国际先进水平“三同步”。支持海洋科技企业打造具有引才引智、创业孵化、专业服务保障等功能的国际化综合性创业平台。打造深港海洋创新交流平台与展示中心，从海洋科技创新交流服务、软硬件配置等多个维度，为海洋科技企业提供全方位赋能服务。跟踪海洋科技发展，对接知名海洋相关企业、研究机构等创新资源，吸引深港两地青年人才创新创业，打造深港海洋创新创业基地。

五是共建大鹏湾海洋跨境旅游交通线。打通深圳东部各区、惠州、汕尾等粤东地区与中国香港、中国澳门的海上通道，争取开通盐田至大鹏、惠州海上捷运巴士等交通航线及“大鹏湾—大亚湾—巽寮湾”旅游专线，规划设计并开通与中国香港沙头角、吉澳岛、荔枝窝等地直达互通的海上航线，实现与中国香港维多利亚港、马料水码头等联通，形成深港海上交流新通道和深圳东部海上客运旅游中心，辐射带动沿线区域发展，促进大鹏湾、大亚湾、红海湾的海上旅游观光和滨海旅游业发展。研究水上机场建设可行性，探索低空通勤、深港直飞航线建设，形成海陆空综合交通大循环。

3. 加强深港东部跨境基础设施体系建设

拓宽中国香港沙头角公路，探索中国香港至莲塘口岸干道公路支线接通沙头角口岸，谋划将港铁线路延伸至沙头角口岸，推动地铁、公交、旅游消费空间等的互联互通。设立深圳机场和中国香港机场城市候机楼，研究建设盐田水上机场（起降场）的可行性，规划布局通用航空基地、停机坪等基础设施。加快中英街关口改造、第二通道建设，适时启动中英街关口重建。升级和新建景观节点，建设海上固定平台、水上舞台、渔人码头等滨海休闲活动空间，打造系统化、生态化特色滨海景观带。探索海滨栈道延伸至中国香港区域，规划布局地下空间，建设民间艺术地下展廊。开展深港信息通信基础设施互联互通试点研究，探索 IPv6（互联网协议第 6 版）、5G 等新一代信息基础设施在沙头角的跨境试点应用。

（五）制度创新，优化支持海洋经济发展的政策环境

1. 出台盐田支持海洋经济发展的若干措施

结合深圳建设全球海洋中心城市的战略使命和海洋经济发展现实条件，在深圳各区中率先出台支持海洋经济发展的专项政策措施，填补海洋领域专项政策空白，打造海洋经济发展的政策高地。

一是突出产业特点。海洋新兴产业科技含量高、市场潜力大、生态环境友好，与陆上产业相比更具高风险、高投入、高回报等特点。针对海洋新兴产业发展特点，对已有产业扶持政策尚未覆盖或实际执行过程中亟须调整的方向、措施进行研究，结合盐田海洋产业和海洋企业发展实际需求，鼓励企业做大做强，增加政策扶持的维度，新增或适当调整产业扶持措施标准，优化海洋产业发展政策

体系。

二是瞄准重点领域。结合盐田产业实际和空间规划布局，坚持科技兴海、生态优先、绿色发展理念，统筹海陆资源配置、产业空间布局和生态环境保护，聚焦海洋交通运输、海洋旅游、海洋生物、海洋新能源、深海科技、海洋信息等重点发展领域，给予政策支持。

三是补足发展短板。针对产业规模不大、集聚程度不高、科技创新不足等海洋新兴产业发展短板，以高端化、智能化、国际化、国产化为导向，壮大产业核心企业，做大产业规模，强化产业竞争优势，增强产业研发能力，加快产业成果转化，搭建一批海洋科技产业创新载体，落地一批国家级重大创新项目，有效提升海洋新兴产业成果转化率，培育核心龙头企业。

2. 完善招商营商环境

营造良好的营商环境，出台相应惠企政策，建成服务企业信息系统，搭建海洋企业沟通交流平台，持续优化海洋企业服务。深入推进产业补链、强链、延链、稳链工作，瞄准世界海洋产业新业态及领跑团队、顶尖人才、最新技术、高端产品，围绕涉海龙头企业细化、完善招商图谱，引进关键环节、核心企业、上下游配套，形成协同发展的“雁阵效应”。对标深圳市其他兄弟区，大力优化提升营商环境，在选商招商后，更大力度留商育商，培育壮大盐田本土龙头企业和创新团队。同时，推进“智慧城市”和“数字政府”建设，加强互联网、区块链、人工智能、大数据等信息化手段的运用，提升企业服务智慧化水平。

3. 优化财政金融举措

在积极争取国、省、市级海洋产业专项资金对盐田项目支持的基础上，结合盐田财政实际，精准支持更具成长性、发展潜力大的科技产业创新项目。争取国开行等政策性银行在盐田设立海洋特色银行，组建海洋金融服务机构，向海洋经济领域内企业和项目提供海洋物流金融、海洋临港金融、海洋绿色金融服务。鉴于海洋小微企业比例大、发债难的问题，创新海洋金融支持模式，发行海洋企业集合债券，探索联合多个企业，利用深交所发行集合债，助力海洋产业发展。

一是研究设立航运科技研发基金。通过专项基金扶持和奖励航运装备关键技术、核心技术、重大新产品的研发。引入境内外资本参与航运中心建设，筛选投资一批航运交易平台、船舶交易、航运保险、单机单船融资租赁类项目，推动高端航运金融快速发展，带动港口、航运服务、国际贸易、航运金融服务等整个产业链发展。

二是培育海洋新兴产业基金。探索设立海洋产业发展基金，支持优质海洋产业导入。引进海洋新兴产业创业投资基金，瞄准海洋新兴产业潜力，吸引产业投资基金和创业投资机构投资种子期和初创期的海洋企业。积极推进海洋知识产权质押融资、产业链融资、海域使用权质押贷款等金融产品创新，开发海洋知识产权交易品种，推动海洋知识产权资本化、产业化。

三是鼓励发展海洋公益基金。盐田区于 2017 年入选首批国家生态文明建设示范区。为加快推进国家生态文明示范区建设，借鉴国内外环保公募基金模式，由政府出资引导，吸纳社会企业、金融机构以及社会资本等参与，探索设立“梅沙基金”，积极开展与海上丝绸之路沿线国家的海洋环保合作，助力海上丝绸之路建设。

第八章
产业创新实践

第一节 可燃冰产业发展与深圳市方向布局

一、全球能源发展格局

随着技术创新与政策改革的不断推进，能源行业正经历一场前所未有的变革，向着多元化、清洁化、数字化和市场化的方向转型。我国天然气对外依存度逐年提高，作为常规天然气资源的重要补充，可燃冰勘探开发将受到更多的鼓励。

（一）甲烷类能源在全球能源体系中将占主体地位

未来二三十年，随着全球人口增速的显著降低和经济增速的小幅下降，全球一次能源需求增长也将持续放缓，在技术进步推动的能效提高下，一次能源需求增速与世界经济发展增速的相关性将逐渐减弱。新兴经济体与OECD国家的能源需求增长则将出现一升一降。世界一次能源消费结构趋向清洁、低碳和多元化，到2040年，将出现煤炭、石油、天然气和非化石能源“四分天下”的格局，且能源转型速度快于预期。能效提高、新能源汽车快速发展以及出行方式变革，导致世界石油需求增长逐渐放缓直至停滞，并开始出现下降态势，而天然气和可再生能源将是未来能源需求增长的主体。

1. 全球能源结构逐步转型

——一次能源需求增长放缓

能源需求与经济发展密切相关，但在技术进步推动下，一次能源需求增速与世界经济发展增速的正相关性将减弱。到2040年，世界能源需求涨幅在25%~35%。

中国石油经济技术研究院发布的《2050 年世界与中国能源展望》指出，2015—2050 年，一次能源需求增速远低于同期经济增速；全球以 36% 的一次能源消费增长支撑了 172% 的经济增长，能效提高是主要动因。2050 年，能源消费强度降至万美元 0.88 吨标油，比 2015 年下降 50 个百分点，年均下降 2 个百分点。

全球一次能源需求增长逐渐放缓。英国石油公司（BP）比较了全球众多能源展望，2016—2040 年，世界能源消费增长率为年均 0.9%～1.4%，样本平均值为 1.2%，这一增速明显低于过去几十年间全球一次能源消费增速（如图 8－1）。中国石油（CNPC）报告显示，2016—2035 年，全球一次能源需求年均增速为 1.2%，2036—2050 年年均增速为 0.44%，增速逐渐降低。

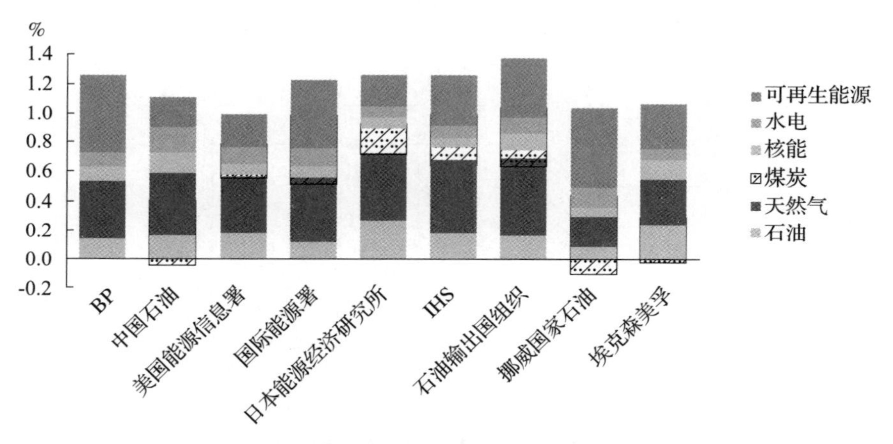

图 8－1　能源消费增长占比（2016—2040 年）

资料来源：BP。

新兴经济体与 OECD 国家的能源需求增长出现一升一降。埃克森美孚、美国能源信息署（EIA）、BP 都认为未来世界能源需求增量主要来自发展中国家，如中国、印度等，在人口增长助推下，中东、拉美、非洲地区能源需求也将显著增长。而 OECD 国家能源需求将基本保持不变，甚至有所下降。到 2050 年，世界人均能源消费量增至 1.85 亿吨标油，且呈现各国人均能源消费量逐渐趋同的态势，其中发达国家人均能源消费量有所下滑，而发展中国家人均能源消费量稳步提升。

——全球能源格局“四分天下”

世界一次能源消费结构趋向清洁、低碳和多元化，到 2040 年，将出现煤炭、石油、天然气和非化石能源“四分天下”的格局，且能源转型速度快于预期。

EIA 预计到 2040 年，世界范围内，除煤炭外，其他燃料消费量均呈增加态势。BP在近3年的展望中都大幅上调了风电和太阳能到2035年发电装机的预测值，但对核能和水能的预测前景降低，抵消了非化石能源总量的提升。CNPC在展望中提出，清洁能源将主导世界能源需求增长，到2050年，天然气、非化石能源、石油和煤炭将各占1/4左右，清洁能源占比将超过54%。同时，油气仍然在未来占据主导地位，世界能源结构在逐渐向“四分天下”的多元格局前进。2040年全球一次能源消费结构和世界一次能源消费占比见图8-2和图8-3。

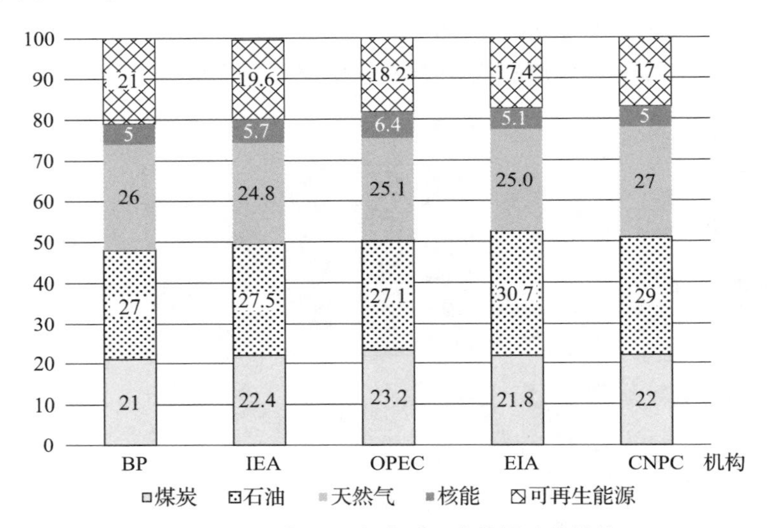

图8-2　预计2040年全球一次能源消费结构

资料来源：CNPC。

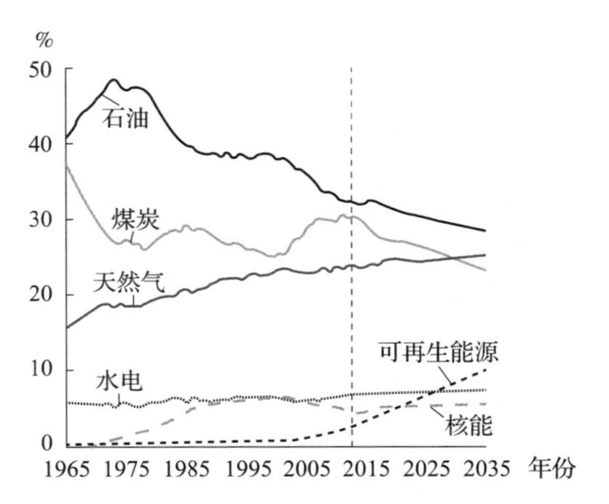

图8-3　世界一次能源消费占比

资料来源：《BP世界能源展望》。

在结构转变过程中，不同领域的能源消费变化同样显著。BP、CNPC、IEA都明确指出，全球范围内工业部门能源消费增长在逐渐放缓，其中建筑是增长最快的部门。工业部门能源需求在2040年达到峰值，之后保持稳定，并且电气化率还将不断提高。BP数据显示，天然气和电力将满足未来工业领域能源增量，于2040年成为工业部门主要能源，占比达到2/3。IEA报告显示，在全世界各种能源的终端用途中，电力是一股崛起的力量，到2040年时，电力会占最终能源消费增量的40%——这是石油在过去25年能源消费增长中的占比。

2. 甲烷类能源需求量增加

——天然气在未来能源转型中扮演重要角色

全球能源增速回暖。从2008—2009年的全球金融危机，到2010—2012年的欧洲主权债务危机，再到2014—2016年的全球商品价格调整，过去10年中全球经济发展遭遇了一系列的负面影响。全球能源消费市场增长也在经历了2014—2016年的降速后（2014、2015、2016年能源消费增速为0.9%、1.0%、1.2%），在2017年伴随全球经济回暖有着显著的回升：一次能源消费量达135.11亿吨油当量，同比增长2.2个百分点，不仅超过过去10年的年均增长率，也是2013年以来最高的增速；而在消费增量的2.44亿吨油当量中，有多达0.85亿吨油当量来自中国消费增长，占比高达34.8%。全球能源消费走势（百万吨油当量）见图8-4。

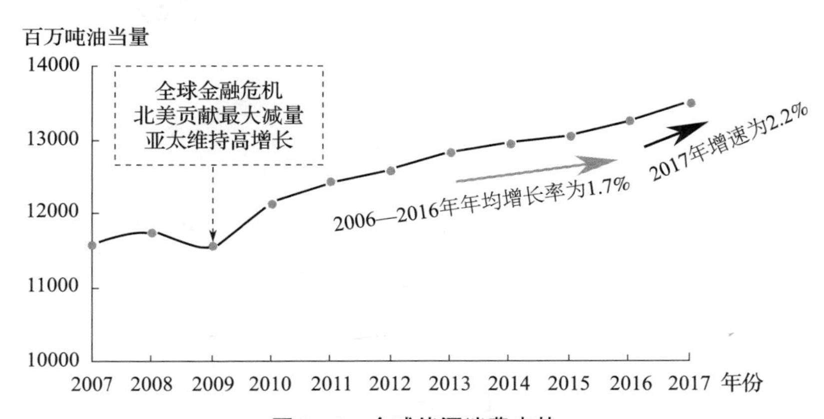

图8-4　全球能源消费走势

资料来源：《BP世界能源统计年鉴》2018版。

天然气、可再生能源对消费增长贡献最大。天然气和可再生能源在2017年贡献的消费增量分别为0.83亿和0.7亿吨油当量，占总增长的32.9%和27.7%。全球能源消费中各一次能源占比见图8-5。

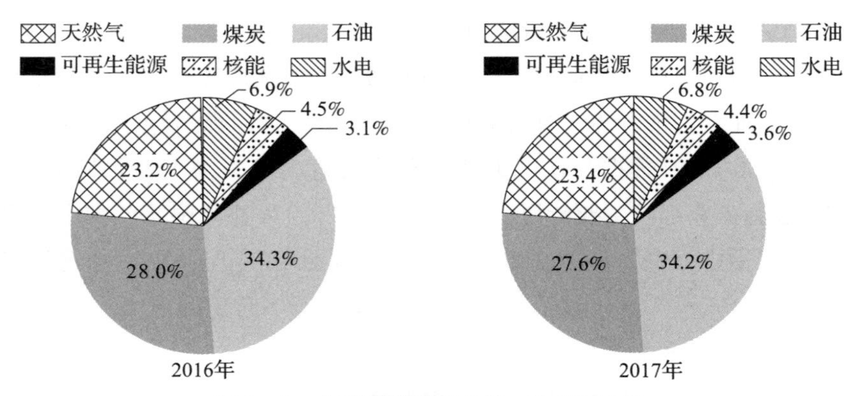

图 8－5 全球能源消费中各一次能源占比

资料来源：《BP 世界能源统计年鉴》2018 版。

近年来，全球天然气消费增量居各能源之首，增速仅次于可再生能源（因可再生能源基数相对较低）。全球天然气消费增量从 2007 年的 29580 亿立方米增长至 2017 年的 36704 亿立方米，增量为 7124 亿立方米，是带动全球能源消费的决定性因素。2007—2017 年全球天然气消费量见图 8－6。

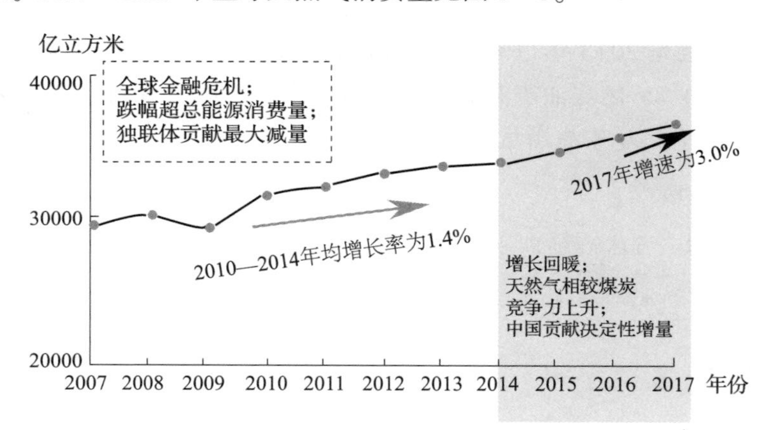

图 8－6 2007—2017 年全球天然气消费量

资料来源：《BP 世界能源统计年鉴》2018 版。

天然气未来增长势头强劲。EIA、IEA、CNPC、埃克森美孚均预测，未来世界天然气将保持 1.4%～1.9% 的年均增长率，到 2050 年天然气需求量比 2015 年增长 64 个百分点。BP 认为，天然气未来需求的快速增长，尤其是工业部门增长，主要得益于低成本供给和 LNG 贸易推动天然气可获得性大大提升。IEA 指出，过去 10 年，电力部门贡献了天然气增量的一半，未来，工业领域将占到天然气消费增量的 4 成，意味着未来 10 年，工业部门将超越电力部门，成为天然气需求的主要驱动力。未来 30 年，天然气将在所有领域全面爆发，居民生活、商业、工业、交通需求增长会比较快，电力部门的需求也将维持较大基数。

——全球甲烷类能源供需错位

全球天然气供需基本平衡，地区供需错位带来天然气贸易流动变化。全球天然气供需情况如图 8－7。整体来看，近 10 年来天然气供需齐升，供需形势基本平稳，仅在 2007、2010、2016 这 3 年出现过供不应求的情况，其余年份产能均有一定过剩。真正带来天然气贸易流动变化的是地区供需错位。2017 年，仅在亚太地区和欧洲出现较大的天然气需求缺口，而当年的天然气进口量前二位同样为上述两个地区（如图 8－8）。其原因比较复杂，与供给的地域性、当期需求量激增、保供措施不足等因素有关。

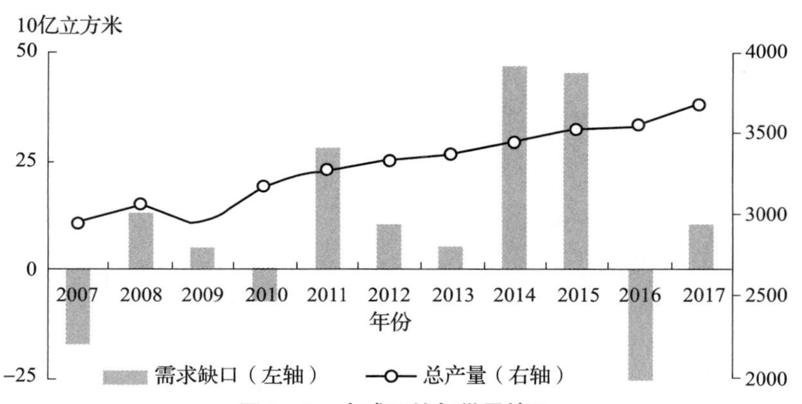

图 8－7　全球天然气供需情况

资料来源：《BP 世界能源统计年鉴》2018 版。

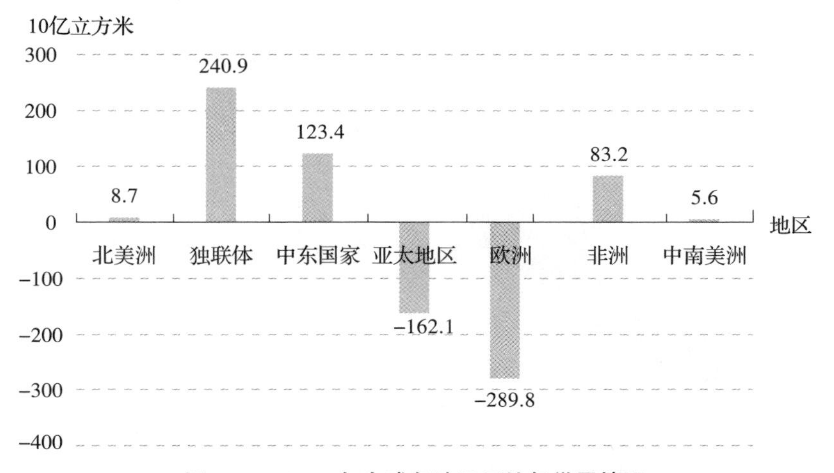

图 8－8　2017 年全球各地区天然气供需情况

资料来源：《BP 世界能源统计年鉴》2018 版。

全球天然气需求重心东移，亚太地区增量最大。亚太地区将是拉动全球天然气需求量平稳增长的“引擎”，有望在10年后超过北美成为全球第一大天然气消费区。CNPC认为，2030年后，欧洲及欧亚大陆由于可再生能源的快速发展，天然气需求量小幅下降，其他地区天然气需求量将持续增长，亚太地区占需求增量的40%。

——天然气产量持续增长，北美和中东占供给增量的一半左右

天然气产量稳步提升，CR5小幅提升。2017年全球天然气前五大产量国分别为美国、俄罗斯、伊朗、加拿大和卡塔尔，CR5为52.3%（如图8-9），与2007年相比小幅扩大（2007年CR5国家分别为俄罗斯、美国、加拿大、伊朗、挪威，CR5为51.4%）。分地区来看，2017年北美洲产量占比达26%，居全球第一，独联体和欧洲产量占比与2007年相比下滑明显，占比分别减少至22%和7%（如图8-10）。

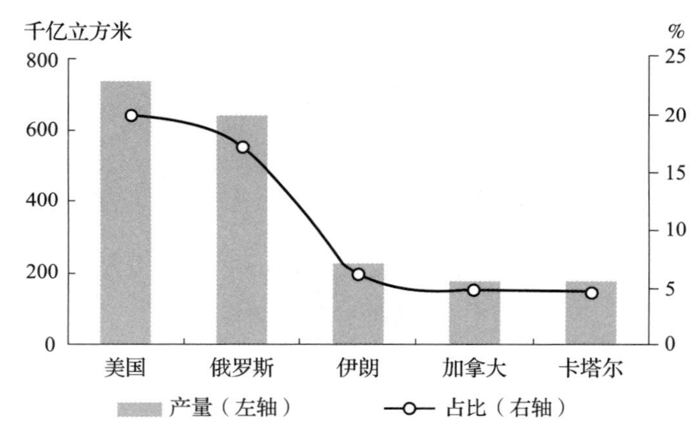

图8-9　全球天然气产量CR5（2017年）

资料来源：《BP世界能源统计年鉴》2018版。

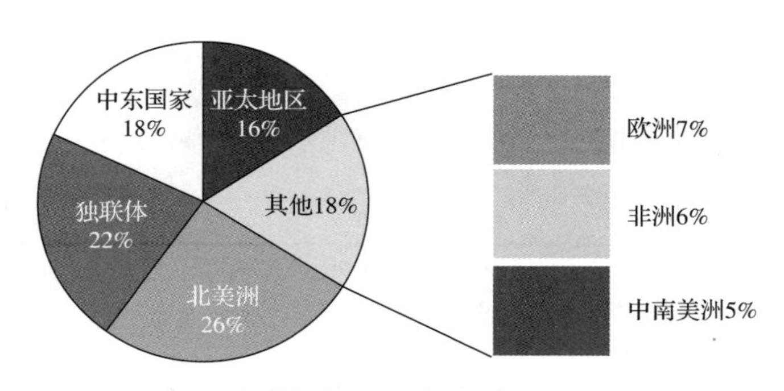

图8-10　全球各地区天然气产量占比（2017年）

资料来源：《BP世界能源统计年鉴》2018版。

CNPC 预计，2015—2050 年，世界天然气产量持续增长，年均增长 1.3 个百分点。除欧洲外，展望期所有地区产量均有所增长，北美地区产量及其增量最大。BP 预计到 2040 年，美国天然气产量占全球的近 1/4，高于中东和独联体（各占约 20%）。CNPC 预计，2050 年，北美、中东的天然气产量分别占全球的 24.8% 和 19.1%；2016—2050 年北美、中东天然气产量增量均占全球的 20.9% 左右。

——探明储量稳步增长，天然气供给未来无忧

全球天然气探明储量从 1997 年的 128 万亿立方米增长到 2017 年的 193.5 万亿立方米，储产比达 52.6。截至 2017 年年底，探明储量前五的国家分别为俄罗斯、伊朗、卡塔尔、土库曼斯坦和美国，前五的探明储量达 121.3 万亿立方米，占比超过 60%（如图 8－11）。分地区来看，中东、独联体、亚太这 3 个探明储量最大的地区 2017 年探明储量进一步增加，北美洲和中南美洲的探明储量则小幅下降（如图 8－12）。

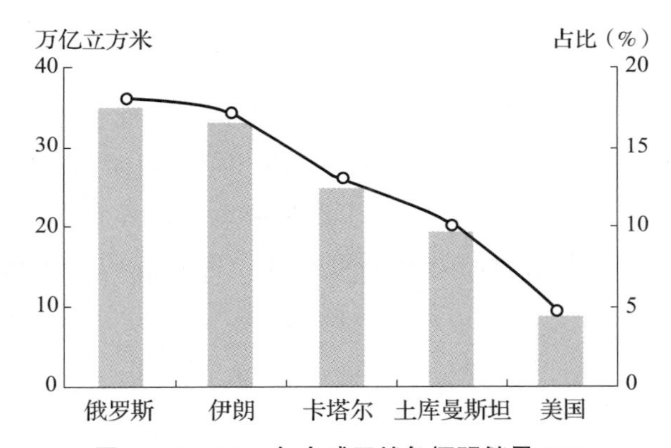

图 8－11　2017 年全球天然气探明储量 CR5

资料来源：《BP 世界能源统计年鉴》2018 版。

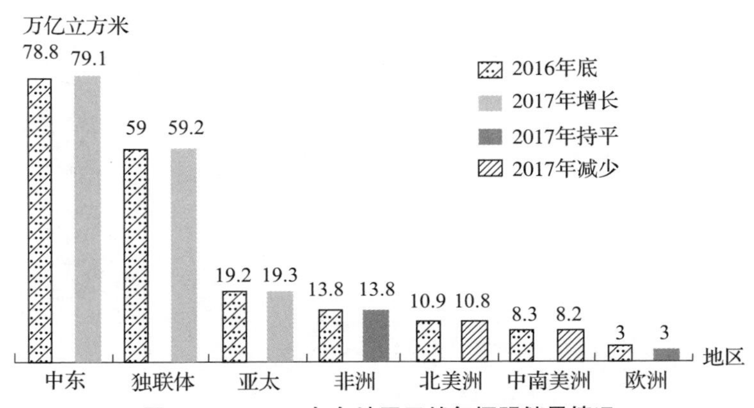

图 8－12　2017 年各地区天然气探明储量情况

资料来源：《BP 世界能源统计年鉴》2018 版。

（二）甲烷类能源将成为我国能源结构优化的重要力量

1. 能源消费发展历程

我国既是亚太地区最大的能源消费国，也是全球最大的能源消费国，能源消费发展经历了3个阶段：

第一阶段（2007—2011年）：受益于经济高速发展，以及经济增长重心持续放在石油化工、金属冶炼等高耗能能源密集型产业，我国能源消费在这段时期高速增长，增速稳步提高，2009年的全球金融危机也未对我国能源消费造成太大影响，反而使我国一举超越美国成为全球最大的能源消费国。

第二阶段（2012—2016年）：我国已逐步走向金融周期上升阶段的尾声，整体经济增长趋于平稳，GDP增速“破8”并逐步放缓，叠加我国经济结构转型，经济增长的重心已逐步从能源密集型行业转移，叠加能效提升等因素，能源消费增长减缓，虽仍有所增长，但增速已逐步降至近15年来的最低点。

第三阶段（2017年至今）：能源结构转型将持续带给能源消费新的变化。随着经济增长进一步放缓，供给侧结构性改革和环保限产等多方面因素仍持续影响中国能源消费市场，钢铁、水泥等能源密集型产业在2017年产出的回弹带来的2017年能源消费增速回升并不可持续，但是能源结构低碳转型将持续在中国发挥重要的作用，煤炭占比逐步降低，天然气、可再生能源占比逐步提升（如图8－13）。

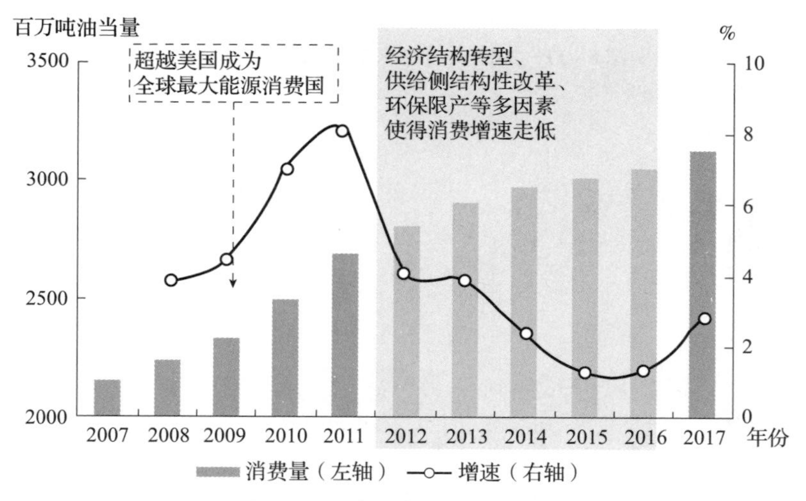

图8－13　我国能源消费量走势

资料来源：《BP世界能源统计年鉴》2018版。

2. 能源消费结构优化

我国能源消费结构正逐步由煤炭为主向多元化转变，天然气消费比重持续提升。我国能源发展“十三五”规划中提出，我国天然气消费比重需从2015年的5.9%提升至2020年的10%，煤炭消费比重需从2015年64%降低至2020年的58%。

2017年，我国能源消费结构调整工作顺利推进，煤炭消费占比进一步下降至60.4%（平均每年下降1.8个百分点），未来3年再完成2.4个百分点的降幅（平均每年下降0.8个百分点）指日可待；天然气消费占比则从2016年的5.9%（《中国天然气发展报告（2017）》中口径为6.4%）增长至2017年的6.6%，完成2020年的10%的目标仍有较大压力（如图8-14）；2017年可再生能源贡献增速位居我国第二，其增长点来自光伏产业的超预期发展以及技术发展带来的弃风、弃光率持续降低。

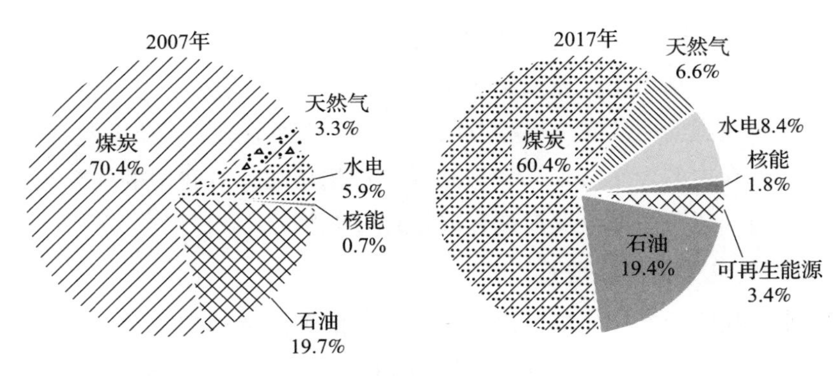

图8-14 我国能源消费中各一次能源占比

资料来源：《BP世界能源统计年鉴》2008与2018版。

我国天然气消费维持高增长速度，2017年增速达14.8%（如图8-15）。我国的天然气消费从2000年开始加速增长，2000—2013年年均增速达15.6%，在全球天然气消费中的占比也从2007年的2.4%（排名第九）增长到2013年的5.1%（排名第三，仅次于美国和俄罗斯）。随着我国经济增速放缓、油价回调等多重因素，天然气消费增速在2014—2016年有一定程度的放缓；但随着2017年工业制造业转好，叠加超预期的“煤改气”因素，我国天然气消费增速重回10%以上，达14.8%，我国成为2017年全球天然气消费增长的最大贡献国（贡献占比为32.5%）。

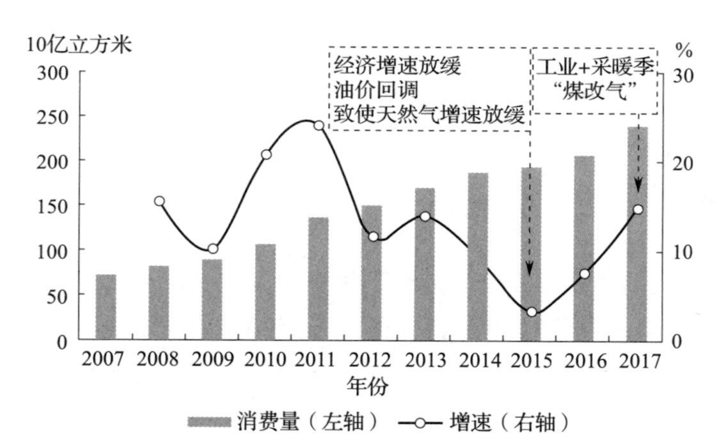

图 8－15 我国天然气消费量走势

资料来源：《BP 世界能源统计年鉴》2018 版。

（三）我国甲烷类能源对外依存度显著提高

2018 年，我国已超过日本成为全球第一大天然气进口国，当前天然气消费量增速明显高于产量增速，导致我国天然气进口量快速增加，对外依存度大幅提升，进而导致我国的能源安全形势更加严峻。在这种情况下，研究包括可燃冰等非常规天然气在内的天然气未来发展路径及产销情况，对我国的能源结构转型、能源安全保障和能源高质量发展具有重要的战略意义。

1. 天然气消费量快速增长

近年来，我国天然气消费量快速增长。我国天然气消费量于 2010 年突破千亿立方米，是 2005 年的 1.3 倍；2010—2018 年天然气消费量年均复合增长率达到 12.4%。特别是近年来，大气污染防治和"煤改气"等工程推动了天然气消费量的爆发式增长，我国天然气消费增量均保持在 300 亿立方米以上（如图 8－16）。2018 年，我国天然气绝对消费量达到 2766 亿立方米，同比上涨 16.6 个百分点，创历史新高。

甲烷类能源消费比重提升有很多原因。

首先，政府扶持力度加强。2000—2017 年，中国天然气需求实现了惊人的 10 倍增长，而政策支持是这一高速增长的主要助力。2017 年，中国天然气消费增速达到 16%，消费量也达到了创纪录的 2400 亿立方米。2017 年国家发改委等 13 个部委联合发文，提出"逐步将天然气培育成我国现代清洁能源体系的主体能源之一"，进一步明确了天然气在能源结构中的地位。国务院 2017 年发布的《加快推进天然气利用的意见》提出，到 2030 年，我国天然气一次能源占比将提高

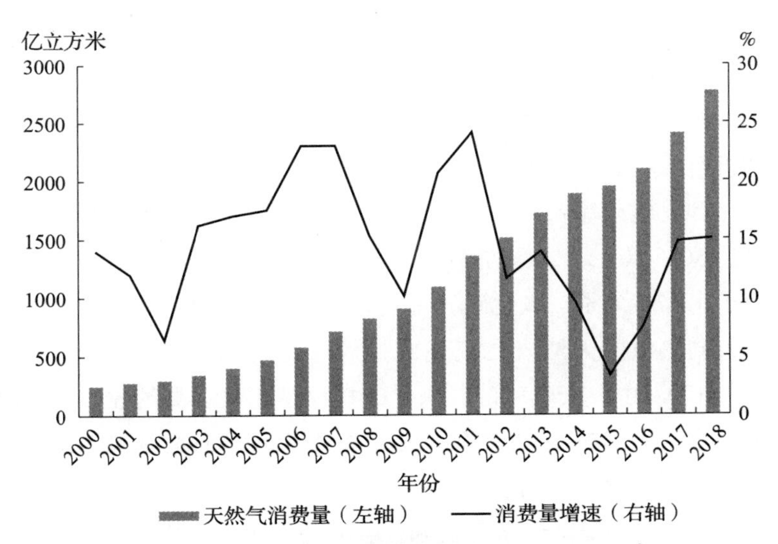

图 8-16　我国天然气消费量及增速（2000—2018 年）

数据来源：BP、中石油。

到 15%（世界平均占比为 24.1%）。为此，我国需逐渐减少或放弃使用煤炭，增加天然气需求与消费量。此外，各地方政府相关部门也出台了一系列鼓励天然气行业发展的政策性文件，进一步推进落实天然气的利用。有关资料表明，我国现有超过 28 个城市已决定减少或停止使用煤炭，改用天然气或电。

其次，天然气价格相对较低。我国天然气产业链的各环节，都存在政府管制气量以及市场化气量两部分，分别对应着政府定价与市场定价两种定价模式。对上游气源供应环节而言，油气央企控制的国产常规气受到政府限价，而煤层气、页岩气、海气等国产非常规气，以及进口 LNG、进口管道气等进口资源，价格已经充分市场化，且进口气定价机制与国内市场不接轨；对中游管输和批发环节而言，管道气实行的是基准门站价的政府定价模式，而非管道气、进入交易中心交易的气量、储气调峰气量则完全放开市场化定价；对于下游终端用户，出于对民生用气优先的保障，居民用气实行严格的政府限价，而工商业用气实行“基准价 + 浮动幅度”的半市场化定价，对直供大用户则放开市场定价。政府这样做主要是为了控制企业过分索取经济资源的剩余价值，保障人民的生活，稳定经济，使得全国天然气可以有一个长期合理稳定的出厂价。

最后，能源结构调整可以缓解全球气候变化。当前，发展低碳经济和转变经济发展方式，已成为我国经济实现科学发展、可持续发展的必然要求，能源结构的调整势在必行。在这一背景下，高热值、低排放、低污染的天然气，越来越受到“追捧”。天然气具有储量丰富（Abundant）、价格适中（Affordable）、符合环保要求（Acceptable）的“3A”特征。天然气作为一次能源具有三大优势：一是高效。从各种发电燃料满足调峰要求的情况对比来看，天然气成本最低而可靠性最高。绝大部分燃煤机组发电效率为30%左右，最高的亚临界点发电效率也不超过38%；天然气联合循环发电效率高达60%；如果采用功热联产技术应用天然气，能源利用效率可达80%以上。二是洁净。天然气的主要成分为甲烷，1分子甲烷燃烧产物为2分子水和1分子二氧化碳，每立方米天然气燃烧产物含2公斤水。用于供暖或工业，同热值的天然气二氧化碳排放量比石油少25%～30%，比煤炭少40%～50%；用于发电，天然气的二氧化碳排放量比煤炭少约60%。如果与可再生能源发电结合，天然气可以消除可再生能源的弱点而成为补充燃料。三是方便。LNG在接收基地气化以后，通过高压管线输送到门站，降低压力后送至城市居民用户和工商用户，总的经济效益和社会效益远远大于煤和其他燃料，这是天然气能耗比例增长最快的主要原因。

中长期来看，2040年前我国天然气消费量将长期保持快速增长。2035年和2050年天然气消费量预计将分别达6200亿立方米和6950亿立方米，其中，2015—2035年年均增速达到5.8%（如图8－17）。未来，在城市人口继续增长、天然气管网设施日趋完善、分布式能源系统快速发展，以及环境污染治理等利好下，中国天然气消费将进入黄金发展期。

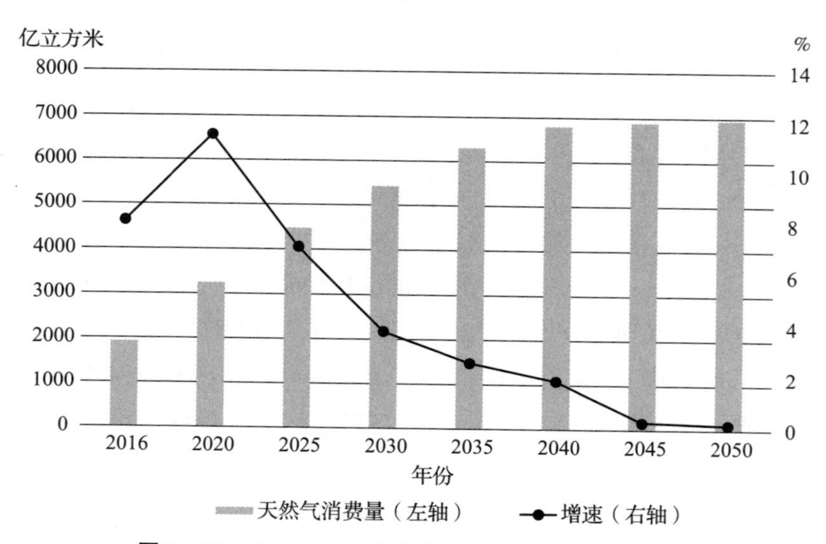

图8－17　2016—2050年我国天然气消费量趋势预测

资料来源：中石油。

一方面，人均天然气消费量增长潜力巨大。2016 年中国人均天然气消费量仅为 151 立方米，不仅远低于欧美发达国家，也低于世界平均水平的 476 立方米，未来中国人均天然气消费将不断增长，2050 年达 507 立方米，与届时世界平均水平 560 立方米相近，高于当前世界平均水平 476 立方米。另一方面，天然气消费量占一次能源的比重仍有较大增长空间。2017 年，我国天然气消费量占一次能源消费量的比重只有 7.5%，各大机构预测我国 2040—2050 年天然气消费量比重将提高到 12.4%~17%，而欧美发达国家当前的比重均在 30% 左右，世界平均水平也在 20% 以上。这说明我国的天然气消费水平仍然处于较低水平，还有巨大的增长空间。

2. 天然气产量增速降低

我国天然气产量增速总体趋缓。天然气产量逐年提高，但增速低于消费量增速。2005 年，国内天然气产量约为 500 亿立方米，2010 年产量翻番，接近千亿立方米，2005—2010 年天然气产量年均复合增长率为 14%；2018 年，天然气产量为 1573 亿立方米，年增量不足 100 亿立方米，增速不足 7%（如图 8-18）。2010—2018 年，我国天然气产量年均复合增长率仅为 6.3%，远低于同期消费的增长速度（12.4%）。

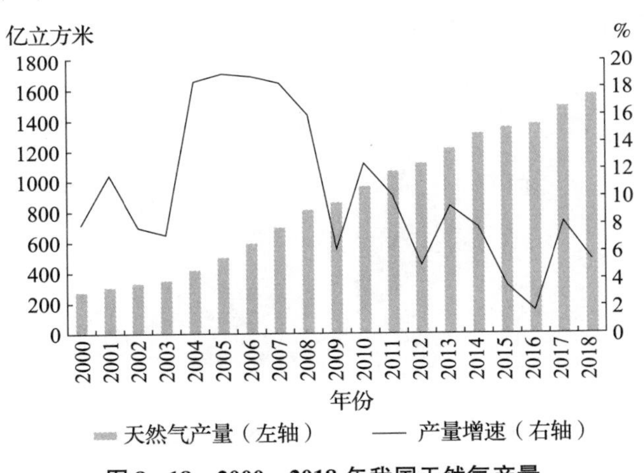

图 8-18　2000—2018 年我国天然气产量

数据来源：BP，中石油。

我国天然气对外依存度逐年增加。根据伍德麦肯兹公司统计数据，2017 年我国 LNG 进口总量高达 3830 万吨，超过韩国成为全球第二大 LNG 进口国，年进口量仅次于日本，从 2008 年进口 46 亿立方米到 2017 年进口 920 亿立方米，近 10 年复合增速达 34.9%，远高于国内产量增速 7%。在供需缺口方面，2007 年我国天然气供需缺口仅为 12 亿立方米，而 2017 年缺口已达 91.2 亿立方米，在冬季时缺气效应体现得尤为明显（如图8－19）。随着进口量的增加，我国对外依存度也从2008年的5.9%提高到2017年的39%。

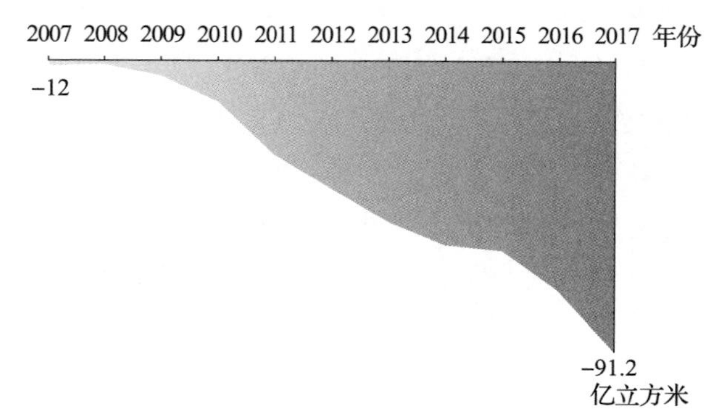

图8－19　我国天然气供需缺口情况

资料来源：《BP世界能源统计年鉴》2018版。

我国天然气进口量随着供需缺口的扩大而高速增长，从2007年仅从阿曼、阿尔及利亚、尼日利亚、澳大利亚4国进口共计38.7亿立方米LNG，变为到2017年从十几个国家进口526亿立方米LNG，以及从土库曼斯坦等4国进口394亿立方米LNG，2017年我国LNG进口结构见图8－20。

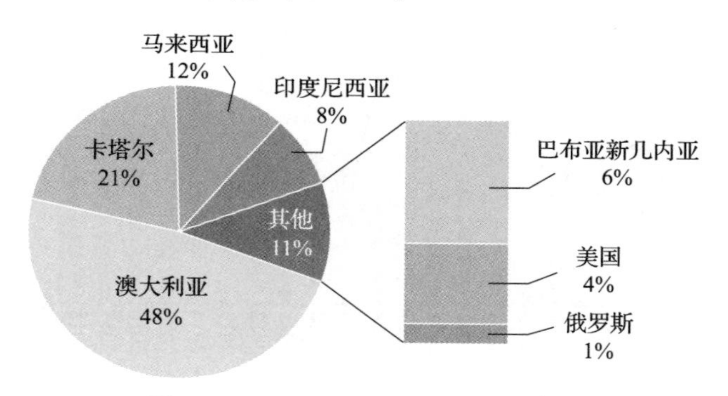

图8－20　2017年我国LNG进口结构

资料来源：《BP世界能源统计年鉴》2018版。

2017年与中国有天然气贸易的国家中，有10个国家的LNG对中国出口量占其总出口量的比重达到3%以上，其中我国最大LNG进口国澳大利亚的占比更是高达31.2%（如图8－21），我国排名其LNG总出口国中的第二（第一为日本）。随着在澳大利亚已投产的Wheatstone LNG项目（雪佛龙），以及2018年内投产的Ichthys LNG项目（Inpex）和浮式LNG项目（壳牌）成为澳大利亚新的出口增量，我国LNG进口供给将得到有效保障。

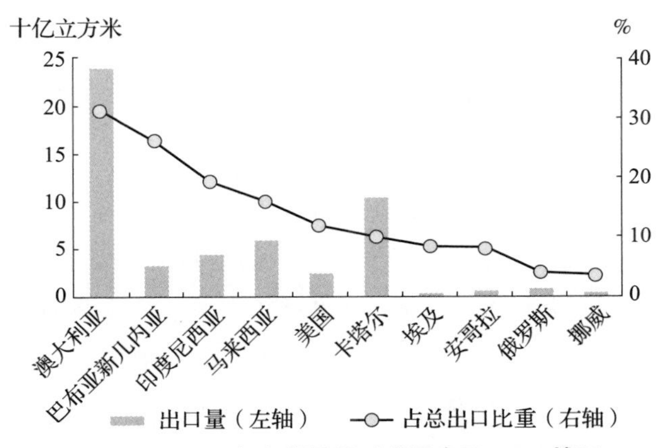

图 8－21　2017 年各贸易国对我国出口 LNG 情况

资料来源：《BP 世界能源统计年鉴》2018 版。

4 个与我国有管道气贸易的国家中，土库曼斯坦的对中国出口量（317 亿立方米）、占其总出口量的比重（94.4%），以及占我国总进口量的比重（80.5%）均远高于其他国家，是我国最为重要的管道气进口国（如图 8－22）。土库曼斯坦的进口气主要通过西气东输二线管道引入我国南方沿海地区。

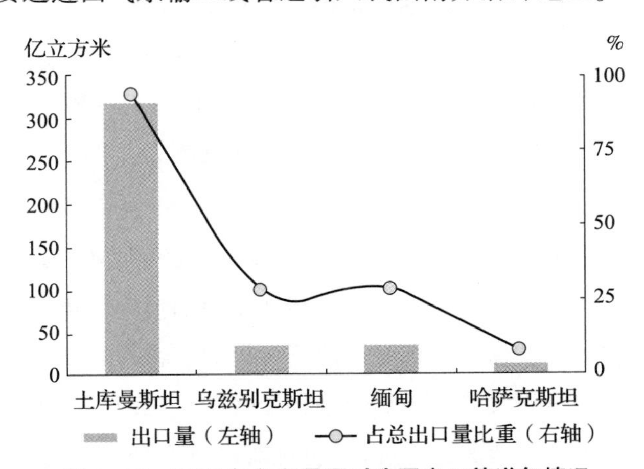

图 8－22　2017 年各贸易国对我国出口管道气情况

资料来源：《BP 世界能源统计年鉴》2018 版。

由于我国天然气整体产量有限，产量的增长速度不及消费的增长速度，所以我国天然气对外依存度逐年增加。同时，我国环保政策力度加大，使得国内天然气市场发展继续加速，迫切需要可燃冰商业化开采，缓解甲烷类能源短缺问题。

二、我国可燃冰产业发展情况

（一）可燃冰开发的意义

1. 为能源自给提供了可能

《中国矿产资源报告2018》显示，初步预测，我国海域可燃冰资源量约为800亿吨油当量，接近我国常规石油资源量，约是我国常规天然气资源量的2倍。其中，神狐海域有11个矿体，面积为128平方千米，资源储存量为1500亿立方米，相当于1.5亿吨石油储量。可燃冰商业化开采将为解决可持续发展的能源瓶颈问题提供新的机遇，提高能源自给率，提升我国能源安全保障程度，降低对外依存度。同时，可以促进能源结构调整和产业结构优化升级，缓解煤炭、石油使用等带来的环境污染问题，实现社会持续健康发展。

2. 获取国际能源“定价话语权”

可燃冰商业化开发，有助于打破“美元—石油”体系，影响国际经济格局和政治格局。可燃冰开采技术的突破预示着未来天然气自给能力将不断提升，进口需求随之下降，进而影响全球油气价格，使我国在能源供给上的话语权不断提升，发达国家主导的国际能源治理格局或将改变。同时，可燃冰开发利用将使我国占据全球海洋资源利用的优势地位，进一步提升和增强我国在海洋主权捍卫、海洋管辖权延伸、国际海底区域资源开发等方面的能力。

3. 促进“能源出口”

我国可燃冰试采成功，使可燃冰开发实现了从“跟跑”到“领跑”的跨越式发展，并有望在世界范围内掀起一轮可燃冰革命的浪潮。可燃冰资源的开采如果能够实现商业化运作，保证一定数量的能源供应，将带动能源生产总量大幅提升，降低我国对煤炭、石油等能源的依赖，使我国从能源进口国转变为能源出口国，逐步向日本和韩国等能源匮乏地区进行能源出口，成为继美国页岩气革命成功后改变世界能源供应格局的主要驱动力。

4. 对居民生活产生积极影响

可燃冰商业化开采能够带动相关产业发展，促进可燃冰勘察等技术的大幅提升，海工装备产业配套快速发展，集聚高端人才、研发机构等创新资源，通过国际技术合作和外溢效应，提升世界其他地区可燃冰的开采能力，提高城市国际地位。开发所需的巨大投资直接拉动经济发展，并创造大量就业机会。可燃冰商业化开采后将影响全球能源价格，大幅度降低制造业成本。

与石油、天然气相比，可燃冰使用方便、燃烧值高、清洁无污染。可燃冰商业化开采后，居民家里的灶台、热水器均可用可燃冰作为能源，并且更加高效。可燃冰可替代汽油、柴油等传统能源为汽车提供动力能源，据推算，一辆以天然气为燃料的汽车一次加100升天然气能行驶300千米，加入相同体积的可燃冰能跑5万千米。可燃冰的稳定开采将改变能源消费结构，减少煤炭使用，原本使用煤炭的相关工业企业会改变原有以煤为主的能源消耗结构，引进相关设备，提高能源使用效率，减少废气污染物排放。在环境得到改善的同时，企业相关设备和技术也实现了相应的转型。

（二）可燃冰开发历程及产业链、关键技术

1. 开发历程

▶ **早期初创**（1982—1998年）

1980年后，中国科学院兰州分院图书馆、中国地质科学院矿床所等单位开始注意收集和追踪可燃冰的信息和资料。中国地质科学院还派人到国外进行技术考察，聘请国外专家来华讲学，开始有计划地培养人才。

从1995年起，地科院矿产资源研究所牵头先后与广州海洋地质调查局、中国地质矿产信息研究院、中国科学院地质与地球物理研究所协作，承担了西太平洋和中国近海天然气水合物找矿远景、探查关键技术等专题的研究。

▶ **中期勘探评价**（1999—2010年）

从1999年起，中国开始大规模进入天然气水合物的实质勘查研究阶段。中国地质调查局先后在西沙海槽盆地组织了试验性的调查和初步评价，首获地震地球物理和地球化学异常的标志，初步确认了广州海洋地质局等国内调查、研究单位的实力，为以后大规模调查做好了技术和组织的准备。

2002年中国天然气水合物资源调查与评价的专项工作启动。中国地质调查局继续承担该项任务，制定了战略方向，组织了国内外的广泛协作，明确广州海洋地质调查局和油气资源调查中心（原为中国地质科学院承担）分别为实施海上和陆上作业的主要单位，选择了南海西沙海槽、神孤、东沙、琼东南等海域和青藏高原及东北冻土带分别作为重点研究区。

从2004年起，我国对天然气水合物钻采进行了攻关，成功研发了国内外

首创的具有自主知识产权的天然气水合物“冷钻热采”的关键技术，2007年和2008年分别在南海北部和青藏高原钻取到海洋型和冻土带的天然气水合物。

2008年，在地质调查局部门和“陆域冻土带天然气水合物资源调查与评价”项目支持下，研究员开始收集和编纂国内外有关天然气水合物领域的信息和资料，特别关注2012年后新勘探的矿床特征以及开采技术上的新成果，于2017年由海洋出版社出版了专著《天然气水合物：21世纪的新能源》。该书比较全面系统地论述了天然气水合物的物理化学性质、形成机理及全球重点地区可燃冰矿床的特征和开发的相关内容。

► **后期创新开发**（2011—2017年4月）

2013年，广州海洋地质调查局又一次在南海北坡开展了新一轮的大规模钻探调查，在珠江口外探明具有一定储量的高饱和度可燃冰矿藏；在青藏高原冻土带也陆续发现了层状天然气水合物的赋存和天然气井喷，我国海域和陆地“可燃冰”调查都取得了重大进展。

2017年，我国实现了“可燃冰”全流程试采技术的重要突破，形成了国际领先的新型试采工艺，第一次针对粉砂质地层水合物进行了开采试验。监测结果展示了60天全过程的安全、可控和环保试采。此次试采使用了大量国产装备，从此，中国可燃冰开采也迈入世界前列。

► **南海可燃冰试采成功**（2017年5—7月）

2017年5月，中国在南海神狐海域进行天然气水合物试开采，连续1周以上日产气（甲烷含量为99.5%）超过1万立方米，是世界首次成功实现资源量占全球90%以上、开发难度最大的泥质粉砂型天然气水合物安全可控开采。我国天然气的成功试采，为实现可燃冰商业化开发利用提供了技术储备、积累了宝贵经验，打破了我国在能源勘查开发领域长期跟跑的局面，实现了理论技术、工程和装备的完全自主创新，对保障国家能源安全、推动绿色发展、建设海洋强国具有重要而深远的影响。

2. 产业链

可燃冰产业链主要有勘探调查、钻完井、开发、生产、运输5个环节，每个环节主要的技术及所需的系统装备如图8－23所示：

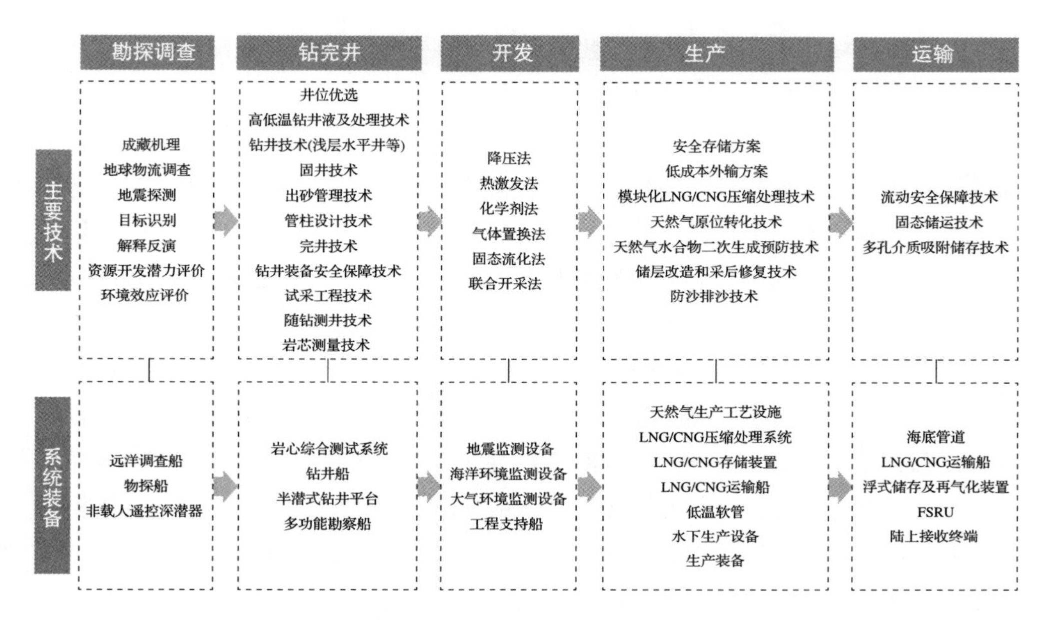

图 8－23　可燃冰产业链

资料来源：根据调研所得。

由于我国可燃冰产业尚处于初级研究阶段，我们亟须重点关注上游产业发展，即重点发展勘探调查及钻完井相关技术及装备，深圳亟须抓住机遇，大力发展深水高端装备，助力可燃冰商业化开采。

（三）可燃冰产业对相关产业发展的影响

可燃冰产业链从初始实验室模拟理论研究，资源的勘探、开发，到能源运输储备管网建设、LNG 运输储备、水合物生产运输储备，再到终端作为工业原材料、作为能源综合利用，所涉产业种类多样，涉及生产生活多方面。加快天然气水合物资源勘探开发，有利于拉动钻采装备制造、管网建设、海洋工程施工、液化天然气船制造、非常规天然气勘探开发等技术升级及海洋工程装备制造，可增加就业，培育新的经济增长点，形成上游勘探开发、中游运输储备、下游综合利用的完整产业链。

1. 对上游勘探、资源开采相关产业的影响

——对勘探相关产业的影响

可燃冰主要分布于深海沉积层，少量分布于陆地永久冻土带。可燃冰形成需要两个必要条件，即低温和高压，海域可燃冰稳定带通常位于水深大于 300 米的区域。可燃冰勘探研究涉及地球物理探测技术、地球化学探测技术等多学科高新

技术。我国海域面积广阔，水深变化大，当前海域油气资源的发现率较低，针对海域油气资源的勘探研究及资源投入十分有必要。

海洋勘探核心装备所涉及的声、光、电、磁传感器，数据处理系统，控制系统等设备系统均为该领域尖端技术。当前我国海洋勘探设备经过多年发展，虽然具备一定技术积累，但在核心传感器和技术转化上进展较慢，基于可靠性、稳定性等方面的考虑，我国海洋勘探科考船配套的甲板作业辅助设备（绞车、门吊、折臂吊等）、声学设备（侧扫声呐、水声定位器、声学通信机、声学释放器、浅地层剖面仪、高度计等）、深水通用设备（深水摄像头、深水照明灯、深水照相机、深水水密缆、深水接插件等）、核心勘探科考设备（重力仪、磁力仪、震源和地震数据采集系统、声学流速剖面仪）等几乎全部依赖进口，其中很大一部分来自美国。海洋钻探设备方面，我国深水钻机设备系统也主要依赖进口，相关技术设备性能尚不能和国际设备厂家相比较，在海洋物探船、海洋科考船、海洋钻井平台等大型勘探、科考装备的数量、吨位、技术先进性等方面和国际先进水平有较大差距。我国海域天然气水合物勘探活动如图 8－24 所示。

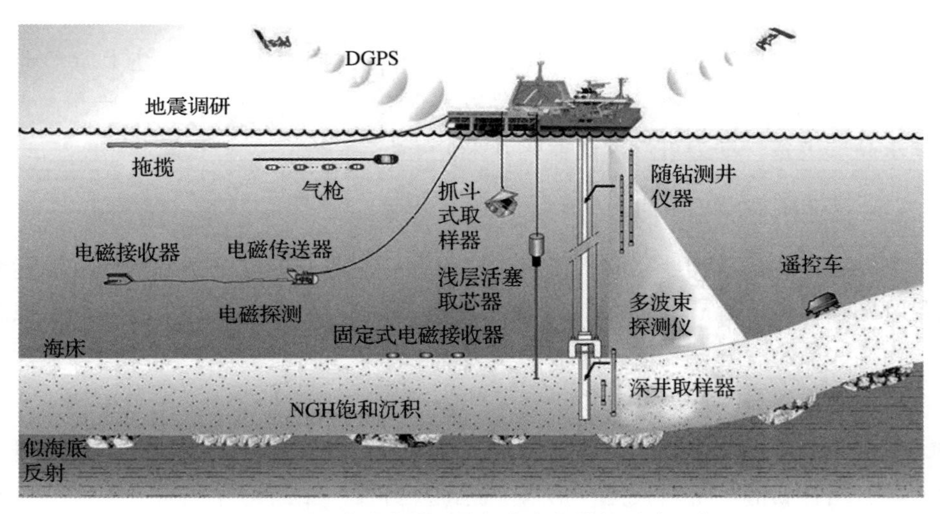

图 8－24　我国海域天然气水合物勘探活动示意

资料来源：广州海洋地质调查局。

可燃冰资源勘探、评估、圈定等必将对海洋勘探装备、核心设备提出更多更高要求，但在当前国际环境下，核心关键技术装备依赖进口将使我国受制于人，不利于产业健康发展，亟须集智聚力攻关，加强国内多学科交流，整合多产业相关技术力量，突破核心技术。海洋勘探产业是可燃冰产业发展的基础，可燃冰产业发展的需求也将吸引更多资金、技术、资源进入海洋勘探产业，促进海洋勘探服务、精密传感器设计制造、勘察、钻探、取样专用设备设计制造、科考船、物探船、钻井平台、水下机器人等产业相关技术发展，促进产业向高精尖技术发展突破。

——对资源开采相关产业的影响

海域可燃冰矿藏普遍为大水深，90%为特低渗透率的泥质粉砂储层、固态状态存在，与常规油气资源相比，可燃冰不会发生自喷，开采可燃冰固体会使环境压力、密度、地形等发生巨大变化，可能造成海底储层结构变化，甚至引起海底滑坡、坍塌等风险。可燃冰特殊的赋存条件及形态决定了其开采方式将和常规油气资源有很大不同。

当前可燃冰开采方法包括：降压法、加热法、置换法、抑制剂法、固体法、联合开采法等，当前所有开采方法均未达到商业开采要求，开采技术方法有待突破创新。不论开采方法如何，可燃冰开采所涉及主要关键技术及设备为以下几大方面：适应可燃冰储层的钻完井技术、水下生成设备技术、防砂技术、适应可燃冰的工艺分离流程技术、可燃冰开采用海工装备、储层及海域监测防护技术等。每个方面均因可燃冰区别于常规油气资源的固有特点而极具挑战，对该方面技术发展提出更高要求，促进加大可燃冰开采技术研究投入。

可燃冰资源储量庞大，可燃冰开采需要大量相关装备，如深水钻井设备、水下井口设备、水下海管、可燃冰专用生产设备、浮式生产储运平台/船舶等，所涉及产品装备均为技术密集、资金密集、专业人员密集类型，相关产业将迎来发展高潮，将孕育新的专业服务产业体系，增加就业，成为新的经济增长点，社会效应可观。我国在钻探设备、水下生成设备、高端海工装备等方面的研发设计和制造运营能力和国际先进水平有一定差距，可燃冰开采可增强我国在这些方面的自主研发、创新能力，培育一批相关企业，加快赶超国际水平，增强海域资源开采综合实力。

2. 对中游能源运输储备相关产业的影响

——对油气管网建设相关产业的影响

当前可燃冰开采方法中除固体开采法外，其他均为采取相关方法从可燃冰中获得天然气后输送至终端。现有天然气输送方式有管网输送和 LNG 输送方式，其中管网输送方式因其输送量大、技术成熟、风险可控等成为当前天然气的主要输送方式。目前我国天然气长输管道不足 9 万千米，与美国天然气长输管网建设长度超50万千米相差很远。“中长期油气管网规划”中确定的发展目标是到2020年建成天然气管网里程达到10.4万千米，到2025年达到16.3万千米。

天然气管网建设主体工程为“西气东输”“北气南下”，建设重点区域集中于西、北区域。与之对应，相关建设承包商和材料供应商也集中于该区域。

进行海域可燃冰开采开发可获得大量天然气，中国沿海特别是南部沿海需建设大量海管、天然气接收站、长输管道等，使可燃冰开发所得天然气进入天然气输送管网从而顺利利用。可燃冰大规模开发将改变天然气长输管道建设规划，在原有西、北区域建设重点外增加南部沿海长输管道建设重点区域，将形成“海气登陆”“南气北输”趋势。中国海域可燃冰储量可观，东海海域有 3.4×10^{12} 立方米，南海海域有 65×10^{12} 立方米，开发可得天然气量将远超当前海域天然气产量，成为主要海域能源来源。因可燃冰的巨大储量和能源效应，我们可预见，可燃冰开发以及天然气运输管网相关的产业将迎来发展高峰，如连接开采装备和陆上接收站的海底管线制造和铺设、沿海天然气接收站建设、沿海向内陆延伸天然气长输管线建设、管线钢及焊接管生产等。与此同时，与上述产业相关的前沿尖端技术研究也将得到更多投入，如我国当前还未完全自主生产制造的深海大口径海管、天然气液化及再气化设备、尖端高强度管线钢生产及制造使用等。

可燃冰的开发及应用可丰富我国能源管网布局，提升能源进口及能源运输便捷性、经济性，提升我国管网建设相关工程和原材料产业的布局、发展以及技术水平，有利于形成新的经济增长点，提供大量就业岗位。

——对LNG相关产业的影响

海域可燃冰储藏地多为深远海，当水深过大、距离陆地过远时，采用海底管道运输开采天然气，技术难度及经济成本将显著上升，在深远海天然气开发中采用LNG运输方式，技术成熟且经济性好。液化天然气船（LNG－FPSO）+LNG运输船+LNG陆地接收站（或FSRU）为当前海洋天然气生产储运的主要方式，该方式同样适用于可燃冰开发中的天然气生产储运。

《2018年国内油气行业发展报告》显示，2018年我国已超过日本成为全球第一大天然气进口国，其中进口LNG5378万吨，同比上涨41.2个百分点，但截至2018年，我国仅有21艘LNG运输船，运力不超过2500万吨/年，LNG运输能力及接受能力还不能满足LNG进口的需求。我国当前的LNG运输船队规模和运力有限，LNG进口主要依赖国际船东LNG运输船队，伴随我国LNG进口量的稳定增长，当前及未来数年内我国LNG运输船队运力难以满足“国货国运”的要求，我国 LNG 运输船队规模和运力、LNG 接收能力均需增大。

可燃冰的成功开采利用能有效缓解我国对 LNG 进口的高度依赖，给能源安全提供保障，但对我国自有 LNG 相关装备及技术能力要求也更高，在诸如 LNG 储存设备技术制造能力、LNG 运输船生产制造能力、LNG－FPSO 船生产制造能力、FSRU 船生产制造能力、LNG 液货舱生产制造能力、LNG 液化设备及 LNG 再气化设备生产制造能力等 LNG 产业相关装备和技术能力方面需突破。当前我国有能力制造 LNG 运输船的厂家仅为沪东中华船厂一家，且 LNG 相关核心设备及技术为引进的欧洲国家过时技术。要保证可燃冰开采开发顺利进行，就必须攻克 LNG 相关核心技术，以免形成产业发展的限制条件。

可燃冰的开采开发将有效促进我国 LNG 储运能力提高，促进 LNG 核心装备及核心设备生产制造能力的提升，促进 LNG 产业相关核心技术的研发。

——对天然气储运产业的影响

天然气水合物储运技术是近年来发展的新技术，鉴于天然气水合物成本低、灵活方便等各种优势，水合物输送天然气将会是天然气输送的趋势。其基本原理是：基于天然气水合物的强大的储气能力（1 立方米水合物可储存常压下大约 160～180 立方米的天然气），利用一定的工艺将天然气制备成固态水合物，然后输送固态水合物到储气站，再将其汽化成天然气供用户使用，相比气态、液态天然气输送，水合物输送天然气具有储存空间小、不易爆炸、成本低等诸多优势，制备天然气水合物就是水合物的合成过程，合成条件不苛刻，容易实现，可在 2～6℃、0～20 兆帕条件下制备，相比 LNG 储运超低温、临界压力高，水合物的制备相对简单、成本低。天然气储运方式对比见表 8－1。

表 8－1　天然气储运方式对比

储运方式	优点	缺点
管道输送	当前 75% 的天然气的运送方式；技术成熟	投资大、成本高
LNG 储运	当前 25% 的天然气的运送方式；储存密度高	压力大、成本高
CNG 储运	成本低、效益高、无污染、安全实用	高压储存、安全性差
ANG 储运	低压、使用方便、安全可靠	热效应影响尚未解决
天然气水合物储运	储气量大、安全性高、灵活性高、经济性高	技术不成熟，NGH 分解方式、水处理方式需研究，现有港口、公路和铁路能否满足要求尚属未知

资料来源：根据调研所得。

天然气水合物储运的储存密度约为LNG储存密度的1/4，但天然气水合物储运为常压、固态储存，比液态、气态储存更安全，储罐材料要求不高，比LNG技术约节约24%的资金，且适用于无输气管道的分散城镇、乡村，扩大了消费群体。天然气水合物储运技术当前还处于研发阶段，尚未进行实际使用，但其相较于其他天然气储运方式的优点决定了，一旦天然气水合物储运技术成熟并进入实用，将对天然气储运产业及相关使用终端产生革命性的影响。

3. 对下游综合利用相关产业的影响

可燃冰一旦实现商业化开采，其市场将深刻影响相关产业链，涉及一次能源结构，以及化工、煤炭、油气特种设备、电力等行业，能降低我国对原油进口的依赖，中国面临的严峻能源形势将在很大程度上改变。

——对我国一次能源结构的影响

我国的能源消费结构严重不平衡，过分依赖煤炭资源，我国是一个富煤缺油少气的国家，如果可燃冰商业化开采成功，可以预测我国由可燃冰得到的清洁天然气将对能源结构产生巨大影响。

在整个能源市场的层次上，潜在“可燃冰革命”将强有力助推天然气在中国和世界能源消费构成中所占份额上升，对中国天然气消费的推动将尤为显著。因为我国能源消费结构中天然气占比仍大大低于世界平均水平，但中国已经是世界能源消费大国，中国天然气消费绝对规模也已经上升至世界前列，工业、交通运输等行业的消费市场已经全面启动，天然气基础设施足够供应国内的需求，而且中国可以开始承担东亚贸易枢纽功能，在这种情况下，获得新的可开发巨大自产气源，完全有可能促进中国天然气消费出现新一轮爆发式增长。

目前，我国能源以化石能源为主，并且煤炭占据了能源消费总量的60%以上，这意味着在我国工业生产中，大多数工业企业的能源消耗离不开煤炭，而天然气在工业企业中使用量相对占比较小。因此，可燃冰的稳定开采将改变能源消费结构，占据煤炭原有的市场，减少煤炭使用。这样一来，原本使用煤炭的相关工业企业会改变原有以煤为主的能源消耗结构，引进相关设备，提高能源使用效率，减少废气污染物排放。在环境得到改善的同时，企业相关设备和技术也实现了相应的转型。

——对我国化工行业的影响

可燃冰的主要成分甲烷主要是作为燃料，广泛应用于居民生活和工业中。同时，甲烷也是重要的化工原料，大量用于合成氨、尿素和炭黑，还可用于生产甲醇、氢、乙炔、乙烯、甲醛、二硫化碳、硝基甲烷、氢氰酸等。甲烷氯化可得一氯甲烷、二氯甲烷、三氯甲烷及四氯化碳。甲烷高温分解可得炭黑，用作颜料、油墨、油漆以及橡胶的添加剂等。甲烷被用作热水器、燃气炉热值测试标准燃料，生产可燃气体报警器的标准气、校正气，甲烷还可用作医药化工合成的生产原料。

在我国天然气对外依存度为41%，长期、大量依赖进口的情况下，化工产业的来料及能源安全难以保证。我国可燃冰资源丰富，可燃冰的开发利用将有助于缓解我国天然气供给压力，为能源安全、化工产业持续稳定发展提供有力保障。

（四）可燃冰产业发展

可燃冰的开采前景具有一定的不确定性，综合上文，我们对可燃冰的开采前景进行预判。

1. 采储层开采难度大

一是采储层开采难度大。日本、美国、加拿大、韩国、印度试采的天然气水合物多为砂质类型，该类型资源占世界资源量的5%左右，其孔隙条件、稳定条件均较好，开采难度是所有类型中最低的。我国试采的泥质粉砂型储层资源量在世界上占比超过90%，是我国主要的储集类型，具有特低孔隙度、特低渗透率等特点。可燃冰赋存区域往往没有完整的圈闭层（不可渗透的上盖层），导致钻井开采相比传统油气藏开采难度更大，容易产生泄露等危险。同时深水区浅部地层松软易垮塌，易发生井漏，钻探风险极高，开采难度大，需要采用防砂、储层改造、人工举升、流动保障、井下监测等技术，储层特殊且攻关难度大。

二是没有可燃冰开发专用设备和材料。常规海洋油气勘探开发装备材料无法直接用于天然气水合物试采，针对该情况，我国需自主研发天然气水合物专用的装备、管材、特殊材料等。

各国可燃冰储层分布如图8－25所示。

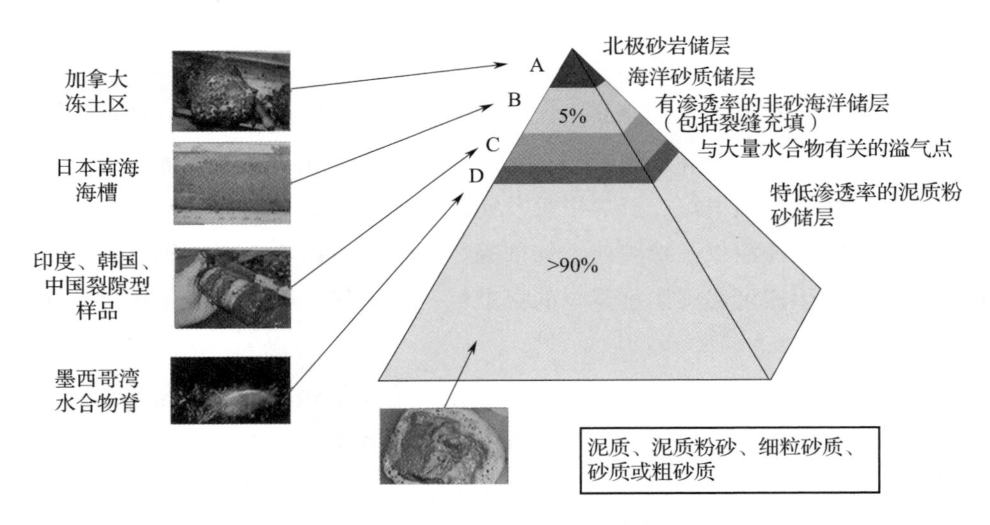

图 8-25　各国可燃冰储层分布

资料来源：广州海洋地质调查局。

2. 开发成本偏高

由于目前可燃冰开采技术尚待完善，针对开采的经济性评价相对较少。美国在 2009 年针对海洋水合物开采数值模拟结果进行了开采的经济性评价。结果表明，相对于相似储量的传统海底天然气藏，水合物藏的开采成本高 0. 12 ~0. 14 美元/立方米（约合 0. 8 ~0. 95 元人民币/立方米）。主要是由于开采过程中水合物藏产水较多，影响了经济性。此外，根据日本国家石油天然气和金属公司在日本南海第一次海上水合物试开采后的估算，从海底的可燃冰中每提取 1 立方米的天然气需花费 46 ~174 日元（约合 2. 8 ~10. 8 元人民币/立方米），远高于美国天然气每立方米约 10 日元的开发成本。

2017 年中国在南海神狐开采 1 立方米可燃冰成本高达 200 美元，折合人民币 1323 元，按 1 立方米可燃冰转化为 164 立方米甲烷换算，远高于通过成熟技术开采常规天然气的成本。降低开采成本，是未来商业开采的关键问题之一。此外，我国 800 亿吨油当量的海域可燃冰远景资源量中，真正探明地质储量达千亿立方米的仅神狐、东沙两个矿体，意味着当前的开采能力与产出预期仍有较大距离，可燃冰开发暂时无法实现经济效益。

3. 对生态环境影响大

可燃冰作为一个重要的海底甲烷储库，在甲烷向海面—大气界面迁移过程中扮演着重要的角色，开采导致的可燃冰分解和甲烷渗漏对环境的影响不容忽视。

——对海洋生态环境的影响

可燃冰存在的生态系统是一种脆弱的敏感平衡系统，温度、压力的变化会对其产生影响，均可能导致其稳定性下降或冰层受到破坏。因此，从其中分离出甲烷气体，会引发局部性生态失衡。天然气的逸散将消耗海水中的氧分，导致海水缺氧，使得海洋生物遭受沉重的打击，破坏海洋中的生态平衡。研究表明，大量甲烷气会与海水发生化学反应，导致海水中氧气含量降低，一些喜氧生物群落将会面临物种灭绝的危险；同时，也会使海水中的二氧化碳含量增加，造成生物礁退化，进而破坏海洋生态平衡。

另外，甲烷气进入海水中后会发生较快的微生物氧化作用，影响海水的化学性质，其氧化作用会消耗海水中大量的氧气，使海洋形成缺氧环境，造成水质恶化、鱼类及其他生物大量死亡，让海域中的浮游植物、原生动物或细菌在营养物质比较丰富的条件下，暴发性增殖或聚集而引起海水变色或对其他海洋生物产生危害。赤潮通常分为有害赤潮与无害赤潮。有害赤潮又分为有毒赤潮与无毒赤潮。其中，有毒赤潮是指有些赤潮内或代谢物中有生物毒素，能直接毒死鱼、虾、贝类等生物，并对人类健康产生影响。此外，当前的开采方法均离不开化学试剂的作用，这些化学试剂本身就具有污染性，同样能够破坏海洋生态环境。

可燃冰的自我分解会引发温室效应，可燃冰开采过程中，若处理不当，将会加剧全球气候温室效应，风暴和巨浪的频率和强度都会随着温度的升高而有所增加，而红树林位于海陆交错区，适合生长在静浪海岸，因此会最先受到风暴和巨浪的影响。强大的风暴可以影响红树林的结构，尤其是对大树的影响更为严重，降低红树林的多样性指数。海平面上升后，海浪对红树林内沉积物的堆积影响很大，海浪会冲走红树林根系周围的有机质，降低红树林内及外来沉积物在红树林区的沉积，使其基质增加缓慢，甚至降低，导致红树林的生长速度无法跟上海平面的上升速度，因而会使红树林的面积减少，甚至会使红树林在局部地区消亡。

——对全球气候变化的影响

海底可燃冰的主要成分为甲烷，甲烷是一种温室气体，其温室效应是等质量二氧化碳的 21 倍。目前，已知全球可燃冰中的甲烷含量是大气圈中甲烷的 5000

倍，因此圈闭与封存在海底可燃冰中的甲烷气体逃离海底进入大气，将加剧地球温室效应。

作为强温室气体，甲烷对大气辐射平衡的贡献仅次于二氧化碳。一方面，全球天然气水合物中蕴含的甲烷量约是大气圈中甲烷量的3000倍；另一方面，天然气水合物分解产生的甲烷进入大气的量即使只有大气甲烷总量的0.5%，也会明显加速全球变暖的进程。因此，天然气水合物开采过程中如果不能很好地对甲烷气体进行控制，就必然会加剧全球温室效应。进入海水中的甲烷量如果特别大，则还可能造成海水汽化和海啸，甚至会产生海水动荡和气流负压卷吸作用，严重危害海面作业甚至海域航空作业。因此，定量研究天然气水合物开发可能造成的甲烷释放量，以及其在气候变化中的作用，对海域天然气水合物开发利用具有重要的作用。

总体而言，可燃冰商业化开采面临系统成藏理论有待完善、勘采技术有待提升、勘采方法有待创新、勘采战略部署有待加强、环境安全防控有待深入、开采经济效益有待提高等挑战。目前我国可燃冰试采成功只是可燃冰勘探开发过程中的一小步，可燃冰开采尚处于科研试采阶段，产业布局也处于前期阶段，整体而言我国可燃冰产业处于非常初级的阶段。可燃冰的大规模商业化开采除考虑技术方案外，还需考虑配套装备水平、经济性和环保性，短期内大规模开发可能性较低，实现商业化开采还需要很长时间。

（五）可燃冰相关政策

1. 开发规划

按照国家对可燃冰的开发计划，2006—2020年是调查阶段；2020—2030年是试采阶段；2030—2050年，可燃冰将进入产业化开发阶段（如图8－26）。

2. 产业政策

我国的可燃冰资源潜力巨大，目前国家、省市均出台一系列相关政策支持可燃冰产业发展，同时，国务院于2017年正式批准将天然气水合物列为新矿种，成为我国第173个矿种。深圳市海洋产业相关规划主要从可燃冰的勘探工作、试钻采和储运技术等方面支持可燃冰产业发展。可燃冰相关政策见表8－2。

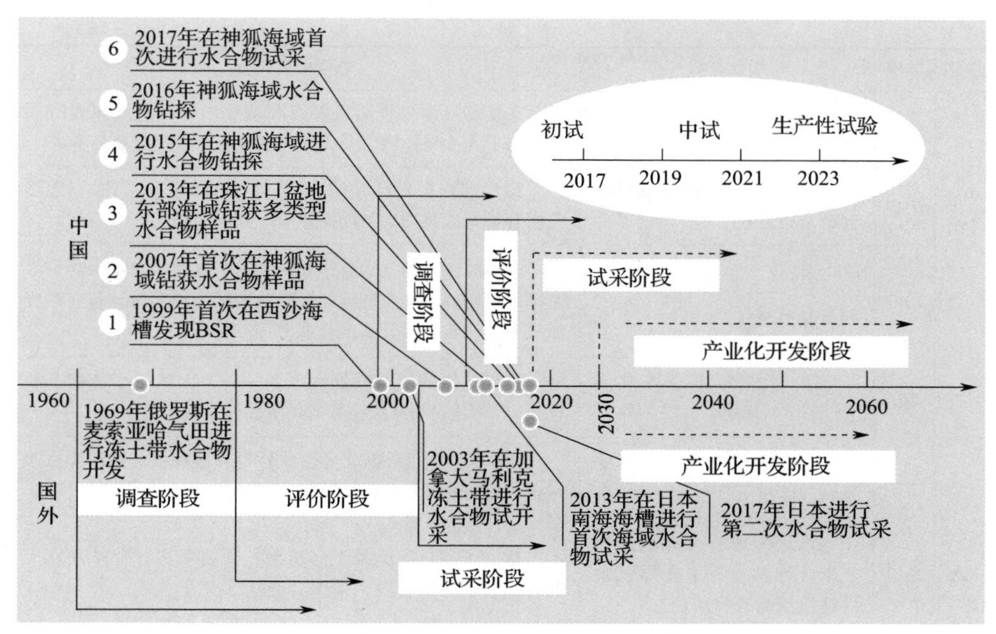

图 8－26　可燃冰开发规划

资料来源：广州海洋地质调查局。

表 8－2　可燃冰相关政策

级别	年份	规划名称	主要相关内容
国家级	2006	国土资源部中长期科学和技术发展规划纲要（2006—2020 年）	将海域天然气水合物评价与勘查开发关键技术列入重大科技计划，进行天然气水合物开发研究
	2011	找矿突破战略行动纲要（2011—2020）	提出完成重点地区天然气水合物资源潜力评价，锁定重点地区天然气水合物资源富集区并优选目标进行试采，开展海域、陆域冻土区天然气水合物资源调查评价与勘查，实施冻土区和海域天然气水合物试采工程。研发天然气水合物勘采技术和装备，筹建实验基地
	2014	能源发展战略行动计划（2014—2020 年）	加大天然气水合物勘探开发技术攻关力度，培育具有自主知识产权的核心技术，积极推进试采工程
	2016	国家“十三五”规划纲要	提出推进天然气水合物资源勘查与商业化试采
	2016	国土资源“十三五”科技创新发展规划	提出到 2020 年，攻克海域天然气水合物试采关键技术，实现商业化试采；加强海域天然气水合物勘查；开展陆域天然气水合物地震识别、测井识别及现场识别技术研究
	2016	能源技术创新“十三五”规划	将“天然气水合物目标资源评价与试采方法优选”“天然气水合物试采技术及技术装备”列入集中攻关类项目
	2016	天然气发展“十三五”规划	加强天然气水合物基础研究工作，重点攻关开发技术、环境控制等难题，超前做好技术储备

（续表）

级别	年份	规划名称	主要相关内容
国家级	2016	全国科技兴海规划（2016—2020年）	在推动海洋工程装备制造高端化中提出发展深海空间站、海上大型结构物以及天然气水合物开发等配套装备
	2017	“十三五”资源领域科技创新专项规划	提出加强页岩气（油）、煤层气、致密气（油）、天然气水合物等成藏理论与勘探评价等方面的研究
	2017	“十三五”海洋领域科技创新专项规划	开展海洋天然气水合物成藏、成矿机理以及安全开采等基础问题研究，开发精确勘探和钻采试验技术与装备，形成海底天然气水合物开采试验能力
省级	2016	广东省海洋经济发展“十三五”规划	重点扶持的战略性新兴产业——“天然气水合物产业化”，成为建设海洋经济强省的重要抓手之一
	2017	广东省战略性新兴产业发展“十三五”规划	将在天然气水合物（可燃冰）等领域积极推进海洋资源综合利用关键技术研发和产业化应用列入战略性产业发展重点
	2017	推进南海神孤海域天然气水合物勘查开采先导试验区建设战略合作协议	建立了领导机构及工作机制，开启了三方合作开发天然气水合物的新阶段
	2018	广东省人民政府关于坚持陆海统筹 打造沿海经济带促进海洋经济高质量发展的决定	落实广东省与自然资源部、中石油签署的“三方协议”，以先导试验区建设为契机，制定产业发展规划，成立勘探开发企业，加快推进天然气水合物产业化
市级	2013	深圳市海洋产业发展规划（2013—2020年）	开展南海可燃冰的勘探工作，重点跟踪可燃冰开采与环境保护以及储运技术，逐步开展商业化开采
	2016	深圳市海洋经济发展“十三五”规划	发展天然气水合物勘探技术，重点突破地质环境安全、低成本的天然气水合物开发技术及管道运输技术，开发利用天然气水合物的关键装备
	2016	深圳市创建全国海洋经济科学发展示范市实施方案	支持发展天然气水合物勘探技术，争取形成比较可行的技术方案。促进海洋矿物采集、海底行走与输运技术研发与产业化，逐步开展半工业试验程度的采矿海试和商业化开采
	2016	深圳市海洋综合管理示范区建设实施方案（2016—2020年）	培育储备海洋新能源、海水淡化、天然气水合物、深海矿产等前沿产业，开展海水淡化试点工程建设
	2018	关于勇当海洋强国尖兵加快建设全球海洋中心城市的实施方案	支持海工企业积极参与天然气水合物勘查开发试验和产业化，构建天然气水合物先导试验区资源勘查、钻探、采集和储运等上下游全产业链
	2018	深圳市关于促进海洋产业发展的行动方案	进一步发展天然气水合物试钻采和储运技术，支持关键设备核心零部件国产化

资料来源：根据调研所得。

目前国家、广东省及深圳市均有相关政策支持可燃冰产业发展。但总体而言，深圳市已有的可燃冰政策导向太宽泛，缺乏具体的产业发展方向，规划无实际实施，无专项资金支持可燃冰产业发展，且未涉及可燃冰产业发展布局的时间节点，亟须制定出台可燃冰产业专项规划，重点支持可燃冰上游产业发展，为可燃冰产业发展奠定装备及技术基础。

三、深圳市促进可燃冰产业发展政策体系

（一）引进中石油等大型央企设立天然气水合物总部

引进中石油、中海油、中石化等大型央企设立天然气水合物总部，带动上下游相关产业发展。推动中石油将海洋业务总部落户深圳，提供政策、资金、用地用海等方面的有利条件，联合自然资源部，央地合资成立海洋新能源开发公司，致力于以天然气水合物为核心的海上新能源开发，兼顾南海其他矿产资源开发，引领带动深圳海洋工程装备及配套产业快速发展。

（二）联合设立国家天然气水合物开发技术研究院

鼓励中石油牵头组建“国家天然气水合物开发技术研究院”，采取引进、客座、项目合作、实验室共建等方式，集中突破关键共性技术，提供资金、人才政策、基础设施和配套条件等方面的支持，吸引可燃冰相关领域的高校、研究机构、企业团队技术人才和资源向深圳聚集。研究院以天然气水合物开发为牵引，重点发展试采装备（经济型钻井装备）、试生产装备及水下生产系统等，着眼海工装备相关产业链，在技术创新、工程应用与配套支持等方面实现跨越式发展，占领全球可燃冰装备技术的制高点。

（三）推动海工装备的国产化

一是促进海工装备企业集聚发展。引进一批高附加值核心配套设备企业聚集，鼓励装备总装建造企业发展。支持通过海外并购的方式推动海工装备技术升级，支持有实力的企业并购海外高水平研发机构和优质企业，支持海工装备企业与海洋油气开采企业深化合作，加快形成海工装备独角兽企业群。建立海洋装备高端产业园，吸引具有国际影响力、竞争力的大型企业集团区域总部或研发总部落户深圳，促进海工装备产业链上下游生态的形成。

二是建设国家级工程技术平台。依托招商局重工、中集集团等单位，围绕深海核心装备等重点领域，鼓励国家工程实验室、工程技术中心和试验基地建设，加强与国内外科研院所通过技术交流、联合研究、国际合作等方式攻关深海勘探

开发核心技术和设备，形成技术研发综合网络，重点推动产业链上游的技术突破。

三是突破深水开发装备关键技术。积极联合地调局，以服务下一阶段试采、试生产为目标，确定南海可燃冰开发装备的研发路径，发挥各自优势形成一批创新设计。重点跟踪可燃冰钻采、生产、储运等功能的专用装备技术，大力发展深水水下生产及处理系统技术、水下控制及通信技术、深水水下机器人 ROV/AUV 技术、深水电子类技术（包括海洋传感器技术、通讯及导航技术、水下高清视频技术等）、海工装备类大型工业设计软件技术（包括有限元分析、流程模拟、三维建模等软件技术）等技术，突破产业化装备技术难点，研发具有自主知识产权的天然气水合物开发技术与装备。深圳天然气水合物深水开发装备相关技术路线如图 8－27 所示。

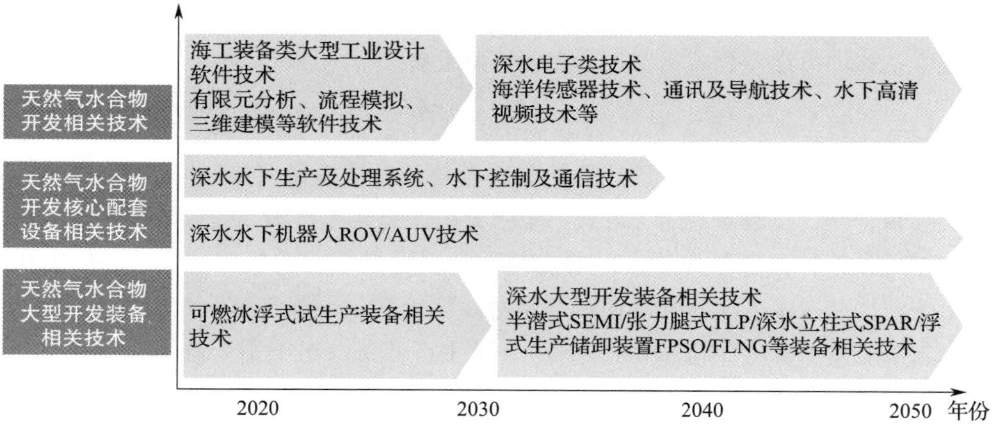

天然气水合物开发相关技术
海工装备类大型工业设计软件技术
有限元分析、流程模拟、三维建模等软件技术
深水电子类技术
海洋传感器技术、通讯及导航技术、水下高清视频技术等
天然气水合物开发核心配套设备相关技术
深水水下生产及处理系统、水下控制及通信技术
深水水下机器人ROV/AUV技术
天然气水合物大型开发装备相关技术
可燃冰浮式试生产装备相关技术
深水大型开发装备相关技术
半潜式SEMI/张力腿式TLP/深水立柱式SPAR/浮式生产储卸装置FPSO/FLNG等装备相关技术
2020 2030 2040 2050 年份

图 8－27　深圳天然气水合物深水开发装备相关技术路线

资料来源：根据调研所得。

支持深海资源开发装备研发。依托政府支持、行业联合力量，鼓励海工装备、设备企业以及相关服务企业开展关键装备研发。重点研发经济型可燃冰浮式试生产装备、经济型半潜式 SEMI/张力腿式 TLP/浮筒式 SPRA 生产平台、浮式生产储卸装置 FPSO/LNG－FPSO、水下生产系统（1500 米级）、水下处理工厂（1500 米级）、水下机器人、海洋传感器等可燃冰开发相关高端装备，积极推进可燃冰开采装备的自主化、国产化，全面提升可燃冰开采的设备技术水平，实现产业化应用。深圳天然气水合物相关深水开发装备产业发展目录如图 8－28 所示。

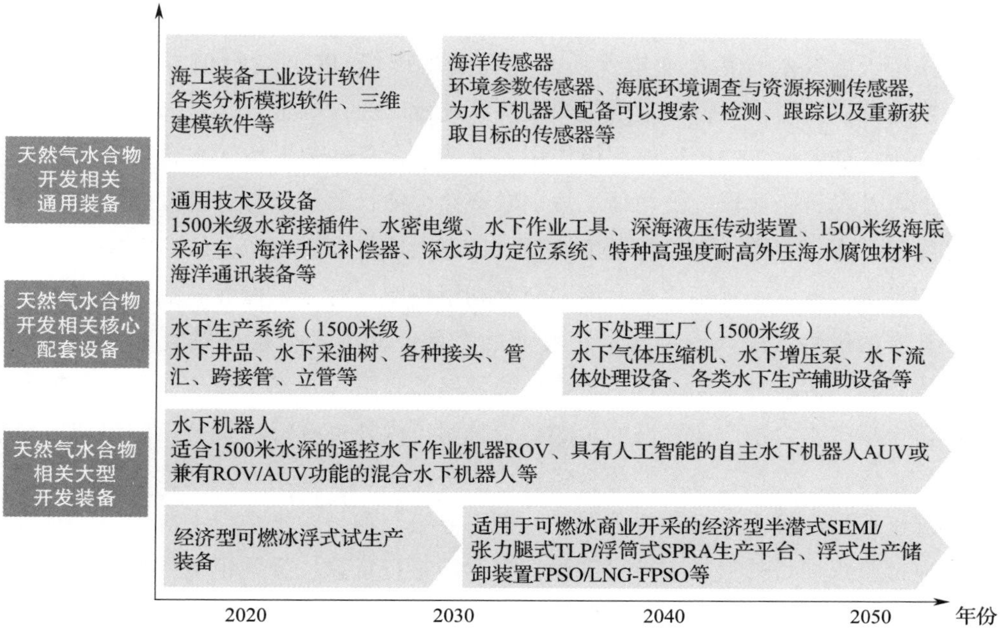

天然气水合物开发相关通用装备

海工装备工业设计软件
各类分析模拟软件、三维建模软件等

海洋传感器
环境参数传感器、海底环境调查与资源探测传感器，为水下机器人配备可以搜索、检测、跟踪以及重新获取目标的传感器等

通用技术及设备
1500米级水密接插件、水密电缆、水下作业工具、深海液压传动装置、1500米级海底采矿车、海洋升沉补偿器、深水动力定位系统、特种高强度耐高外压海水腐蚀材料、海洋通讯装备等

天然气水合物开发相关核心配套设备

水下生产系统（1500米级）
水下井品、水下采油树、各种接头、管汇、跨接管、立管等

水下处理工厂（1500米级）
水下气体压缩机、水下增压泵、水下流体处理设备、各类水下生产辅助设备等

天然气水合物相关大型开发装备

水下机器人
适合1500米水深的遥控水下作业机器ROV、具有人工智能的自主水下机器人AUV或兼有ROV/AUV功能的混合水下机器人等

经济型可燃冰浮式试生产装备

适用于可燃冰商业开采的经济型半潜式SEMI/张力腿式TLP/浮筒式SPRA生产平台、浮式生产储卸装置FPSO/LNG-FPSO等

2020　2030　2040　2050　年份

图 8-28　深圳天然气水合物相关深水开发装备产业发展目录

资料来源：根据调研所得。

（四）大力发展能源金融

一是设立天然气水合物发展基金。引导商业性股权投资基金和社会基金共同参与天然气水合物综合开发，引进境内外先进技术和优质项目，优化天然气水合物产业资源配置。探索天然气水合物投融资和创新财政资金分配方式。以金融债券等形式，广泛吸收社会资金，发挥投资公司和实力较强、规模较大的油气与海工装备企业，及民间资本的优势和作用，实现优势互补、优化组合，形成“科研+资本+产业”发展新模式，为天然气水合物产业的快速持续发展奠定良好基础、创造有利条件。

二是设立天然气水合物科研专项资金。充分发挥财政资金的引导作用，夯实产业基础，以产业链上下游的重大需求和关键环节为导向，增强涉海企业的创新发展能力。以前沿基础研究、共性技术研究开发与产业化应用示范为重点，促进产、学、研、用优质资源高效集成。支持企业并购、收购专利，突破可燃冰勘探开发装备技术难点，支持可燃冰高效开采专用装备制造和全开发工程技术研究，逐步实现原创的安全、经济、高效开采技术的突破，推动海工高端装备技术成果转化与产业化。

三是创新拓展融资渠道。支持天然气水合物产业企业开展海外并购等国际业务。扶持天然气水合物产业链优质企业在资本市场IPO、发行债券、资产证券化，推动证券公司、银行等金融机构支持其进行产业并购整合、做大做强，发挥好深交所、创业板、中小板的积极作用。支持符合条件的天然气水合物产业企业通过上市及发行企业债、公司债、短期融资券、中长期票据等筹措发展资金，对债券发行效率、规模、定价等适度调整，提高天然气水合物产业债券规模。

四是全力推进融资租赁业发展。充分利用船舶、海洋工程等高端装备制造业基础扎实的优势，深入挖掘融资租赁业的发展空间，大力集聚融资租赁市场要素，建立和完善能够推动融资租赁业加快发展的政策、管理、服务体系。支持专业经营天然气水合物产业客群的金融租赁公司、内外资融资租赁公司的组建、经营、迁入落户。支持符合条件的金融机构和海洋工程装备企业、大型船舶企业依法依规、按程序设立金融租赁公司。大力引导银行类金融机构加大对天然气水合物产业链重点项目的信贷支持，鼓励综合运用银行贷款、金融租赁等方式为天然气水合物产业企业提供融资支持。

第二节　广东省海洋公共服务产业

一、国内外发展情况

（一）海洋公共服务发展历程

随着科技进步及海洋事业发展的不断纵深，海洋公共服务概念产生了。改革开放后，海洋公共服务最早以海洋服务这一形式出现。但是海洋管理难度较大，社会参与度较低，很难实现公共服务的盈利，海洋公益服务代替海洋服务成为政府海洋管理的新理念。国家海洋局在“七五”规划中提到“建立比较完整的现代化的工业工作体系，有效实施维护海洋权益、保护海洋环境为重点的执法管理，全面开展以海洋预报和资料信息为重点的公益服务，为海洋资源提供科学依据”。《国家海洋事业发展规划纲要》提出“加强海洋调查与测绘、海洋信息化、海洋防灾减灾和海洋标准计量等基础性工作。发展公益事业，完善海洋公益服务体系，扩大海洋公益服务范围，提高海洋公益服务质量和水平”。近年来，海洋公共服务逐步替代海洋公益服务，成为海洋规划和海洋经济发展中必不可少的组成部门。

从目前来看，国内尚未对海洋公共服务进行统一界定，基于业内对海洋公共服务概念的理解，我们可以从需求主体、供给主体和服务的专业性等多个方面将海洋公共服务与一般公共服务作如下区分（见表8－3）。

表8－3 一般公共服务和海洋公共服务的异同

分类	一般公共服务	海洋公共服务
需求主体	公民	国家、企业
供给主体	政府、企业和个人	政府为主
服务的专业性	根据服务情况而定	专业性非常高
政府定位	管理者向服务者的角度转变	倾向于管理者
公民的关注度	公民关注度高	公民关注度低，但涉海企业关注度较高
主要矛盾	公民日益增长的优质公共服务需求与当前公共服务机制的矛盾	海洋经济发展与海洋公共服务体制不匹配
政策透明度	透明度逐渐提高	透明度低，公民获知能力较差

资料来源：根据调研所得。

（二）海洋公共服务各领域进展

1．海洋观测监测与防灾减灾

在国际社会，海洋观测系统的建设是提升海洋环境保障能力的基础。建设资源共享的海洋观测系统，共享海洋信息和信息产品资源，以加速区域社会经济发展和应对环境灾害，已成为全球共同关注的焦点问题之一。我国海洋观测网起步较晚，但随着我国海洋资源开发与利用的逐步深入，以及物联网、大数据、云计算等新技术的快速发展，大批科研院所组成联合研发体，系统开展海洋观测网的深层次研究与开发，众多技术、资本雄厚的企业也加入了建设海底观测网的事业。中国全球海洋立体观测网已被列入“十三五”规划中的“海洋重大工程”，将结合我国集合海洋空间、环境、生态、资源等数据，整合先进海洋观测技术及手段，实现高密度、多要素、全天候、全自动全球海洋立体观测。

——重视海洋观测系统技术装备开发和系统运行的业务化管理

观测系统的有效和可靠运行离不开高质量的仪器设备。欧洲有世界上知名的海洋仪器设备供应商，其产品涉及浮标、潜标和滑翔器等观测平台和传感器、仪器。先进的技术、良好的工业基础和严谨的生产管理，保证了其产品的高质量。例如，挪威 Fugo OCEANCE 公司生产的 Seawatch 浮标监测系统，可监测波浪、海流、气象、盐度、溶解氧、叶绿素和碳氢化合物等多种生态环境参数。由于系统功能齐全、性能可靠，已经在西班牙、希腊、泰国、印度尼西亚、马来西亚、科威特和秘鲁等国家得到应用。在海洋观测系统的业务化管理方面，欧洲的海洋观测项目以专业技术工作组的形式负责观测系统的运行管理、应用及维护，专业技术工作组基本上可划分为 5 类。业务化观测系统的技术管理模式见表 8 –4。

表 8 –4　业务化观测系统的技术管理模式

类别	工作组
海洋观测和数据提供	支援观察船
	多参数传感器阵列
	近实时卫星数据
	次表层剖面测量漂流器
	滑翔器
业务化海洋预报	观测系统模拟试验
	盆地和区域尺度的多元评估工具
	盆地尺度的预报
	区域尺度的预报和大陆架尺度的模型
科学研究	大气冲击和海—气相互作用研究
	从盆地到大陆架尺度的鸟巢生态系统模型
	用于生物化学观测的数据同化
向中间使用者扩散观测数据	产品开发
观测系统的管理	数据管理
	项目管理

资料来源：根据调研所得。

——通过协作提高海洋观测系统效益

在海洋观测系统的建设和运行方面，多年来欧盟一直重视多方协作，以提高效率。欧盟第六框架计划就明确提出整合欧洲研究机构，并以开展海洋研究协作活动来体现欧洲科技框架计划的整合精神。欧洲海洋观测体系几乎都是多方合作而形成的。英国的 CEFAS 波浪观测系统是与气象局合作建立的；爱尔兰海监测系统的设计和数据使用者包括研究机构、大学、环保部门和企业等 13 个主体；地中海业务化海洋观测网整合了多个国家的系统，其执行机构包括主席、理事会、管理小组、科学指导委员会和业务优化咨询小组，理事会由所有成员国选出的代表组成，职能之一就是评估各项决定，以及过去的 1 年中业务优化咨询小组、管理小组和主席所做的工作。大西洋观测网的任务之一是充分利用现有的框架、仪器、硬件，让来自西欧不同研究小组的专家共享现有系统元素，开发新的系统元素。欧盟根据海洋经济的发展需要建设了局域海洋观测系统，对现有观测系统进行了大规模的集成和二次开发，在此基础上建成了区域海洋观测系统，从而显著提升了为海洋科学研究和海洋经济发展服务的水平。对于这种高技术和高投入的海洋观测集成系统，欧盟在经费投入和组织协调方面发挥了重要作用。

我国通常通过校企合作的方式提高海洋观测系统效益。如2017年，同济大学与亨通集团开展战略合作，合资成立上海亨通海洋装备有限公司，充分整合同济大学在海底观测接驳技术、信息传输、控制技术等方面的科研实力和亨通在工程化、产业化、市场营销等方面的优势，重点推进深海观测走向产业化。

——观测数据满足海事和海洋科学活动需要

以实用主义为引领，以需求为导向，国际社会在获取海洋观测与监测数据时通常优先考虑满足海事和海洋科学活动的需要。英国CEFAS中心，利用海洋观测系统，为政府部门、国际机构、商业公司及援助组织提供渔业管理、环境保护和水产业等方面的科研、咨询、顾问、监管和培训服务，为英国政府和欧盟决策者提供了大量咨询和建议，并正逐步将其客户群扩展到全球。其研制的海神Poseidon预报系统开发了一系列预报产品，包括天气预报、海况预报、航线预报、海洋预报和生态系统预报，这些产品在溢油漂移预测、漂浮物踪迹预测和海岸污染物管理等方面发挥了重要作用。爱尔兰海域管理各方也对可靠、实用的海洋模型的开发和应用极为重视，其搭建的海岸管理服务监测系统开发了大量预报模型，包涵预报难度很大的生物参数，如浮游植物的增长和营养物质浓度等。爱尔兰海洋观测系统各层次产品与受益方见表8－5。

表8－5　爱尔兰海洋观测系统各层次产品与受益方

受益领域	产品	中间产品使用者
气候研究	经模型处理的综合性观测数据库	气象研究中心
海洋环境保护	状态和影响数据或相关的示踪数据	欧盟环境署、保护东北大西洋海洋环境组织、波罗的海海洋保护委员会
季节天气预报或者更大范围的预报	海洋初始条件再分析	西欧中尺度天气预报中心
海事安全	高分辨率冰/海水和海流预报	国家气象服务，国家海洋局，国家海事安全局，海运业

（续表）

受益领域	产品	中间产品使用者
渔业、生态系统	物理状态、过去状态的再分析	国家海洋和渔业研究所
航运和离岸工业	为操作而提供的高分辨率的冰/海或海流预报；设计再分析	提高其附加值的服务公司
溢油管理	温度、风、浪或海流数据	相关的国家海洋机构和欧洲海洋安全机构
市政安全	温度、风、浪或海流数据	海关、海岸警卫队
海洋环境、生态系统	边界和初始条件、数据产品	国家海岸监控和预报系统

资料来源：根据调研所得。

“十三五”期间我国海洋预报和防灾减灾工作主要开展了四大任务：一是提升海洋预报水平，强化海洋预报业务管理，突破海洋预报关键技术，提升海洋预报服务水平，增强海洋预报支撑能力；二是提高海洋防灾减灾能力，夯实海洋减灾工作基础，提升海洋减灾决策服务水平，加强海洋减灾宣传教育；三是深化海洋环境保障与服务工作，完善海洋数据传输网络，提升海洋信息服务能力，强化专题环境保障工作。四是积极开展海洋预报减灾领域应对气候变化工作，提高海洋气候监测预测水平，加强气候变化影响评估。

——观测精细化愈发依赖计算机应用技术水平

从国际看，海洋观测的区域精细化和全球一体化趋势明显，新型传感器，以及新型水下移动观测、深海观测以及卫星遥感观测手段得到广泛应用。海洋预报产品更加精细，以数值预报为核心的预报技术不断强化，预报公众服务的方式更加多样。此外，随着全球气候变化、公海管辖和极地保护等问题的日趋紧迫，国际上要求中国承担大国责任的呼声日益高涨，对我国参与全球事务也提出了新的要求。海洋计算机作为提升海洋产业信息化和智能化的重要部分，对其环境适应性、检测等技术都提出了较高的要求。国内外海洋计算机应用技术差距及国内技术发展现状见表 8－6。

表 8－6　国内外海洋计算机应用技术差距及国内技术发展现状

应用领域	国内外技术差距体现领域	国内技术现状
海洋渔业	网络基础设施建设；电子数据和档案管理	核心管理软件大多从国外引进，“信息孤岛”情况严重

（续表）

应用领域	国内外技术差距体现领域	国内技术现状
海洋船舶工业	计算机技术和计算机集成制造系统的开发应用；网络化建设；虚拟造船；船舶的动力定位系统	核心技术受制于人，大多处于“壳制造”阶段
海洋油气业	油气勘探；油气开采；海洋重力、磁力、人工地震及航空磁力测量	国产化仍处于发展初期，尚未形成完整的产业链
海洋工程装备制造业	深海高性能物探船、浮式生产储卸油装置、半潜式平台、水下生产系统、环境探测/观测/监测等装备的关键设备和系统、深海空间站及水面支持系统	主要依赖进口，欧美垄断了海工装备研发设计和关键设备制造；韩国和新加坡在高端海工装备模块建造与总装领域占据领先地位； 中国主要从事浅水装备建造，开始向深海装备进军；
海水利用	海水淡化和综合利用等海洋化学资源开发装备	核心技术由国外掌握
海洋药物与生物制造业	信息化流程和工艺自动化，技术标准和规范不统一；信息不能集成、资源不能共享	核心设备国产化率 <50%
海上风电	桨距控制、变桨控制、风机状态监测技术等	核心设备国产化率 <20%
海洋交通运输业	综合性、智慧性、绿色、安全性	核心设备国产化率 <40%
海洋矿产资源开发利用	深度的测量仪器、卫星导航定位系统、海底地形信息	核心设备国产化率 <40%
海洋观测	遥感、水下传感器、数据分析系统等	核心设备国产化率 <10%

资料来源：根据调研所得。

2. 海岸带资源智慧管理

全球以云计算、大数据、人工智能、物联网、机器人为代表的新兴技术不断成熟，第四次工业革命加速孕育，数字化、智能化、无人化和跨领域协作等新特点逐渐呈现出来。信息技术正推动海洋科学与技术更紧密交融、海洋业务与服务更具交互性，“智慧”引领的海洋科技竞争持续加剧。目前，利用3S技术综合研究海岸带资源与环境问题是国际上的主要做法。例如，荷兰国际海岸带管理中心在1993年开发了一个初步的海岸带管理系统（GMS COAST），该系统建立了海岸带管理文档信息库，包括海岸带气候变化及其影响、海岸带的功能利用、海岸带工程以及法规等信息，RS技术用于分析海岸带自然过程、识别土地利用及其变化以及水资源规划与定量评价，并提供了一个用于海岸带选址规划与评价的决策支持模块。此外，巴西、澳大利亚等国在地理信息系统用于海岸与海洋开发管理方面也进行了多项小规模或专题性的试验。

我国海洋测绘部门近几年也开展了地理信息系统的应用研究，建立了我国自己的海图自动制图系统，以及大陆岸线与海岛数据库。近年来，我国在海洋动力环境、海洋生态环境、海底环境调查与资源探测等的传感器技术研发方面呈现较大进展，取得了一批具有世界先进水平的高技术成果，初步具备了关键海洋观测传感器技术装备的研发与生产能力；海岸带资源智慧管理发展速度加快，已初步建立了包括卫星遥感、航空遥感、海洋观测站、雷达、浮（潜）标、海床基观测平台、海洋环境移动观测平台的海洋观测平台技术体系，基本实现了与国际同步，为海岸带资源智慧管理发展奠定了良好的技术基础。与发达沿海国家相比，我国海岸带资源智慧管理发展总体处于起步阶段，缺少具备国际竞争实力的企业，仅有少量技术装备实现了产品化和小规模生产。

3. *海洋战略研究与咨询*

随着全球化进程的深入，国际社会对全球海洋公共产品的需求日益增多。海洋战略研究与咨询的范围涵盖了海洋经济、海洋政治、海洋外交、海洋军事、海洋权益、海洋技术等诸多方面，已经成为世界各国筹划和指导海洋开发、利用、管理、安全、保护、捍卫等全局性战略的重要手段。当前，全球海洋战略研究关注的热点问题主要聚焦在海洋权益、蓝色经济和全球海洋治理等方面。

——资源争夺成为海洋权益核心

海洋特殊的地理特性让所有的国家都能参与到全球大市场中来，全球化的加快使得海洋对人类生存与发展的重要性进一步凸显，世界上超过80%的贸易通过海洋进行，并形成了全球性的海上连接。据统计，世界海洋渔业资源总可捕量约为2亿~3亿吨，目前实际捕捞量不足1亿吨；世界海洋石油蕴藏量约为1100亿吨，目前探明储量约为200亿吨；海洋天然气储量约为140万亿立方米，目前探明储量约为80万亿立方米。随着陆地资源的大量消耗以及人口的增加，尚未得到完全开发的海洋资源就成了各方竞相争夺的对象，技术的进步和经济的发展促进了海洋的应用，人类开发海域和海洋资源的能力大幅度提高，越来越多的国家将目光转向海洋，因此各国当前都在寻找各种途径强化自身的海洋权益，力图扩大自己所管辖的海域，并强调将与海洋有关的调查和科技力量、资源开发力量、保护环境的管理能力等都增加为海洋权益的构成要素，以求获取更多的海洋资源。

——产业发展成为蓝色经济主题

首先，近年来全球海洋产业呈现出高度资本密集与技术密集、高风险以及产业链长的特点，传统海洋产业转型升级和海洋新兴产业培育增长均需强大的现代金融业和高端服务业支撑。世界各国均通过海洋基金、银行贷款、海洋保险等多种融资手段和海洋信息、技术、社会等服务体系的创新保障海洋经济发展，引导更多投融资主体与服务中介机构共同参与海洋经济活动。其次，海洋产业的发展更加注重可持续发展和可再生利用。世界各国纷纷改变过去在海洋产业发展过程中过度依赖能源的粗放型发展方式，不断进行技术创新以减少对化石能源的消耗。主要沿海国家利用本国海域海洋能储量和资源，大力发展海洋可再生能源产业，有效降低了海洋生产的碳排放，实现了海洋可再生能源的利用。

——海上安全威胁催生全球海洋治理

进入21世纪，国际政治的结构发生了深刻的变化，因争夺资源和战略通道而导致的冲突越来越转向海洋。海盗、石油溢出造成的污染、海上运输通道的安全、非法捕鱼等，都属于海上安全问题。特别是全球化加强了国家间的相互依存，大量的贸易往来尤其是能源靠海上运输通道实现，海上运输通道已成为很多国家的生命线，其安全越来越重要，以《联合国海洋法公约》的生效为起点，各国一直以来对海洋及其资源的开发、利用、管理及保护，已由依靠军事力量为主的武力控制和自由使用，转向综合管理海洋与合作解决海洋问题。于是海洋治理（Oceans Governance）被提上议事日程，是全球治理的重要组成部分，并和海上安全密不可分，除传统安全外，还涉及非传统安全。

4. 海洋标准计量

近年来，我国逐步建立了海洋标准化归口管理、海洋计量监督管理、海洋质量监督管理三大业务体系，形成了“三位一体”特色鲜明的海洋技术监督体系。一是成功组织了海洋学和海洋气象学联合技术委员会首次海水盐度国际比对工作，涵盖17个国家的25家实验室，总结报告在全球范围发布；二是开展了盐度计校准合作，使多项海洋仪器计量校准结果实现国际互认，为各国提供了高质高效的计量校准技术服务；三是连续召开了4届检测技术研讨会，共吸引48个国家的290余名代表参会，形成共识40余条，影响范围由亚太区域拓展至非洲及加勒比海地区，成为全球海洋检测技术交流合作的重要平台；四是稳步推进海洋国际标准化工作，开展中国标准走出去适用性技术研究，通过海洋技术标准出口转化实现互联互通，及时更新《海洋国内外标准目录》，为我国和国际海洋标准化工作者和使用者提供便利，完成《重力加速度式波浪浮标》等检定规程的翻译工作，促使我国标准走向国际，开展信息跟踪研究，为我国海洋国际标准化活动提供可靠资料；五是联合承建了全球海洋教师学院天津中心，致力于提升成员国在海洋科学技术研究、海洋综合管理、海洋观测与防灾减灾等方面的国家能力。

二、发展现状及问题

（一）发展现状

1. 开展了顶层规划设计

《广东省海洋经济发展“十三五”规划》提出“提升海洋公共服务能力”，分别从创新海洋管理制度、完善海洋公共服务、强化海洋安全管理和加强海洋设施保障四大方面具体设计了广东省海洋公共服务业的发展方向，强调以能力建设为重点，以重大项目和工程为抓手，推动海洋经济科学发展和生态环境持续改善，加快海洋信息化资源整合，推进智慧海洋建设。

——创新海洋管理制度

一是创新体制机制。探索建立跨部门、跨区域的海洋管理体制机制，完善基于生态系统的海洋综合管理体系，加强海洋公共服务机构建设，省地共建一批海洋综合管理基地。建立粤港澳共同应对海洋灾害工作机制，开展海洋灾害监测预报合作。

二是完善海岸带管理。制定海岸带保护利用综合规划，推动珠三角优化开发区域集约发展，减少建设用海增量。实行重点海洋生态区域的行业准入负面清单制度，加强海岸带有效管理与保护修复。健全海砂等资源开采海域使用权招标拍卖制度。

三是加强集中集约用海。坚持依法治海、生态管海、科学用海，切实加大海洋和海岸线开发利用力度。对围填海活动实施严格管控，充分发挥围填海的经济、社会和生态效益。开展重大涉海项目跨区域影响研究，实行严格的排放标准。推进区域建设用海制度，对规划确定集中集约用海区域的建设用海项目实行整体规划、统一论证。完善海籍管理，规范数据采集、审核和上报程序，做好海洋资源基础调查，为高效管海提供支撑。

——完善海洋公共服务

一是加强海洋资源开发管理。强化海域使用动态监视监测，建设海域使用论证管理中心、海籍管理和海洋测绘中心、海洋权属管理及产权交易中心。

二是鼓励社会组织参与。积极发展各类海洋公益民间组织和社团，支持国际国内海洋社会组织在广东省设立分支机构。鼓励海洋产业协会、各行业协会、促进会等海洋社会组织发挥信息沟通、对外合作方面的积极作用，宣传普及海洋资源、海洋产业、海洋科技、海洋生态、海洋灾害防治及海洋法律法规等知识，全面提升全社会的海洋意识。

——强化海洋安全管理

一是加强预警预报能力。建设海洋气象与灾害天气预报开放重点实验室、省级海洋预报台和海洋气象灾害预警中心，建设一批近海海洋气象潮位观测站、海上浮标、潜标、海床基系统、地波、X 波段雷达、卫星、空基观测系统，构建南海北部海洋灾害观测预警和应急指挥网络。建设入海污染物实时在线监测系统。

二是提高防灾减灾能力。制定海洋突发公共事件应急预案，加强海洋灾害和环境污染事故应急处置能力。提高渔港防灾减灾能力，落实风暴潮漫滩风险预警和海洋灾害风险评估区划、警戒潮核定、重点防御区划定、沿海防灾体脆弱性调查、海洋工程风险评估、海洋减灾能力评估、海平面上升调查和海洋灾情调查统计等重点工作。

三是强化海洋船舶安全保障。优化渔业安全生产通信系统，提高渔业船舶安全生产保障能力。加强重点航道、港区航线水域和施工建设海域海上巡航执法。健全海上搜救体系，加强海洋应急能力建设。加强海警巡逻舰艇和海事执法基地建设。畅通船舶安全信息通道，提高海上船舶安全保障能力。

——加强海洋设施保障

一是高标准建设海堤。建设和巩固重要城市、较为重要城镇与保护耕地面积在 5 万亩以上的海堤。基本完成保护耕地面积在 1 万亩以上的海堤的建设以及排洪挡潮闸的达标加固，提高抵御海啸和风暴潮等重大自然灾害的能力。

二是高标准建设渔港。加快现代渔港建设，以提高渔港防台避风和后勤服务能力为核心，以现有渔港的改造、扩容、升级为重点，推动渔港经济区建设。

三是高标准建设能源通信体系。扶持海岛发展清洁能源和海水淡化，加快海岛电力通信设施建设。

四是高标准建设文化设施。建设一批标志性海洋公共建筑，提高全社会海洋公共文化服务和产品的供给能力。

五是高标准建设沿海景观公路。高标准建设沿广东海岸线的景观公路，串联沿海城市，促进新区经济社会发展，打造广东沿海经济带。

2. 构建了海洋高技术产业体系

广东的电子信息、生物等产业优势可快速延伸嫁接到海洋电子、海洋装备、海洋生物等领域，为海洋公共服务业的发展提供良好的发展基础。依托雄厚的科技产业基础，在海洋观测与监测方面基本实现了水质监测、水下无线通信、遥感影像处理、无人船艇监测、GIS 等服务，在国内沿海地区处于相对领先地位。2017 年，广东率先在全国打造了“海、陆、天”三位一体的海洋立体观测网；2018 年，在全国率先开展海洋观测站点建设的审批工作，标志着广东海洋观测管理工作步入法治和规范轨道。近 8 年的海洋观测网建设，建成基本海洋观测站点 27 个，其中，长期验潮站 3 个、简易验潮站 18 个、近海浮标 6 个、海洋卫星数据应用中心 1 个，建立其他类型的各类海洋观测站 33 个。广东涌现出中海达、朗诚科技、中兴通讯、研祥智能等一批企业，研发出水下多源融合导航定位系统、水下多源融合声呐探测系统、海洋在线监测系统、水声无线通信系统、海洋特种计算机、海洋大数据平台及应急指挥信息管理系统等一批新技术、新产品。同时，依托中国科学院南海海洋研究所、中山大学等科研单位打造广东海洋遥感重点实验室、广东省海岸与岛礁工程技术研究中心、热带大气海洋系统科学粤港澳联合实验室等重大平台，为广东省发展海洋公共服务提供一定的基础设施与平台空间。

3. 集聚了一批海洋研究平台

近年来，服务广东海洋事业发展的战略研究机构呈集聚增长态势，涌现了一批从事海洋领域研究的智库、科研机构、高校、咨询公司等涉海机构，有广东省社会科学院、综合开发研究院（中国・深圳）、深港产学研究基地、深圳创新发展研究院等智库机构；中山大学、暨南大学、北京大学汇丰商学院海上丝路研究中心、清华大学深圳研究生院、深圳华大基因研究院、广东海洋大学、深圳大学海洋研究中心等涉海高校、科研院所，新建广东省海岸与岛礁工程技术研究中心。广东涉海领域咨政建言渠道体系愈加完善，智库机构的产品影响力在国内不断提升，“全球海洋中心城市”概念提出、“一带一路”倡议与“周边命运共同体”、南海沿岸国合作机制的构建等岛国智库策论研究报告均对国家海洋事业发展发挥了重要作用。

4. 培育了一批涉海高新技术产品

近年来，广东海洋公共服务业支持海洋经济发展作用显著增强，搭建了空中无人机和海洋卫星遥感、海面船舶调查、海洋潜标、海底原位监测“三维一体”的海洋立体观测网与大数据云平台。基于海洋大数据的应急指挥信息管理系统，已在广州港、珠海港、茂名港、惠州港、阳江港等大型港口应用。广东省海上风电大数据中心投入运营，组织开展了风暴潮灾害现场调查评估。

（二）存在的问题

1. 产业集聚效应尚不突出

广东省的优势涉海产业和高新技术尚未对海洋公共服务业形成有效召集效应，产业整合力度有待提升。这些优势产业可以利用相对完善的技术、人才和制度优势，通过垂直整合或水平整合，召集带动海洋公共服务产业发展，最终形成覆盖相关产业的产业服务链条。但现状是这些优势产业未能与海洋领域较好地融合、发挥应有的召集带动作用，导致海洋公共服务产业在技术创新、产业集聚和产业链形成方面落后于其他沿海地区。

2. 基础科研力量有待加强

一是核心科技制约问题较为突出。海洋观测基础设施建设和海洋灾害预报还处于起步阶段，难以为海洋预报和防灾减灾工作提供有力支撑；海洋环境监测能力还需进一步优化提升；重点海堤、水深地形、承灾体调查和海洋灾害风险区划等调查工作滞后，海洋自然灾害和海上危险化学品应急处置能力还需进一步加强；海洋信息化建设起步较晚，智慧海洋建设进度较慢；观测数据的价值挖掘能力不足，尚未建立开放的众创平台，跨部门、跨产业融合应用效益尚未充分发挥。二是复合型人才相对缺乏。海洋战略人才不足，现有的海洋人才体系无法为海洋高端公共服务业的快速发展提供有力支撑。海洋法学、海洋经济学等海洋人文社会科学领域专家、教授缺乏。

3. 国际合作交流存在不足

目前，广东海洋经济发展主要依托国内市场和国内资源，在利用国际海洋市场和资源方面存在不足，海洋公共服务业“走出去”面临国际化产业链参与度不高和交流平台不足等约束，对国际海洋高端服务依赖程度高，国际化专业人才缺乏。在促进国际产能合作和融入 21 世纪海上丝绸之路建设方面，步伐速度不够大、不够快，支持力度有待加大。同时，广东缺乏成熟的、具有较强影响力的国际化海洋城市，在全球海洋治理中缺乏制度规则和对标准的话语权。

4. 优质特色海洋品牌缺乏

海洋公共产品具有高综合性和低掌控性，政府在提供的过程中，投入了大量的资源，产出与成本不相符，造成产出低效的现象。广东的单一供给模式使得财政负担过重，限制了公共物品的供给能力。社会对海洋公共物品在量和质上需求的增加，要求政府与市场共同寻求多元化的供给方式。当前，广东在海洋公共服务领域涌现的高质量特色品牌数量不多，海洋公共产品产出低效，更未能在国际海洋领域（如环南海经济圈）体现品牌价值。

三、发展的总体思路

（一）总体思路

围绕服务国家、南海及广东省海洋战略需求，以培育海洋公共服务产业为目标，以提供海洋公共服务产品为基础，以海洋科技创新为动力，延长海洋公共服务产业链条，加强海洋公共服务专业人才培养，推动海洋公共服务业成为全省海洋经济新动力、新优势和新增长点。

（二）发展目标

重点围绕海洋观测与监测、海岸带资源智慧管理、海洋战略研究等领域，引入和培育 10 ~ 15 家涉海公共服务机构，初步构建海洋公共服务集群，力争到 2021 年实现产值规模达 100 亿元。持续深化“放管服”改革，在做好政策制定、规划引领、监管服务的前提下，充分发挥市场、科研机构、第三方机构等组织作用，鼓励引导社会力量参与，扩大公共服务有效供给，推动海洋公共服务市场化、产业化、社会化，构建广泛服务社会、灵活多样的服务新机制，促进海洋公共服务业更高质量、更高水平发展。

（三）主要方向

1. 支持领域

重点围绕广东省自然资源资产所有者职责和国土空间用途管制职责，在推动自然资源节约集约利用、加强海洋生态和海域海岸带修复、开展国土空间开发适宜性评价、开展海洋灾害预防和治理、配合建设国家全球海洋立体观测网、推动海洋经济高质量发展、推动粤港澳大湾区海洋协同发展等领域开展海洋战略研究，加快推动数据有效共享和发展要素自由流动，初步构建海洋公共服务集群。

2. 重点项目

支持风暴潮智能监测体系标准化与产业化、海洋人工智能云平台、海岛海洋经济综合宣传建设；支持粤港澳大湾区海洋基础调查、海洋空间资源承载能力、海域海岛生态系统保护与修复、海域海岛及岸线整治修复监视监测、海洋规划体系基础建设、海洋创新联盟平台建设、构建海洋命运共同体、海洋经济高质量发展、海洋自然资源资产保值增值、海湾生态保护与美丽海湾建设、海洋生态修复工程技术等专题研究；支持市县级海洋经济核算体系建设、海洋经济发展创新专项评估等。

四、对策建议

（一）推动海洋公共服务制度创新

1. 完善法规制度及标准体系建设

出台《广东省海洋公共服务业管理办法》，制定并完善广东海洋公共服务领域相关法律法规和部门规范性文件，研究制定分领域具体政策，包括规范准入标准、资质认定、登记审批、招投标、服务监管、奖励惩罚及退出等操作规则和管理办法，明确规范服务类型、责任界定、监管流程、付费体系以及相关法律依据。逐步开放海洋公共服务社会组织准入标准，制定《广东省海洋公共服务清单》，明晰项目遴选和审核程序，建立清单动态调整机制，针对海洋公共服务技术标准、组织标准、服务费用标准等进行全面说明，并逐步放开技术和能力以外的限制标准，促进公共服务市场化发展。建立动态发布制度，通过互联网平台发布项目清单，并根据清单动态调整情况，及时向社会更新有关信息。

2. 构建多元化海洋公共服务供给机制

在政府实施有效监管、机构严格自律、社会加强监督的基础上，扩大海洋公共服务面向社会资本开放的领域。完善鼓励民营资本进入海洋公共服务市场的配套政策，通过合同外包、政府采购、特许经营、BOT、PPP 等公私合作方式供给海洋公共服务产品，提高海洋公共服务业务能力。探索建立众创、众包、众扶、众筹等新模式，实现多渠道、多元化的专业海洋保障服务新格局。

3. 促进海洋公共服务均等化

以促进海洋公共服务均等化为主线，应用大数据理念、技术和资源，加快互联网与海洋公共服务体系的深度融合，推动海洋公共数据资源开放，促进海洋公共服务创新供给和服务资源整合，解决海洋公共服务规模不足、质量不高、发展不平衡等短板问题，提高粤东、粤西等地海洋公共服务的覆盖面和均等化水平，提供均等、普惠、高效、优质的海洋公共服务。

4. 开展海洋公共服务效能评估

率先探索建立合格供应商制度，符合一定条件的企事业单位、社会组织均可申请成为某项服务的合格供应商，承办海洋公共服务。加强合格供应商监管，对存在不符合基本设施配置要求、服务质量达不到基本标准、弄虚作假骗取财政资金等行为的机构，取消其合格供应商资格。加强绩效目标管理，合理设定绩效目标及指标，开展绩效目标执行监控。引入第三方专业机构进行需求评估，提高服务供给的针对性和有效性，积极探索将绩效评价结果与合同资金支付挂钩，建立社会组织承接政府购买服务的激励约束机制。

（二）聚焦三大公共服务领域

1. 推动海洋观测与监测服务

提升海洋监测、预报预警和防灾减灾等基础能力，推动海洋环境监测站标准化建设，2021 年初步建成海洋环境实时在线观测监测网络，为海洋生态保护、灾情预警、精准管理提供决策支持。建设海洋观测与监测大数据服务中心，加强海洋环境监测质量控制和信息产品开发，提供海洋观测与监测数据服务。支持专业企业和机构参与海洋环境监测与评估、海洋生态治理修复等服务，推进海洋观测与监测设施建设运营市场化，引导社会资本提供相关设施运营服务。

一是建设大湾区高密度海洋立体观测示范网。完善波浪观测布局，加强波浪观测。加强城市风暴潮漫滩观测，在城市街道视频观测的基础上，搭建水深观测仪，提供实时、稳定的风暴潮淹没水深和淹没范围的观测数据。二是开展风暴潮、海啸等海洋灾害风险评估。实施灾害风险调查和重点隐患排查工程，掌握风险隐患底数，为合理布局经济社会发展空间提供科学依据。三是建设智能海洋灾害预警与发布示范系统。建设亚公里级大湾区海洋智能网格预报系统；在城市建筑和街道错综复杂区域，开展街区尺度风暴潮漫滩预报，显著提高预报针对性，更好地服务于防灾减灾。基于云平台，建立面向主要媒体发布渠道的预报产品智能发布系统，提供及时专业的海洋灾害预报，便于管理部门与公众及时掌握最新实况，及时采取相应措施。四是实现海洋数据融通，开展重大海洋灾害联合会商。推动海洋数据信息共建共享，建设一套可实现视频会商、海况视频监控、预警报产品展示等功能的综合会商系统。系统可实现实时风暴潮、海啸等海洋灾害应急视频会商或会议，可实时发送、接收预警报产品，共同商讨防灾减灾方案及应对措施。五是面向适合市场承担的服务性观测监测业务。探索建立广东省海洋观测与监测行业协会，打造集海洋观测与监测业务的企事业单位、仪器设备生产与销售企业及与环境监测有关的管理、咨询单位等于一体的协作交流平台，开展先行先试。利用国家和广东科技创新与成果转化应用专项资金，加大对海洋观测监测技术装备创新平台、生产应用示范平台、性能测试评价中心、应用示范项目的支持力度。在广东省海洋防灾减灾辅助决策中心、海洋灾害态势分析展示平台、省级海啸预警接收分发系统、预警报音视频产品制作系统等系统初步建立的基础上，联动相关龙头企业建设海洋观测监测大数据服务中心，实现观测监测数据的有效共享，提供海洋观测监测数据服务。

2. 创新海岸带资源智慧管理服务

加速推动海岸带“多规合一”进程，开展海岸带“一张图”工程。以“岸带产业+”“生态+”和“互联网+”深度融合，建设海岸带生态环境感知物联网，推进海岸带自然资源数字化建设，全面掌控我省海岸带产业活动和生态环境动态情况。将海洋生态管控、开发进行体系性整合，运用大数据技术，实现海洋资源共享、海洋活动协同、海洋高效管理。构建跨部门、跨行业的海岸带资源要素地理分布统计、空间开发格局、资源优化配置等的分析模型，尝试构建具备个性化模式定制、本体知识关联等特征的资源环境潜力、空间开发格局、资源优化配置等服务体系。推动先进检测监测技术、物联网技术等技术运用，以完善的海洋信息采集与传输体系为基础，以构建海洋大数据运算处理体系为支撑，全面掌控广东省海岸带产业活动和生态环境动态情况，利用基础信息数据库和实时监视监测系统，对海域沿海滩涂、海湾、海岸线等海域空间资源数量、品质等情况进行调查，开展海域生态资源价值和开发潜力评估，探索建立海域资源实物账户和价值账户，对海域空间资源实行统一确权登记。组织开展海域生物本底调查，评估增殖放流效果，掌握浮游动植物、珊瑚礁、红树林海草床等的基础资料，摸清海洋生态家底和潜在生态风险，设立海洋动植物多样性安全阈值。

推动海岸带生态环境整治修复。集成基于生态系统管理和陆海统筹的海岸带生态保护修复和综合保护利用模式，研究围填海等主要开发活动的动态监管、生态损害和生态风险评估技术与方法，开展面向海岸带空间规划辅助决策与规划实施监测评估、海岸带资源督等的资源主动与智能服务。瞄准海洋生态建设需求，积极发展岸线整治、近海生态修复、河口资源保护、沿海防护林建设、滩涂生态涵养等相关工程设计和技术研发，加快发展洁净产品生产技术、环境工程与技术咨询、环保科技推广、环境信息服务等。以海湾生态环境的保护及修复为切入点，加强相关技术研究及应用，建设海湾生态修复国家级示范工程。创新围填海开发活动监管评估、海岸带生态损害和风险评估，海岸带资源环境承载能力和空间开发适宜性评价等的技术方法和分析模型，开发面向海岸带资源管理的动态监督、分析评估智能辅助决策系统。

3. 加强海洋战略研究

积极发展海洋战略咨询、管理咨询和信息咨询等专业化咨询业务，提升科技咨询服务能力。充分利用外脑资源，组建省级海洋咨询专家库，汇聚中国及国际人才的思想理念，提供优质研究成果和战略建议。依托龙头企业，在战略咨询、管理咨询等领域推动形成国内科技咨询服务高地。充分发挥海洋学会及海洋产业协会等行业组织的作用，整合行业服务资源，开展服务规范和标准制定工作，开拓服务市场，打造行业品牌，提升行业整体竞争力。

加强与国内外海洋科研和智库机构合作，开展全过程产业研究和决策咨询服务。一是在国外设立智库分支机构，提升国际影响力。可在挪威、休斯敦、伦敦、新加坡等全球海洋城市建立智库分支机构，网罗世界关键地区研究人员；二是与国际相关海洋机构组织建立合作关系。如与国外著名大学、海洋科研机构建立学术交流关系，开展合作研究、国际会议研讨、学者互访等学术活动；共同打造海洋发展高层次、创新型人才培训等。

从海洋强省建设和粤港澳大湾区海洋经济发展需求出发，强化海洋经济顶层设计与规划政策研究，加快推动数据有效共享和发展要素自由流动。一是依托“一带一路海上合作设想”，深入开展构建海洋命运共同体、参与全球海洋治理、“21 世纪海上丝绸之路”等相关问题研究；二是立足粤港澳大湾区发展需求，开展推动粤港澳大湾区海洋经济协同发展、构建大湾区海洋公共服务集群相关研究；三是围绕海洋强省建设，重点开展广东省海洋经济高质量发展、市县级海洋经济核算体系建设、海洋创新联盟平台建设和海洋经济发展创新专项评估等问题研究；四是围绕海洋城市发展，对所辖沿海市的海洋事业发展，就产业、科技、生态、综合管理等领域开展前瞻性和基础性研究。

（三）发展海洋公共服务新动能

1. 积极开展海洋公共服务试点建设

根据国家、省、市智慧海洋建设规划和年度实施计划，梳理智慧海洋示范项目清单和对接任务清单，重点争取海洋观测网、海洋大数据、海岸带综合管理、海洋重大政策研究等示范项目落地广东。对暂不具备条件纳入海洋公共服务体系的项目，在深圳、珠海、惠州等部分地区先行开展试点。

2. 加强海洋公共服务“产业链+创新链”融合示范

以重点企业和科研机构为龙头，着眼前沿重大需求和核心关键环节，围绕海洋观测监测、海洋防灾减灾、数字海岸等领域开展技术研究，加强科学发现、技术开发和产业发展各环节产学研资紧密衔接，通过部署一批重大项目带动更多的一般项目，构建海洋公共服务产业体系，提升海洋经济核心竞争力。

3. 加快聚集一批高水平科研机构和海洋科技服务企业

围绕重点领域突破一批海洋领域关键和核心技术，积极突破海洋科技服务产业发展瓶颈，建立研发设计、检验检测认证、科技咨询、技术标准、知识产权、投融资等多种类型科技中介服务机构，打造海洋信息技术、海洋人才培训等服务外包基地。依靠技术创新，推进海洋公共服务业升级，形成市场化的海洋监测、海洋调查、工程环境评估、建设项目选址和测绘、应急救助等服务体系。积极引进涉海龙头企业区域总部、研发中心、数据中心、运营维护中心等高端项目，提高产业集中度、延伸产业链，完善生产、研发和服务体系，快速提高产业集中度和资源配置效率。

4. 创新海洋公共服务模式

鼓励企业在提升海洋服务基础硬件科技性能基础上，构建“硬件供给商+服务运营商”模式，促进互联网深度广泛应用，带动海洋服务生产模式和组织模式变革，形成网络化、智能化、服务化、协同化的产业发展形态，推进产业组织、商业模式、供应链创新。鼓励企业利用互联网等开展个性化定制、按需设计、众包设计等专业海洋公共服务，推动海洋公共服务业向专业化和价值链高端延伸。

（四）强化重大创新平台支撑

1. 建设全域立体观测系统平台

选择重点海域部署雷达、声纳、水下机器人、无人艇、无人机和各类传感器等感知设备，形成海空天潜立体观测能力。在海洋特别保护区、重点渔港、商港、航道和锚地以及无人岛礁等区域，实施一批海洋观测网示范项目建设，部署无人机、雷达、声纳、无人艇、水下机器人、高清视频等观测监测设备，实现海洋及大气环境全要素、全功能、立体化的观测。搭建广东国家级海洋大数据中心和运维保障中心，形成信息共享和运营服务能力。

2. 建立海岸带数据综合管理平台

面向广东海域海岛管理、海洋生态环保、海洋防灾减灾、海洋行政执法等海洋政务综合管理需求，建设并部署海岸带数据综合管理平台，实现对各类海洋管理主体活动的信息支撑和辅助决策。建设覆盖全省海岸带的智慧管理系统，打通涉海部门数据壁垒，实现海岸带数据共享，为涉海部门提供灾害预警预报和人员综合监管等全方位的智慧海洋信息服务。完善建构陆海一体信息平台，以数据支撑海岸带综合管理工作的开展。利用新一代遥测、遥感、视频、物联网等技术，建立海洋全方位、立体式的在线监控网，实现对海洋生产环境、生态环境、海洋灾害、污染排放等自动化的在线监控。建立海洋在线监视监测网，重点发展海洋浮标在线监测、岸基污染物入海监测站、无人机应急监测、无人船在线监测、移动监测车、船载监测、地波雷达等现代海洋环境观测监测新技术、新手段，实现对海水水质、水文、气象、海洋生态等多种海洋要素的立体、实时、在线监测。

3. 搭建海洋战略研究领域专业研究咨询平台

按照“政府引导、市场运作、企业管理”的原则，由政府牵头组织，涉海龙头企业、高校和研究机构、媒体机构、银行等投融资机构等共同发起成立。在充分利用政府资源的基础上，不断挖掘市场资源，聚集国内外具有一流学术水准、享有较高社会声誉并致力于海洋事业发展的专家人才作为智库领袖组建全球海洋智库，发展成为具有国际影响力的海洋专业智库。密切关注海洋领域的国际事务与全球性发展主题，形成特色化专业研究领域。放眼全球有知名度和影响力的智库，立足的根本不在于规模的大小，而在于专业方向和研究专长。研究领域要突出国际化、全球化、特色化，以全球海洋经济发展、海洋科学技术、海平面上升、海洋酸化、海洋生态系统保护、海洋污染、可持续利用海洋资源（海洋新能源）等问题为重点，积极参与联合国2030年可持续发展目标研究，深度参与全球海洋治理，提升智库在全球海洋治理中的话语权和影响力。与国外著名大学、智库及海洋科研机构建立学术交流关系，开展合作研究、国际会议研讨、学者互访等学术活动；共同进行海洋发展高层次、创新型人才培训等。

4. 加强海洋基础信息服务平台建设

建立健全海洋基础数据调查、统计和信息发布制度，加强海洋开发基础数据、海区环境状况、区域海洋气象、海洋科技研究等的信息发布和服务。完善近海海洋资源综合调查，开展渔业资源、海上安全通道、海岛保护开发等专项调查，推进海洋地理信息服务平台建设。加快海洋信息体系建设，提供海上通信、海上定位、海洋资料及情报管理服务等，积极培育海洋信息服务企业，促进信息服务向专业化、网络化、品牌化发展。利用国家陆海统一的测绘基准框架和数字海洋信息基础框架，加强海洋测绘地理信息公开和服务。提升海洋立体监测和预报服务能力，积极开展海洋产业安全生产、环境保障、气象预报等专题服务，强化面向港口作业、海洋油气生产、海上旅游、海洋渔业、海洋盐业等领域的服务。提高海洋工程环境影响评价、海域使用论证、海洋工程勘查、气候可行性论证、海洋气象灾害风险评估等的服务水平，积极拓展海洋公共服务领域。

5. 优化海洋重大平台的组织制度

强化平台顶层设计。整合现有涉海同类研究方向平台，成立新的创新平台。对广东省海洋基础研究项目、应用研究项目等进行分级分类管理。平台项目流程采用“自上而下”统筹管理制，竞争性项目在平台内部公开招标，各单位自由组合投标。建立长效考核机制，5 年后开始定期考核，实行底部淘汰制，末位需要单独汇报解释说明。提升政产学研协同创新。完善产业链供需关系，研究方向由国家、重点龙头企业提出。项目选题原则上优选跨界融合项目（近期海洋观测＋电子信息），鼓励跨领域企业参与项目。提升涉海中小企业参与程度（占比 1/3），保证其发展。政府和学术界（重点实验室）负责前半流程基础研究环节，工程技术中心与公共技术服务平台负责相对成熟的技术商业转化关键环节（原型或者小批量市场阶段），后半流程交接给工业界。

（五）提高海洋公共服务供给能力

1. 发展海洋公共服务装备企业

充分利用国家和省市科技成果转化引导基金、中小企业发展基金、新兴产业创业投资引导基金等的吸聚效应，广泛吸收社会资本投入，大力培育海洋观测装备小微企业，加快海洋观测传感器、平台和通用技术装备的产品化和产业化开发进程。依托海洋经济创新发展示范城市、国家海洋高技术产业基地和国家科技兴海产业示范基地，建设海洋观测技术装备产业园区，推动海洋观测装备产业延伸链条，扩大规模，提高核心竞争力。

2. 搭建海洋技术成果转化服务载体

着眼于满足海洋观测技术装备开展海上试验的需求，推进国家级浅海、深远海综合性海上试验场示范基地建设，建立布局合理、功能完善、资源共享、军民兼用的海洋观测技术装备海上试验场体系，为海洋技术装备及海洋模型的研发与检验及其产品化提供保障。推进海洋观测装备检测平台建设，建立覆盖海洋物理、海洋化学、海洋地质与地球物理等领域的海洋观测装备计量评价体系。建设海洋观测装备环境检测中心，构建深远海、极地等特殊环境海洋观测装备环境适应性试验平台，提供全面专业的实验室综合模拟试验服务。推进海洋技术交易服务与推广活动，面向国内外的服务网络建设，提高技术成果评估、技术转让、知识产权代理等服务能力。搭建精准引进信息平台。全面搜集国内外海洋公共服务领域的上市公司、行业龙头企业、科研院所清单，建立海洋公共服务名录库。系统组织投资海洋公共服务领域落户企业以及本地中小企业与政府各部门和海洋公共服务项目单位进行需求对接，解决信息沟通不对称问题。

3. 推动海洋公共服务中介机构发展

支持我省现有海洋技术服务机构业务发展和提升，鼓励外地海洋公共服务机构和企业入驻。规范海洋公共服务中介市场，建立健全海洋中介服务信用体系。在海洋公共服务领域，逐步扩大海洋管理技术服务政府采购，建立海洋科技信息服务中心。一是打造海洋科技资源成果发布系统。与国家知识产权局专利部门、中国科学院文献情报中心等机构联合建立“海洋科技资源成果发布系统”，鼓励高校和科研机构及时发布科研成果的信息，引导企业及时发布自己对科技成果的需求信息，促进科技信息与经济信息对接，深化重点产业专利导航。二是建立国家专利导航研究与推广中心。围绕产业集群和重点企业，创建国家专利导航研究与推广中心，培育一批国家级分析评议示范机构，形成一批知识产权密集型产业。

4. 打造海洋公共服务产品的资源配置中心

鼓励企业开展海洋深层次合作，构建环南海经济圈科技、产业创新中心，并支持龙头企业服务于环南海区域基础设施建设，推动运营、标准、技术走出去，为国家经略南海提供有力支撑。

（六）推动海洋公共服务开放合作

1. 强化粤港澳大湾区海洋公共服务合作

坚持协同高效，统筹推进区域海洋灾害突发事件应急管理合作，建设突发事件的应急管理合作体系。建立信息互通机制，及时通报灾害影响、当地应急预案启动以及灾害应对中的其他重要信息；建立协同处置的机制，要实现区域内防灾减灾先进技术装备共享共用，协同开展应急服务。打破行政壁垒，为港口建设运行、航运、旅游休闲和生态文明城市建设提供无缝隙、精准化、智慧型的一体化海洋保障。做好区域内海洋灾害预警信号标准对接，建设区域内权威、畅通、有效的一体化预警信息发布平台，实现与国家预警信息发布系统的有效对接，实现各类预报预警信息的多渠道和及时有效发布。

2. 创新粤港澳大湾区科技创新共享机制

依托粤港澳政府间合作框架协议，重点在海洋数据共享、海洋（海岸带）生态环境监测调查、珠三角和海洋大气综合探测等方面深入推进粤港澳海洋科技创新合作。继续举办每年一次的粤港澳海洋科技研讨会。建立健全科技成果认定和业务准入制度，完善科技成果、知识产权归属和利益分享机制，促进自主创新和成果转化。推进重点领域科技成果转化中试基地建设，建立科技成果管理与信息发布系统，建立海洋科技报告制度。打通科技成果向业务服务能力转化通道，提升科技对海洋现代化发展的贡献度。

3. 加强与全球海洋公益组织对接

积极对接海洋相关国际组织，一是非政府组织和倡导型性机构，如国际海产品可持续性基金会（ISSF）、国家地理学会、世界自然基金会（WWF）；二是行业社团，如国家渔业研究所、世界海洋理事会；三是国际组织，包括联合国粮农组织、全球海洋论坛、联合国开发计划署、联合国环境署、联合国教科文组织政府间海洋学委员会。

4. 鼓励海洋公共服务国际标准制定

进一步推进与发达海洋国家、沿线国家、亚太经合组织、东盟等的多、双边国际合作，推进国际或区域标准的研制，与有关国家和组织共同开展海洋观测、海洋防灾减灾、海洋空间规划、海洋生态环境监测等方面的国际标准研制、比对和互认，实现双边互认人员资质、产品标准、认证认可结果等。鼓励国内拥有相关技术和国际合作基础的涉海企事业单位，开展与沿线重点国家的标准化互利合作。聚焦海洋产业发展前沿，建立海洋标准化与海洋高技术产业协同发展机制，组织“海洋标准化+高技术产业”提升工程，鼓励涉海企业根据需要制定和自我声明公开涉海企业产品和服务标准。鼓励具有竞争力的涉海企业制定严于海洋国家标准和行业标准的企业标准，将拥有自主知识产权的关键技术纳入企业标准。探索开展海洋技术标准创新基地和试点示范建设，加快培育海洋标准化服务机构，引导有能力的企业、社会组织参与海洋标准化服务。提供海洋标准化能力建设咨询服务，重点在涉海企事业单位构建企业标准化体系、标准化发展战略制定、标准化人才培养、标准科技创新等海洋标准化能力建设方面提供咨询服务。鼓励国家海洋局南海标准计量中心为广东海洋创新联盟、学术团体和行业协会等提供海洋标准指导。

（七）加快高端人才供给

1. 鼓励发展海洋公共服务组织

支持粤港澳海洋科技创新联盟、广东省海洋创新联盟、深圳市海洋产业协会、知名海洋大学和海洋智库发挥在承接行政事务、承担政府购买服务，以及信息沟通、舆论监督、对外协作方面的积极作用。筹建海洋公共服务专家委员会，开展广东省海洋公共服务运行监测与统计分析工作，研究制定海洋经济统计指标体系与统计核算制度，开发月度、季度、年度海洋公共服务运行评估产品和各类海洋经济专题评估报告，增强海洋公共服务分析辅助决策能力。

2. 完善人才交流培养机制

面向大湾区、面向“一带一路”沿线国家和地区、面向葡语国家海洋高端人才培训，充分利用广东海洋业务部门、高等院校、科研院所的高端技术人才优势，充分利用粤港澳城市群稠密海洋观测网、精细化预警预报系统等现代业务资源优势，建立具有国际先进水平的高层次海洋骨干人才和海洋预报专业技术人员培训中心。加强与高校和科研院所的合作，积极参与海洋公共服务科研业务重大国际合作计划，采取多种方式吸引国外高水平科学家承担或参与湾区核心任务，支持攻关团队技术骨干出国访问、交流和培训，提高技术服务的国际化水准。建立区域访问学者制度，开展针对各城市的海洋服务和保障人员及管理人员定期交流访问，加强纵向及交叉交流力度。完善人才服务体制机制，结合实际推进实施工资待遇、技术等级评价、职称评定等方面的激励政策。探索公办与非公办公共服务机构在技术和人才等方面的合作机制，对非公办机构的人才培养、培训和进修等给予支持。

（八）加大资金支持力度

1. 创新财政资金支持方式

根据海洋公共服务业总体规模尚小、发展潜力巨大的特点，在海洋产业链关键环节、夯实海洋科技创新基础方面给予适当扶持。在扶持海洋经济创新发展基础上，探索地方配套扶持发展海洋经济的新政，探索事后奖励、股权资助、贷款贴息等多元化扶持方式，推动项目持续健康发展。完善对海洋公共服务产业和平台的运行分析、统计分析、动态评估等信息服务，加强对产业的研究，切实做好各项总结工作。

2. 加大金融资本支持力度

完善海洋公共服务供给的长效筹资机制。在海洋公共服务的提供上，政府理应承担更多的责任，并将财政资金的分配更多地向其倾斜，加大对海洋公共服务的供给力度，建立长效财政投入机制。一是建立财政支持海洋公共服务的资金稳定增长机制。按照专项管理的原则，由政府对海洋公共服务进行专项支持，并建立稳定的增长机制。二是明确扶持重点，进一步优化财政支出结构。要进一步加大财政对海洋基础设施建设、海岛环境治理、海洋生态环境保护、海洋科技和海洋公共安全服务等方面的投入。三是进一步加大资金整合力度。要加强部门之间的协调配合，进一步整合各类海洋专项资金，明确经费预算，提升专项资金的整体效益。

支持海洋公共服务产业投资基金。在广州、深圳等地打造海洋金融与高端服务业创新示范区；建立由银行、创业投资、产权交易、证券、法律、财务等机构组成的海洋公共服务业投融资体系，开发海洋知识产权交易品种，推动海洋知识产权资本化、产业化；加大创业投资基金和产业引导基金对海洋产业的支持力度，建立涉海企业资金池和风险池。

第九章
园区创新实践

第一节　大铲湾港区转型发展

一、转型基础

大铲湾港区位于深圳市宝安区，地处珠江入海口东岸、粤港澳大湾区的核心位置，坐拥特区、湾区叠加优势，有潜力成为珠江东西两岸联动发展的前沿阵地，与湾区各功能体及自贸区差异、联袂发展，肩负引领粤港澳大湾区向海发展、走向海洋的区域使命。

作为深圳港三大主体港区之一，大铲湾港区当前进入了新一轮转型升级发展周期，面临港城发展矛盾亟待破解、企业综合运营能力亟待提升的发展困境，亟须转型升级。

——从港口角度看

一是中国港口行业处于结构性产能过剩阶段。2000 年之后伴随中国外贸的繁荣，国内港口货物吞吐量持续快速增长，这段时期行业的主要瓶颈是产能不足。经过多年的投资建设，港口逐步从产能不足发展到产能过剩，2014 年中国港口货物吞吐量增速开始明显放缓，区域港口之间的竞争矛盾愈加突出（如图 9 - 1）。

二是粤港澳大湾区港口同质竞争激烈。在粤港澳大湾区几何中心半径 100 千米范围内，分布着多组同等规模的港口，年吞吐量超 2 亿吨的有广州、深圳港，年吞吐量约为 1 亿吨的有东莞、珠海港，年吞吐量约为 5000 万吨的有佛山、惠州、中山、江门港，港口功能的高度相似加剧了大湾区港口之间的竞争。2019 年中国十大港口吞吐量排行见表 9 - 1。

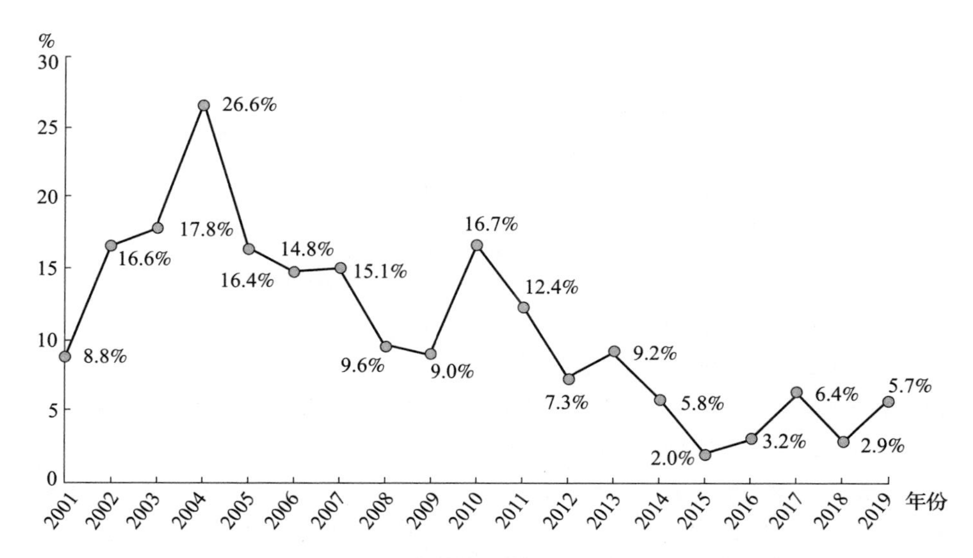

图 9－1 2001—2019 年全国规模以上港口货物吞吐量增速

资料来源：WIND，交通运输部。

表 9－1 2019 年中国十大港口吞吐量排行

名次	货物吞吐量排名	集装箱吞吐量排名
1	宁波舟山港	上海港
2	上海港	宁波舟山港
3	唐山港	深圳港
4	广州港	广州港
5	青岛港	青岛港
6	苏州港	天津港
7	天津港	厦门港
8	日照港	大连港
9	烟台港	苏州港
10	大连港	营口港

资料来源：根据调研所得。

三是大铲湾港区作用尚未得到充分发挥。大铲湾港区作为深圳港的三大主体港区之一，自 2000 年启动开发至今，只有一期码头正常运营，码头业务单薄，整体功能尚不齐全，2019 年集装箱吞吐量为 127 万标箱，仅占全市的 5%，与盐田、南山两大主体港区相差甚远，竞争力差，无法与周边港区竞争。

专 栏

大铲湾港区发展历程回顾

2000年，大铲湾港区启动规划建设以来，共经历4个发展时期：

建设起步期（2000—2006年）：1998年交通运输部和广东省政府联合批准《深圳港总体布局规划》，大铲湾港区作为体现深圳港核心竞争力的三大主体港区之一，被确定为深圳西部待开发的大型专业化集装箱港区。2000年大铲湾港区正式启动筹划建设，2002年编制出台《深圳港大铲湾港区集装箱码头水陆域详细规划》，明确了大铲湾集装箱码头开发市场需求、功能定位以及港区总体开发方案、水陆域详细规划、开发经济效益等内容，为大铲湾集装箱码头开发建设提供了依据。

一期码头投运期（2007—2009年）：2007年深圳市交通局向深圳市政府提交《大铲湾港区集装箱码头规划调整方案》，建议大铲湾港区增加后方堆场约262万平方米，增加岸线约1200米。2007年12月，一期码头5个深水泊位全部建成并投入运营，码头吞吐量实现逐年增长。

产业拓展期（2010—2017年）：全球金融危机发生后，大铲湾面临全球集装箱运输业增速回落的外部形势压力，2010年大铲湾公司主动思变，积极寻求新业务增长点，开始以产业项目为抓手，重点发展港口派生服务、商贸物流经济等综合性沿岸服务业。2015年深圳汽车整车进口口岸延伸至大铲湾港区。

转型升级期（2018年至今）：目前，全球船舶运能持续过剩，航运业发展遭遇挑战，港口业进入过剩时代。我国经济进入新常态，产业面临转型升级，港口转型也迫在眉睫。港口已不仅是提供装卸仓储等综合物流服务的运输枢纽，也要成为腹地经济发展的重要依托，更注重专业化服务、多元化经营、港城融合。大铲湾港区作为深圳港三大主体港区之一，在内外部重大因素变化的影响下，通过特色、更精细化的增值服务实现功能拓展和服务多元化，成为下一阶段的重要着力点。

四是大铲湾港区面临“退港还城”的压力。港区发展面临城市空间挤压，2018年港区规划调整，大铲湾港区范围由10.28平方千米缩至4.85平方千米，配套区、辅建区纳入城市建设用地范围。受到土地空间制约和房地产价格的影响，大铲湾港口物流发展将面临被不断排挤的命运，未来如港区价值未充分发挥，将有被城市空间进一步挤压的危机。

五是大铲湾港区后方陆域腹地不足，无法发展大规模航运。大规模临港经济的发展需要依托港口资源和充足的后方陆域，如鹿特丹港区占地达100平方千米，大铲湾盐田港区占地17.96平方千米。港区后方为宝安中心建成区，以住宅为主，后方陆域纵深不足，无法为港区提供物流配套服务用地，无法发展大规模航运。

——从产业功能看

大铲湾港区对城市产业发展的贡献作用尚未充分发挥。深圳市产业逐步实现由加工向制造、创造、智造的升级，而港口则仍以装卸、仓储等运输功能为主，双方互动减弱。宝安区作为深圳市制造业大区、工业大区，在全球新一代科技革命和产业变革期，提出推动产业向智能化、信息化、网络化方向发展，着力发展战略性新兴产业，向产业高附加值环节延伸。2020年宝安区政府工作报告中提出，“加快发展智能经济、海洋经济、临空经济，全力打造世界级智能制造产业集聚区”，并将打造全球海洋中心城市核心区作为区域重大发展战略，宝安区海洋新城尚处填海建设期，缺乏发展海洋产业的集聚区。而大铲湾尚处于产业导入、低层次粗放发展阶段，对深圳市及宝安区经济贡发展献有限。作为深圳市及宝安区重要的未开发土地资源，大铲湾港区需在海洋经济、智能经济等宝安区着力发展的战略性新兴产业方向上发挥示范引领作用，充分发挥对宝安区经济转型的支撑作用。

——从城市角度看

大铲湾港区现状与城市新中心的定位不匹配。《深圳国土空间规划（2020—2035)》确定的城市中心体系方案为：1个都市核心区、2个市级中心、3个副中心、6个组团中心。都市核心区包含大前海中心、福田—罗湖中心，以及龙华中心，大铲湾港区被纳入了大前海中心范围。随着深圳城市发展的主中心不断西移，大铲湾港区土地价值不断升级，港区为港口、物流用地，以装卸、仓储等低端运输功能为主，土地价值未充分发挥。周边区域对大铲湾港区的服务功能已经超出了港口最初所具有的装卸运输功能范畴，对总部功能、创新功能和城市开发功能有发展需求。港口用地性质制约港区产业升级，突破港口物流用地性质政策空间有限。

港口集疏运体系与城市交通相互交织。大铲湾港口集疏运体系与城市交通相互交织，对城市交通和安全及城市空气环境带来了一系列负面影响，周边布局有商业公寓、办公写字楼，对市民生产生活影响较大。

二、战略定位与发展目标

（一）战略定位

项目将坚持世界眼光、国际标准、湾区视野、产城融合，聚焦“海洋+港航+科技”，打造集港口、航运、科技、信息、商务、金融、总部等功能于一体的港园城融合都市核心区。

——全球海洋中心城市产业核心枢纽

以深圳建设全球海洋中心城市为契机，充分发挥大铲湾港区的综合优势，"以己所能，供深所需"，围绕"港—园—城"联动发展思路，培育以海洋高端服务业和海洋高技术产业为引领，以海洋文化创意、新型消费等为特色的海洋产业集群，打造深圳建设全球海洋中心城市的产业核心枢纽。

——粤港澳大湾区国际航运综合服务功能区

把握深圳打造国际航运中心和交通强国城市范例的重大机遇，加快完善港口功能，推动港口提质增效和转型升级，增强港航要素集聚能力和整体竞争力。对接中国香港国际航运服务业资源，大力发展高端航运服务，争取港航发展政策先行先试，打造粤港澳大湾区国际航运综合服务功能区。

——新一代信息、数字经济科技创新高地

瞄准世界科技前沿领域，加快发展互联网、云计算、大数据、人工智能等新一代信息技术，在关键共性技术、软硬件技术、创新产品等层面实现新突破，促进"互联网+"、大数据、人工智能与实体经济深度融合发展，打造新一代信息与数字经济科技创新高地。

（二）发展目标

按照整体规划、分步实施、注重实效原则，力争用10年时间，建成以科技研发和创新服务为核心的大铲湾蓝色未来科技港。

转型期（到2022年）：坚持"港产城"融合发展，立足自身优势特色，导入国际高端要素资源，激发产业新动能和城市活力，带动大铲湾港区整体转型升级。

成长期（到2025年）：龙头企业和创新要素集聚发展，初步形成以海洋、港航和科技为主导的现代化产业集群，产值规模达到约1000亿元，税收贡献超70亿元，创造就业岗位约5万个。

成熟期（到2030年）：产业集群化效应最大程度发挥，发展成为产城融合、创新、活力强、生态好、宜居的蓝色未来科技港，产值规模达到约2000亿元，税收贡献超150亿元，创造就业岗位约6万个。

三、产业发展方向

坚持港产城融合发展，围绕"海洋+港航+科技"，打造技术先进、产业高端、业态多元的现代产业集群。大铲湾蓝色未来科技港产业体系如图9-2所示。

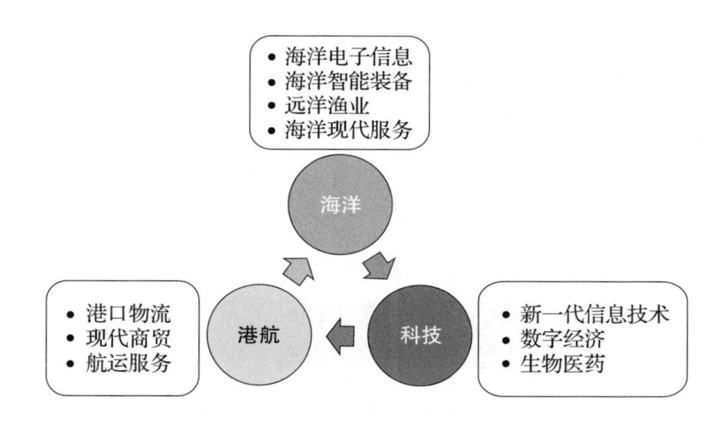

图 9－2　大铲湾蓝色未来科技港产业体系

资料来源：根据调研所得。

（一）海洋产业

——海洋电子信息

依托深圳电子信息产业优势，重点发展海洋遥感与导航、水声探测、深海传感器、水声通信、海洋大数据、新型海洋观测卫星等关键技术和装备，打造海洋电子信息技术研发和成果转化基地。

推动海洋电子信息核心技术突破。开展海洋监测技术及装备研发；建立水声通信技术实验室；建立能够实际指导船舶和海工研发、设计的数值水池；发展载人深潜器、无人潜水器等水下探测装备研发设计。

推动海洋信息服务产品创新。推动海洋信息系统“数字化、网络化、智能化”转型升级，为军队、海警、海洋局等各海洋用户提供具有准确预测能力的信息应用服务开发平台发展智能渔业、智能海运等新业态。

——海洋智能装备

瞄准国际海洋高端装备研发和制造前沿领域，吸引海洋高端装备研发总部企业和研究院入驻，加快海洋高端装备关键部件研发制造，突破高技术船舶、水下探测装备等领域关键技术。

建立海洋高端装备核心配件制造研发基地。聚焦深潜器关键技术和装备、海底作业机器人、海洋矿产勘探技术和装备等产业链，引进龙头项目，建立海洋高端装备核心配件制造研发基地。

发展载人深潜器、无人潜水器等水下探测装备研发设计。围绕水下探测和水下作业需求，突破水下探测与开发核心技术，提高水下探测装备自主研发能力。

建设高技术船舶研发基地。推进绿色船舶、智能船舶、无人船等高技术船舶的研发设计，引进龙头企业。

重点建设海洋设备试验基地。建设通信导航设备、声学设备、两栖装备等各类海洋装备和仪器的创新研发试验平台，支持和引导非涉海科技制造企业开展海洋高端装备核心配件制造和研发。

——远洋渔业

布局国家级远洋渔业基地，建设国际金枪鱼交易中心，实施“全球资源＋中国消费”的远洋渔业发展战略，打造远洋海产品消费中心。

以国际金枪鱼交易中心为核心平台，吸引南太平洋岛国、东南亚等地区远洋产品存储交易，培育壮大粤港澳大湾区国际远洋产品消费市场，打造世界级远洋渔业产品消费市场，增强深圳在国际远洋渔业资源和国际贸易领域的话语权、定价权以及资源配置能力。

发展远洋渔业配套衍生产业。打造远洋渔业研发中心、展示体验中心、消费中心等。

——海洋现代服务

整合海洋产业领域资源，积极发展海洋特色金融服务、海洋信息服务、海洋专业服务等，培育和引进一批涉海总部企业，打造具有国际竞争力的蓝色经济总部集群。

海洋金融服务。培育和引入涉海金融服务主体，为海洋产业发展提供特色化产品体系和服务方案，探索设立海洋产业孵化基金。依托中国香港高增值金融服务的优势，发展海上保险、再保险及船舶金融等特色金融业，支撑海洋经济发展。

海洋科技服务。发展海洋科技研发服务、科技成果转化应用交易服务、海洋科技交流与推广服务等，构建完善的海洋科技服务体系。

海洋专业服务。发展海洋咨询服务、海洋工程技术服务、海洋专业技术服务等，引进国际海洋管理机构、海洋行业组织等。

（二）港航产业

——港口物流

发展集装箱运输和现代物流，加快智慧港口建设，推进港口转型升级、提质增效和可持续发展。

集装箱运输。发展集装箱运输，形成大中小泊位相配套的规模化、专业化港区，构建功能完善、运作高效的集装箱转运中心和综合运输枢纽。

智慧港口。加强港口智能化、信息化建设，提升港口码头关键设备的自动化、智能化水平，打造港口集装箱数据云服务平台。

现代物流。大力发展保税物流、国际中转集拼、进口分拨配送，形成与国际市场接轨的港口物流网络体系，打造国际供应链管理中心。

——现代商贸

充分发挥港口的战略支点作用，提高港口的产业承载能力和服务水平，吸引国际商贸、跨境电商、高端消费等产业向港口集聚，打造现代商贸产业体系。

商贸总部。引进商贸企业总部、采购中心、结算中心、运营中心等。

跨境电商。搭建跨境电商平台，打造集产品、仓储、物流、人才培训、孵化、融资、财税服务等多功能为一体的跨境电商全产业链综合服务平台。

高端消费。发展体验式消费、进口品牌馆、保税零售等。

——航运服务

集聚航运功能要素，促进航运信息交流，鼓励航运创新，培育和发展航运金融、航运信息、航运交易等，推动航运配套业规模化、高端化发展。

航运金融。加强与中国香港合作，发展多样化、专业化的离岸金融、船舶融资租赁、航运保险、航运衍生品交易等航运金融业务。

航运信息。充分利用现代信息技术，建立航运市场监测和风险预警机制，为货物贸易、服务贸易、电子商务等提供信息服务。

航运交易。开展船舶买卖、船舶租赁等，发展船舶交易、运价交易、运力交易等航运交易业务。

（三）科技产业

——新一代信息技术

聚焦物联网、5G、人工智能、VR/AR 等领域，突破关键核心技术，提升创新能力，推动新一代信息技术产业跨越式发展。

物联网。构建基于第六版互联网协议（IPv6）、5G、大数据、云计算等新一代信息技术的物联网商用网络，大力推进物联网典型示范应用。

5G。把握 5G 发展机遇，支持龙头企业推进核心技术、标准以及关键产品研制，建设 5G 试验网络，开展典型场景应用。

人工智能。加快突破芯片、算法等人工智能核心基础，发展智能家居、图像识别等人工智能产品，推动人工智能特色应用示范。

VR/AR。突破虚实融合渲染、真三维呈现、实时定位注册、沉浸式人机智能交互等关键技术，开展高性能虚拟现实核心设备的应用示范。

——数字经济

推进数字技术生态建设，大力发展数字内容产业和数字应用服务，探索数字创意产业融合创新，打造数字经济创新发展试验区。

数字技术。集聚细分领域领军企业和国际顶尖人才，在互联网与云计算、大数据等领域形成一批原创性技术研发成果，集聚数字经济领域知名企业总部，形成一批数字经济领域的原始应用创新示范。

数字内容。发展数字游戏、数字出版、影视动漫等，创作优质、多样、个性化的数字创意内容产品。

数字应用服务。大力发展数字金融、数字贸易、数字创意以及各种消费新业态、新模式，推动航运、贸易与数字经济融合发展。积极推动数字技术在医疗、健康、养老、教育、文化、社会保障、社区服务等民生领域的应用。

数字创意。推动现代信息技术与文化创意产业融合，发展数字化工业设计、数字化互动展示、数字虚拟多媒体等。

——生物医药

紧扣生命科学纵深发展、生物技术与信息技术融合的主题，提升生物医药、生物医学工程等优势领域发展水平，创新发展精准医疗、数字生命等前沿交叉领域。

生物医药研发。突破药物研发关键技术，提高对原研药、首仿药和新型制剂的创新能力。

精准医疗。着力发展精准医疗，提升基因检测技术水平，加快个体化治疗临床应用。

数字生命。搭建生命健康大数据平台，加快生命信息数字化，培育数字生命新业态。

大铲湾蓝色未来科技港产业目录见表9－2。

表9－2　大铲湾蓝色未来科技港产业目录

一级目录	二级目录	三级目录
海洋	海洋电子信息	海洋电子元器件（海洋电子设备的天线、关键元器件、基于北斗系统的导航芯片等）
		船舶电子（船舶通信导航设备、船舶测量控制设备、船舶信息系统等）
		海洋探测（海洋遥感、海洋探查、海洋监测等）
		海洋通信（海洋通信设备、海洋通信技术等）
		海洋信息系统（电子海图显示与信息系统、海洋地理信息与遥感探测系统、水下无线通信系统、船联网等）

（续表）

一级目录	二级目录	三级目录
海洋	海洋智能装备	海洋工程关键配套设备及系统（动力定位系统、动力设备、控制系统、循环系统等）
		深海探测技术及装备（海底地形探测系统、深潜器关键技术和装备、海洋矿产探测技术和装备、海底作业机器人等）
		高端设备设计（豪华邮轮、旅游观光游艇及高性能执法作业船舶的设计开发等）
	远洋渔业	金枪鱼等远洋海产品展示、交易、美食体验等
	海洋现代服务	海洋金融服务（融资服务、投资服务、保险服务、产权交易服务、新兴金融服务等）
		海洋科技服务（海洋科技研发服务、创新创业服务、海洋科技成果应用、交易服务、知识产权服务、海洋科技交流与推广服务等）
		海洋专业服务（海洋咨询服务、海洋工程技术服务、海洋专业技术服务、海洋工程建筑及相关服务、海洋社会团体和国际组织等）
港航	港口物流	集装箱运输
		智慧港口（自动化码头、港航信息化、智慧口岸等）
		现代物流（保税物流、国际中转集拼、进口分拨配送、供应链管理等）
	现代商贸	商贸总部（商贸企业总部、采购中心、结算中心、运营中心等）
		跨境电商（跨境电商平台、跨境电商配套服务等）
		高端消费（体验式消费、进口品牌馆、保税零售等）
	航运服务	航运金融、航运信息、航运交易、海事仲裁等
科技	新一代信息技术	物联网（工业物联网、消费物联网、车联网等）
		5G（5G 核心技术、标准与关键产品研制、5G 应用示范等）
		人工智能（消费智能终端、智能家居、智能安防等）
		VR/AR（VR/AR 技术研发、VR/AR 设备开发等）
	数字经济	数字内容（数字游戏、数字出版、影视动漫等）
		数字应用服务（移动支付、数字货币、数字民生等）
		数字创意（工业设计、数字化展示设计等）
	生物医药	生物医药研发（原研药、首仿药、新型制剂等）
		精准医疗（基因检测、分子影像等）
		数字生命（生命健康大数据、生物信息技术等）

资料来源：根据调研所得。

四、空间布局

（一）总体空间布局

围绕大铲湾港区产业发展方向，布局蓝色经济总部核心区、数字科技集聚区、海洋高技术产业集聚区、远洋渔业基地、深海科考试验基地和港航功能区六大功能区。

（二）各功能区定位与发展内容

1. 蓝色经济总部核心区

发展定位：吸引跨国企业总部和分支机构、金融服务机构、国际管理机构、行业组织等进驻，打造蓝色经济总部核心区。

发展内容：建设蓝色企业总部基地、国际交流合作中心、科技金融服务中心、产品展示交易中心、国际航运服务业集聚区、海洋产权交易中心和海洋科学研究院等。

2. 数字科技集聚区

发展定位：围绕数字技术研发与数字技术应用服务，集聚人工智能与数字经济领域知名企业总部，打造人工智能与数字经济技术创新策源地和数字经济融合发展示范区。

发展内容：建设人工智能产业园、北斗科创产业集聚区、数字经济展示体验交易中心、智慧海洋产业应用示范基地和国家级海洋产业及科技数据信息服务中心等。

3. 海洋高技术产业集聚区

发展定位：集聚国际海洋创新要素资源，发展以海洋电子信息、海洋智能设备、海洋生物医药为核心的海洋高技术产业，打造具有国际先进水平和知名度的海洋高技术产业集聚区。

发展内容：建设海洋高技术产业研发中心、国家海洋技术研究院、湾区海洋大数据港、跨境电商产业园、智慧物流园区、蓝色孵化器、海洋技术交易服务与推广中心、国际汽车产业园和全球商品保税展示交易中心等。

4. 远洋渔业基地

发展定位：以国际化、现代化、智能化为引领，建设中国参与国际渔业合作先行区、中国现代远洋渔业产业示范区、中国远洋渔业绿色生态发展试验区、粤港澳大湾区国际渔业消费体验区，为国家远洋渔业发展转型和扩大开放领域探索新途径、积累新经验。

发展内容：建设远洋渔业前端作业区、渔业休闲与渔政服务区、港池（渔船锚泊区）、冷链物流区、国际水产品交易展示区（国际金枪鱼交易中心）、商业办公配套区和海洋文化体验区等。

5. 深海科考试验基地

发展定位：打造深海科考试验基地，为海洋高技术研发提供技术和试验保障，为我国开辟深海矿产资源来源和维护海洋权益提供技术和组织支持。

发展内容：建设海洋中试基地和国家深海科考中心综合保障基地等。

6. 港航功能区

发展定位：加快港区二期码头建设，重点发展集装箱运输，建设大中小泊位相配套的规模化、专业化集装箱港区，大力发展集装箱江海联运，推动港口功能转型。

发展内容：建设多用途码头和集装箱码头等，为杂货、集装箱、重件等提供装卸服务；建设科考船停靠泊位，满足科考船驻泊及补给需求。

第二节　中欧蓝色产业园开发运营研究

2017 年，中欧蓝色年闭幕式及首届中欧蓝色产业合作论坛在深圳成功举办，中欧蓝色产业园揭牌并落户深圳市海洋新兴产业基地。中欧蓝色产业园规划用地面积约为 1 平方千米，位于规划的深圳市海洋新兴产业基地中部区域，地处“一带一路”倡义重要节点和开放合作的前沿平台、粤港澳大湾区核心区域。随着环湾地区的整体崛起，园区区位优势将进一步凸显。各级领导高度重视中欧蓝色产业园落地推进工作，目前，正在组织开展中欧蓝色产业园开发运营模式研究等前期工作。

一、园区开发运营趋势

（一）园区开发由政府主导向市场化运作演变

随着市场成为资源配置的主导力量，过去二三十年间园区开发的政府主导模式逐步发生变化，越来越多的市场主体如产业内龙头企业和科研院所、房地产开发商和产业地产商等纷纷涉足产业园区领域，成为新时期产业园区建设的主力军。此外，随着产业园区市场不断趋于规范，产业园区投资、开发及运营管理的专业化分工越来越明显，各类产业投资商如美国的普洛斯、澳大利亚的嘉民、新加坡的腾飞以及专业运营商如天安云谷、亿达中国等实现了快速发展。

为保证产业园区开发的公共利益，同时最大程度激发市场活力，国内外产业园区开发往往采取“政府主导、市场运作、多元参与”的方式，充分发挥各方的优势和积极性，提高园区开发运营水平。由政府主导重大决策、确定标准规范、组织制定规划、提供政策支持以及必需的政府服务；由国有企业负责筹措资金、建设基础设施、配套公共服务、提供城市运营管理、产业招商、提供专业咨询服务及打造区域品牌等；引入专业园区运营商、服务商参与园区开发运营，通过市场化选择，整合专业资源，提升服务品质。

（二）园区全生命周期开发运营成为主流

以往的产业园区开发，多采用一、二级开发分离的模式，众多园区开发商的运营模式仅仅是“低廉拿地增值、商业贸易住宅获利、引资落地分成、招商政府分税、要挟政府让利”，导致产业园区“建设不关注产业、获利不依靠产业、发展不依赖产业”的怪现象，造成一些产业园区变成“半截子园区”“空心园区”“鬼城园区”。为解决上述问题，产业园区全生命周期开发运营成为新的发展趋势。

采用全生命周期开发运营模式，园区开发运营主体要融入整个园区产业企业的全生命周期服务，在园区的投资、建设、运营到管理的整个链条上，最大限度地与入园企业共同承担和分享园区全生命周期的价值与风险。一方面，开发主体与政府形成利益共同体，减轻了政府资金压力，降低了政府风险，同时降低了交易成本。另一方面，由一个园区开发主体全程主导，统筹产业导入与培育，避免园区产业空心化，有助于实现产业规划与空间规划的高度融合，建设与运营方案充分衔接，保障规划的落地和一致性。张江高科、华夏幸福、南京高科在内的多个产业园区开发公司都在探索从“地产化”转向“三级联动”模式，即一级土地开发、二级物业建设、三级运营服务，进行滚动式开发。产业园区全生命周期开发运营流程如图 9－3 所示。

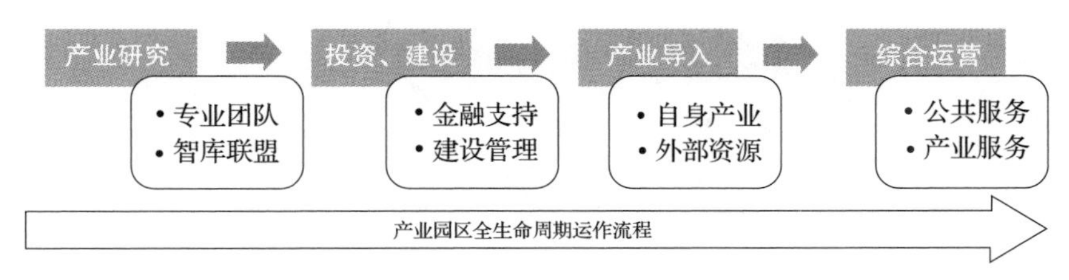

图9-3　产业园区全生命周期开发运营流程

资料来源：根据调研所得。

（三）综合运营能力成为园区发展核心竞争力

随着产业园区由功能单一的产业区向现代化综合功能区转型，产业园区开发也逐渐由单纯的土地运营向综合的“产业开发”和“氛围培育”转变，从片面的硬环境建设走向全方位的产业生态圈打造。园区在打造一流硬件环境的同时，开始重视园区文化氛围、创新机制、公共服务等软环境的建设，园区综合运营服务能力已经成为园区发展的核心竞争力。

产业开发层面，要打造满足企业不同需求的多样化产业发展载体，依托实体产业运营，汇聚多方资源，提供平台化产业服务，打造线上线下、资源整合的产业生态圈。园区服务体系构建层面，推动以人为中心服务功能集聚，同时注重园区智慧基础设施的打造，运用互联网技术手段对园区进行智慧化运营管理，支撑产业发展，构建以人为核心的综合运营服务体系。

（四）多元投融资是园区持续发展的重要保障

产业园区开发需要大量资金投入，产业园区的投融资模式需要更加多元化、市场化，更多借助社会资本的力量，通过探索多种合作模式，让社会资本充分参与园区开发建设。从产业园区发展经验看，其开发建设路径可分为“基础设施—载体建设—产业开发”三个阶段，与三个阶段所匹配的投融资模式是从政府型投融资模式向市场性投融资模式渐进过渡的过程，园区发展阶段越高级，投融资模式的市场化程度也就越高。

产业园区早期的基础设施建设以及中期的功能载体建设一般都以政府为主导，由国有企业实施，这是因为政府型投融资模式能快速地筹集到较大数额的资金，国有企业开发、建设和运营能够高效地体现政府意旨。随着园区功能逐步完善，推动产业发展、产业结构优化升级的能力增强，大量非国有、市场化程度较高的企业成为区域发展的主体，投融资模式的市场化程度也逐渐提升。产业园区发展阶段与投融资模式市场化程度的关系如图9-4所示。

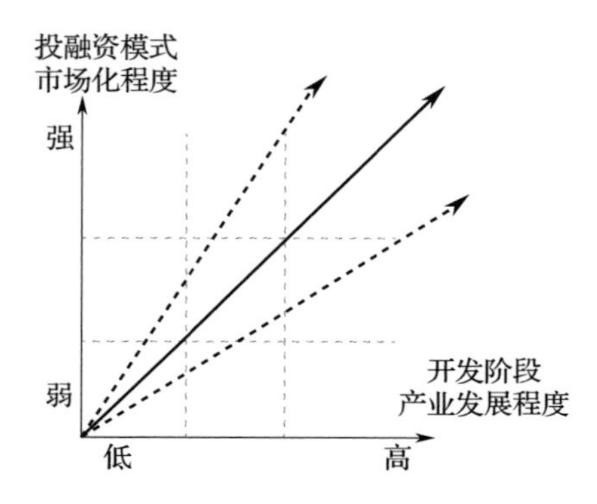

图 9-4　产业园区发展阶段与投融资模式市场化程度的关系

资料来源：根据调研所得。

二、定位与目标

（一）战略定位

坚持世界眼光、国际标准、湾区视野，建设国际化蓝色经济创新型特色园区，打造“中欧蓝色合作枢纽，世界级蓝色经济创新区”，为全球蓝色经济发展作出典范。

一是打造世界级海洋科技创新高地。充分发挥深圳创新驱动、科技金融、区位交通等综合竞争优势，构建以海洋战略性新兴产业和现代海洋服务业为支撑的现代海洋产业体系，形成特色鲜明、科技水平领先的现代海洋产业集群。着力建设海洋科技创新体系和重大创新平台，促进科技创新孵化、资源要素集聚，重点培育海洋新兴产业创新企业，吸纳国内外海洋科教研发机构和领军企业，打造世界级海洋科技创新高地。

二是建设国际蓝色产业合作先锋典范。搭建国际产业合作平台，深化管理、技术、人才、制度等方面的国际合作交流，导入国际优势产能，大力引进欧洲以及国际海洋产业、科技资源，在涉海企业、科研机构、金融机构、行业协会之间形成互利互信的蓝色伙伴关系。创新中欧产业园区合作发展模式，探索海洋新兴产业和深海开发跨国合作机制，在海洋新兴产业合作、投资贸易便利化、跨国海洋科技交流等方面先行先试，构筑海洋产业和科技国际合作先锋典范，引领全球蓝色经济可持续发展。全球海洋中心城市产业核心。立足深圳产业基础优势，聚焦海洋电子信息、海洋高端设备、海洋现代服务、海洋新能源和海洋生态环保等前沿领域，大力发展海洋新技术、新产业、新业态、新模式。有序引进和培育一批创新能力强、成长性好的国内外优质企业资源，探索“总部+基地”的一体化产业组织模式，形成以海洋企业国际总部、海洋研发服务、海洋科技金融、海洋事务治理等为特色的综合型海洋新兴产业集聚区，打造全球海洋中心城市产业核心区。

三是培育海洋新兴产业园区建设标杆。全面贯彻生态、科技、智慧、共享的建设理念，探索园区开发运营模式创新，打造海洋新兴产业园区新标杆。依托优美的滨水生态环境，建设特色公共服务设施和生态景观，创造丰富多彩的互动活力共享空间。运用云计算、物联网、新一代通信技术，打造园区智慧服务平台，实现智能管理服务的全方位应用，为入驻企业提供高效生态的管理服务，打造新型智慧园区。

（二）产业定位及发展重点

立足深圳产业基础特色，对接欧洲以及国际海洋强国优势产业，重点引进欧洲优质海洋企业资源和海洋高端人才，打造以海洋电子信息、海洋高端设备、海洋现代服务、海洋新能源和海洋生态环保为主导的蓝色产业集群。中欧蓝色产业园产业体系如图 9－5 所示。

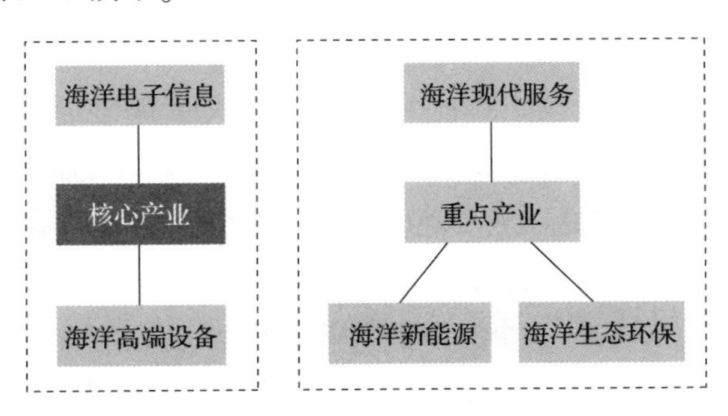

图 9－5　中欧蓝色产业园产业体系

资料来源：根据调研所得。

一是海洋电子信息。发挥欧洲在海洋监测监视领域优势，结合深圳电子信息产业基础，围绕海洋电子信息设备和海洋信息系统，重点发展海洋大数据、海洋遥感与导航、水声探测、深海传感器、无人和载人深潜、深海空间站、深海观测系统、“空—海—底”一体化通信定位、新型海洋观测卫星等关键技术和装备。

二是海洋高端设备。瞄准国际海洋高端设备研发和制造前沿领域，结合深圳高新技术产业基础，聚焦深海探测技术及设备、海洋工程关键配套设备及系统、钻井包、油气储运装置等关键核心设备等研发制造，支持游艇等高技术船舶研发设计及海洋新材料技术研发，打造海洋高端装备核心配件制造研发基地。

三是海洋现代服务。对接欧洲及国际海洋现代服务高端资源，聚焦海洋金融服务、现代航运服务、海洋技术服务等，积极引进国际船级社，打造海洋项目融资服务平台、海洋科技成果转化交易平台、海洋产业公共技术平台、海洋科技企业创新创业综合服务平台、知识产权合作平台等一系列海洋现代服务平台。

四是海洋新能源。发挥欧洲在海洋可再生能源领域优势，结合深圳海洋科研人才基础，发展天然气水合物开采及储运技术，发展模块化、系列化的潮流能、波浪能装备，大容量潮汐能发电机组和温差能发电关键技术和设备，集成开发适用于极端环境、特殊资源的波浪能供电及温差能发电、制冷、制淡综合利用系统。

五是海洋生态环保。对接欧洲在海洋生态环保领域优势资源，结合深圳海洋生态文明示范区建设，聚焦海洋环境观测预报技术、海洋环境治理与修复技术等领域，引进国内外海洋生态环保企业和机构，搭建海洋生态环保技术合作中心，为国际海洋生态环保合作提供重要载体。

（三）发展目标

启动期：到2025年，建立起完善的园区基础设施建设和服务配套，搭建灵活多样的产业空间和载体。

成长期：到2030年，海洋产业企业和创新要素集聚发展，初步形成以海洋电子信息、海洋高端设备、海洋现代服务、海洋新能源和海洋生态环保为主导的蓝色产业集群，产值规模达到约2000亿元，税收贡献超150亿元，创造就业岗位约5万个。引进世界500强企业1家，引进中国500强企业2家，引进深圳工业20强企业3家。新建3～5个海洋基础研究平台（重点实验室）、应用研究与成果转化平台（工程中心与产业孵化器）、国际科研合作平台（国际联合实验室、国际合作应用研究转化平台）。

成熟期：到2035年，构建起蓝色产业创新生态系统，蓝色产业集群化效应最大程度发挥，形成空间布局合理、要素齐全、土地集约利用、基础设施和公共服务平台配套完善、环境优美的生态产业示范园，产值规模达到约3500亿元，税收贡献超250亿元，创造就业岗位约6万个。引进世界500强企业2家，引进中国500强企业3家，引进深圳工业20强企业5家。新建5～7个海洋基础研究平台（重点实验室）、应用研究与成果转化平台（工程中心与产业孵化器）、国际科研合作平台（国际联合实验室、国际合作应用研究转化平台）。

三、开发运营总体要求

（一）统筹开发

中欧蓝色产业园肩负着打造全球海洋中心城市产业核心，塑造海洋新兴产业园区建设标杆的重要任务，对园区开发建设标准和运营管理水平提出了更高要求。因此，中欧蓝色产业园需要具有综合投资开发和运营管理能力的开发公司统筹开发，全面承担园区综合开发与管理，落实政府意图，统筹顶层设计、公共基础设施和重点产业项目开发建设、运营管理。

（二）市场运作

随着产业园区市场化进程的加快，园区开发逐步呈现出了主体多元化、分工专业化、收益服务化、运作资本化的市场趋势，产业园区运作模式逐步向市场化转变。因此，中欧蓝色产业园需要通过市场手段引入一批专业园区运营商、服务提供商，整合专业资源，通过多种合作方式参与园区产业项目和其他二级项目开发，实现资源、资金和资本的良性循环。

（三）综合运营

产业园区是区域经济发展、产业调整和升级的重要载体，担负着聚集创新资源、培育新兴产业、推动人才发展等一系列重要使命。新一代产业园区对配套功能和运营服务水平提出了新的要求，需构建一体化综合运营模式，促进各类市场主体、创新主体、要素主体、功能设施的有机融合，打造生产、生活、服务等多元功能复合共生的新型产业园区。

（四）投资平衡

中欧蓝色产业园开发建设投资规模巨大，需要从全市层面统筹财政资金，平台公司的筹资模式需要更加多元化、市场化，更多借助社会资本的力量，通过探索多种合作模式，让社会资本充分参与园区的开发建设，构建“多元融资、投建平衡”模式，实现前期基础设施投入与后期的土地收入、税收收入的综合平衡。

（五）全程智慧

当前，智慧园区已成为国内各类成熟园区转型升级的典范，“智慧化”不仅可以提升园区吸引力，而且可以促进园区可持续发展。中欧蓝色产业园打造新型智慧园区，需要对园区规划、设计、建设、管理、监测和运维的全过程使用智慧化手段进行管理，为园区用户提供智能化的全流程生产和生活服务，提高片区整体运营能力与效率。

四、开发运营模式

（一）开发运营思路

——国企统筹，多元化主体参与

坚持“政府主导、国企统筹、多元参与”的原则，由国企作为园区开发运营统筹主体，探索多元化市场参与机制，打造“国企+”模式。一方面，由单一国企作为区域开发主体，全面承担区域综合开发与管理，充分发挥国企品牌优势、资源优势和团队优势，搭建投融资平台，统一招商、统一经营，统一管理，保证政府区域规划发展目标的统一实现。另一方面，引入涉海龙头企业、高校和科研机构等多元投资商和战略合作方，通过多种合作方式参与海洋产业项目建设和其他二级项目开发，提供专业服务，实现园区市场化、专业化的开发和运营。

——联动开发，全生命周期运作

从园区规划设计、开发建设、产业导入、园区运营管理等方面制定全生命周期运作模式，构建产业园区全生命周期服务体系，实现园区可持续发展。在政府定位指导下，做好园区顶层设计，明确园区产业定位、投融资模式和土地开发策略等，积极争取相关配套政策，为后续开发运营提供保障。在开发建设阶段，由单一国企作为土地一、二级统筹开发主体，实现土地一、二级联动开发，提高土地开发效率，节省开发成本。将招商和运营前置，从规划设计阶段开始介入，实现建设与运营方案充分衔接，保障规划的落地和一致性。

——产业引领，一体化综合运营

以园区产业定位为引领，坚持以人为本的发展理念，统筹规划产业发展和综合配套服务功能，吸引集聚人才、技术、资金、物流、信息等要素高效配置和聚集协作，形成集设计、研发、生产、消费、生活、协作、生态多种功能为一体的新型产业园区。一方面，在产业定位的指引下，集中精力做好龙头产业、龙头企业的招商工作，通过股权合作等方式与涉海企业等合作开发海洋产业项目，引入专业园区开发商、基金及其他社会资本，参与海洋产业载体和公共研发服务平台建设，构建完整的产业生态。另一方面，完善医疗、交通、教育、商贸等配套服务，对智慧城市、基础设施和（准）公共服务等进行整体运营，引入专业化市场主体进行合作，将中欧蓝色产业园建设成新型智慧园区标杆。

——多元融资，滚动可持续发展

从全市层面统筹财政资金，推动基础设施投资的资本化，发挥市级投融资平台作用，撬动社会资本，实施整体投资、整体运营、整体核算、跨期平衡，构建“多元融资、投建平衡”模式，最大限度实现前期基础设施投入与后期的土地收入、税收收入的综合平衡。一方面，政府以中欧蓝色产业园土地作价出资、划拨、协议出让或招标、拍卖、“带产业项目”挂牌出让等方式，由市级投融资平台企业（市属国企）进行土地一、二级联动开发，承接产业园区项目投资建设和基础设施项目投融资，并给予部分园区经营性物业补偿，实现资源平衡；另一方面，通过智慧城市、公共服务、基础设施特许经营，以及财政补贴、税收和利润返还等方式平衡开发成本和必要的投融资利润，实现财务（货币）平衡。

（二）开发运营模式设计

由单一国企作为中欧蓝色产业园开发运营统筹主体，与多元化市场主体进行合作，构建市场化投融资机制，共同开展园区综合运营，探索多元化盈利模式，实现园区全生命周期运作和滚动可持续发展。中欧蓝色产业园开发运营模式如图9－6所示。

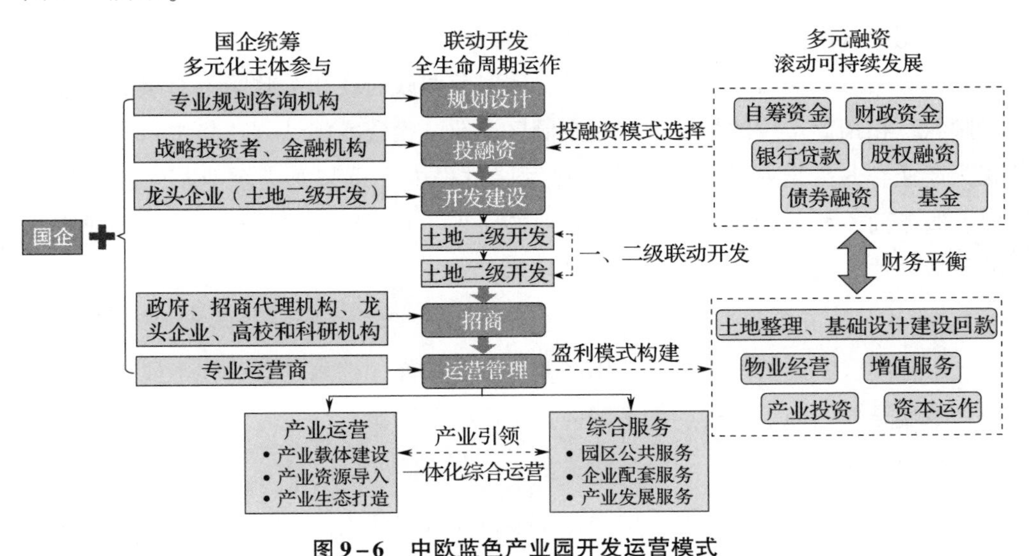

图9－6　中欧蓝色产业园开发运营模式

资料来源：根据调研所得。

五、开发运营策略

（一）系统谋划园区招商引资

在园区定位的指导下，组建园区招商团队，科学制定招商实施步骤，灵活采用多种招商方式，引导国内外优质海洋企业和项目到园区集聚发展。

1. 组建园区招商团队

整合多方资源和力量，成立中欧蓝色产业园招商中心，组建专业招商团队，系统开展园区招商引资工作，招商团队组织架构如图9－7所示。

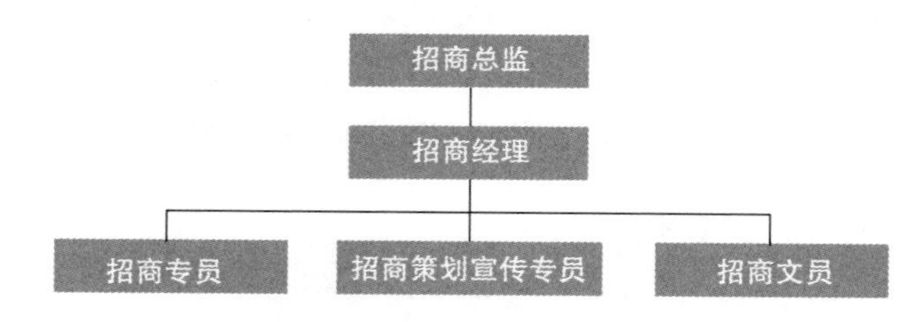

图9－7 中欧蓝色产业园招商团队组织架构

资料来源：根据调研所得。

2. 确定园区招商定位和目标

根据园区产业规划定位，设置产业目录和产业准入门槛，组织推进园区招商工作，吸引重点项目和龙头企业入驻，同时争取政府在相关政策上对重点产业予以倾斜。在招商定位的指引下，制定园区产业链投资实施计划，集中精力先做好龙头产业、龙头企业的招商工作，在发展过程中注重与龙头企业相配套的供应商、服务商、相关产业、相关活动企业的引入，并运用发展的眼光不断促成产业的升级换代，实现招商工作的良性循环。

3. 灵活采用多种招商方式

根据园区发展情况，灵活采用产业生态链招商、资本招商、线上线下组合招商、战略合作招商等方式，引进国内外优质企业资源。

▶ **产业生态链招商**

设立产业研究部门，对区域产业发展方向进行深入研究，关注并布局优势产业的价值链关键环节及增值环节，以实现整个链条配套、延伸。根据现有产业链的发展需求，有针对性地补链、强链，设计项目、梳理招商资源。根据企业创新发展需求，重点招引科技型企业、科技中介机构、新型科技创新资源、创业载体及服务机构，以完善本地创新环境、集聚高成长企业。通过打造平台型企业、平台型机构、平台型产业组织、平台型载体等，促进平台内部创业、整合外部资源，培育新业态和新商业模式、实现关联企业价值再造、强化关联企业创新网络。瞄准成果团队、科技型中小企业、“独角兽企业”等，开展新业态招商。

▶ 资本招商

通过财政资金撬动社会资本，引导社会资本建立股权投资基金，打造“基金+项目+园区”的一体化生态链，实现资本与项目的有效对接。通过设立产业引导基金，与金融、投资机构合作设立产业发展基金，用跨境收购、并购等方式进行“资本招商”，利用资本杠杆撬动更好、更多的产业项目聚集到园区。

▶ 线上线下组合招商

举行中欧蓝色产业园全球推介会，拓展会议、论坛、会展等多元化招商渠道。通过对国际知名海洋城市、著名湾区的实地调研，亲身参与到世界级海洋展会中，走出国门宣传中欧蓝色产业园，同时把海洋科技新兴产业人才库和企业库拓展到国际范畴。通过举办创业培训、创业大赛、企业家论坛、行业峰会等线下活动，提高园区的到访率和关注度，并通过微博、微信等社交媒介将潜在客户导入线上，与之互动，从而提高招商成功率。

▶ 战略合作招商

面向欧洲等海洋经济发达地区，招募有影响力的中介机构、咨询机构，以及有影响力和资源的海洋领域专家学者、企业家等担任中欧蓝色产业园“全球招商大使”，为园区开展海外招商搭建沟通桥梁。充分发挥产业链上下游企业信息互通、密切合作的优势，通过已落户园区的项目向外推介园区的招商信息和招商政策，获取更多企业信息，加强与相关企业的沟通联系，带动更多企业到园区投资发展。发挥涉海龙头企业的资源优势和带动作用，吸引与之配套的供应商、服务商、相关产业、相关企业进驻。

4. 确定园区营销价格策略

园区办公用房、标准厂房的租售价格参照区域市场价格，同时考虑园区配套、产业成熟度等因素，采取灵活多样的价格策略。

5. 园区整合营销推广

一是联合市经贸信息委、市投资推广署，充分发挥深圳海洋产业协会桥梁和纽带作用，推进项目招商引资工作。由市经贸信息委积极协调，对接国内海洋领域领军企业和机构，争取优质涉海主体进驻园区；联合市投资推广署积极进行海外推介、联络国际组织、拓展欧洲等国际市场。二是通过举办各类专题活动，邀请潜在客户，让客户亲身体验园区高水平的运营服务，缩小双方的心理距离。三是采用线上线下结合的方式，开展营销宣传。除借助电视、广播、报纸、杂志，以及广告牌、灯箱等传统媒介外，还可以通过建立园区网站、企业微博和项目微信公众号，以及运用手机短信推广等方式，将园区最新动态、精彩活动、优惠政策等及时传递给目标客户。

6. 招商服务持续跟进

在完成前期对客户资源的搜集整理后，做好招商跟踪服务，第一时间了解客户的切实问题和真实意愿。一是电话跟踪：了解企业最新动态，并记录沟通信息，以作为后续沟通的依据。二是直接拜访：从电话跟踪或其他渠道获取的客户信息中梳理出意向性比较强、贡献度比较高的客户，采用直接上门拜访的形式，进一步加强与目标企业的面对面交流，争取令目标企业进驻园区。

（二）构建园区运营服务体系

瞄准园区产业需求、生活需求、政务服务需求，为入园企业提供公共配套服务、企业经营服务、产业发展服务和政务支持服务，打造全生命周期差异化运营服务体系。中欧蓝色产业园运营服务体系如图 9－8 所示。

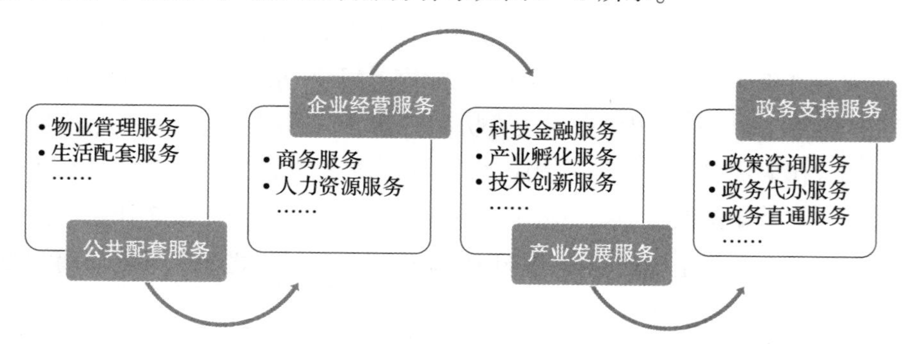

图 9－8 中欧蓝色产业园运营服务体系

资料来源：根据调研所得。

公共配套服务。为入园企业提供完善的物业管理服务和餐饮购物、文化娱乐等优质生活配套服务，导入国际先进医疗、教育等优质公共资源，为园区国内外人才提供工作、生活和创新创业的宜居港湾。园区配套服务平台如图 9－9 所示。

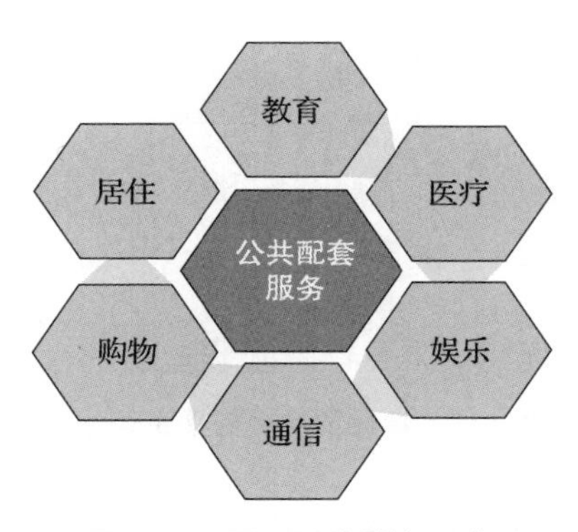

图 9-9　园区配套服务平台

资料来源：根据调研所得。

企业经营服务。企业经营服务平台涵盖中介代理、财税、法律、咨询、人力资源、市场营销、知识产权等企业经营管理的诸多方面。各类专业服务机构以专业化知识、专门技能为依托，与各类产业主体紧密联系，为产业发展提供重要的支撑性服务，共同推动区域产业发展与创新。企业经营服务平台运营模式如图 9-10 所示。

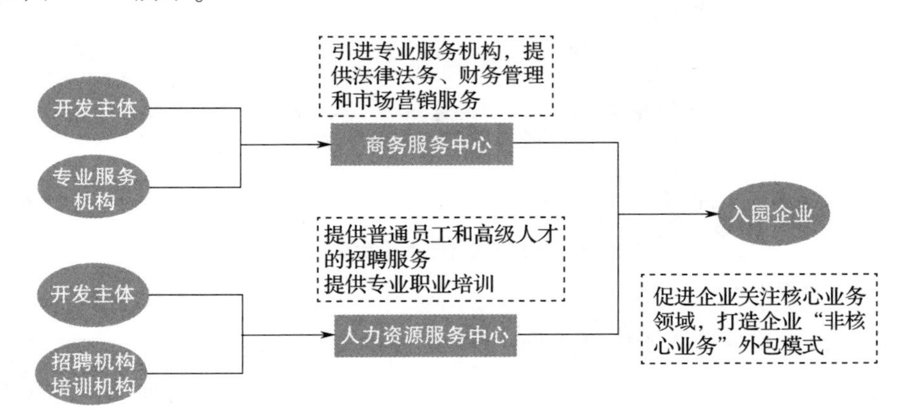

图 9-10　企业经营服务平台运营模式

资料来源：根据调研所得。

搭建开放性的外部连接平台，充分引入市场化的企业经营服务机构，发挥市场机制活力，可以为不同规模的企业及处于不同成长期的企业提供一体化、全方位的经营服务。

产业发展服务。瞄准产业孵化、研发创新以及成长壮大的各个环节的需求，为入园企业提供包括科技金融、产业孵化、技术创新、科技成果转化、产权交易等的产业发展全链条服务。产业发展服务平台运营模式如图 9-11 所示。

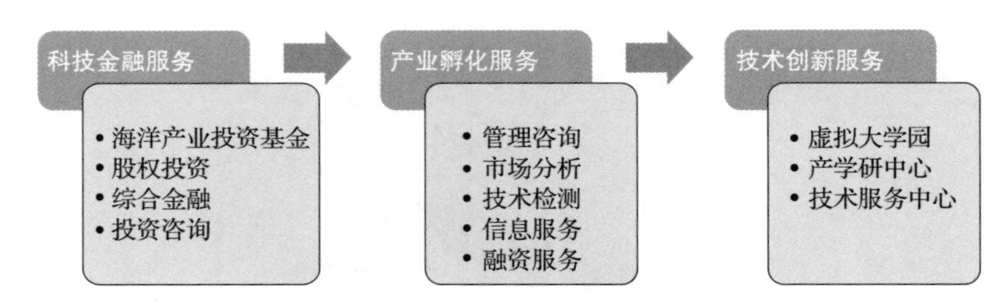

图 9-11　产业发展服务平台运营模式

资料来源：根据调研所得。

政务支持服务。强化政务支持服务平台建设，完善服务手段和方式方法，重点推进“三大服务板块”建设，即政策咨询、政务代办、政务直通三大服务板块，为中欧蓝色产业园内企业提供一站式、全方位的综合服务。政务直通服务平台运营模式如图 9-12 所示。

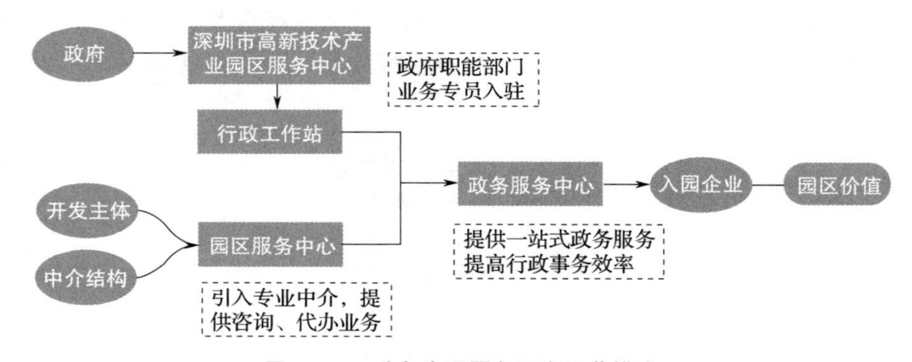

图 9-12　政务直通服务平台运营模式

资料来源：根据调研所得。

政策咨询服务：梳理基地、大空港、深圳市乃至国家的产业、经济政策，通过信息平台发布地区到国家的最新政策，让园区内企业快速、方便地了解政策导向；提供政策深入解读信息，让企业更加明了政策内容。

政务代办服务：为园区内企业提供政务代办服务，服务内容聚焦在产业服务环节，如针对国家高新技术企业认证、知识产权认定等复杂业务提供咨询、代理和代办服务，推动园区整体产业转型升级。

政务直通服务：在园区设立政务服务中心，承担园区的党建、宣传接待工作，设立党群服务中心和企业联合党支部；设立园区政企服务中心，公安、工商、税务、经贸、外管等部门调配业务专员统一入驻，提供“一站式”政务服务。

（三）打造蓝色产业生态圈

按照“围绕产业链、形成产业集群、构建产业生态”的创新发展模式，重点、前瞻性地研究海洋经济发展趋势，科学分析市场需求变化，理性设计产业发展方向。统筹产业资源与产业空间，为产业的转移、落地、孵化、成长、发展、壮大、退出提供全生命周期的价值服务体系，打造产业发展平台和产业链要素配置的产业综合体，打造蓝色产业生态圈。

一是搭建园区科技金融服务平台。海洋产业具有技术要求高、投资规模大、回收周期长、投资风险性高等特点，发达的金融服务是海洋产业快速发展的助推器。园区在开发主体的统筹主导下，搭建开放性的外部连接平台，充分引入市场化的金融服务机构，结合企业在不同发展阶段的融资需求，为不同规模的企业及处于不同成长期的企业搭建一站式金融服务平台。科技金融服务平台运营模式如图 9 - 13 所示。

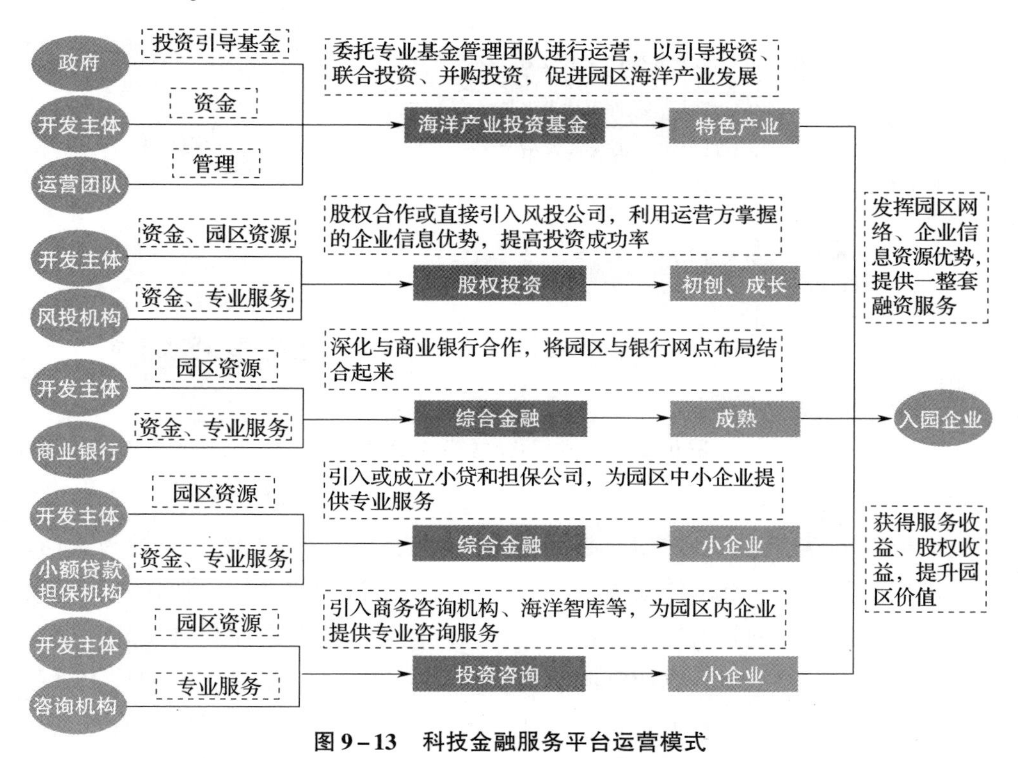

图 9 - 13　科技金融服务平台运营模式

资料来源：根据调研所得。

二是搭建蓝色产业孵化服务平台。构建“创业苗圃 + 众创空间 + 孵化器 + 加速器 + 产业园区”的一体化孵化链条，为处于不同发展阶段的创业企业提供差异化孵化服务，形成从项目初选到产业化的孵化服务链，实现企业生命周期全覆盖。以园区海洋产业孵化器为载体，依托海洋领域行业技术龙头组建技术服务中心，围绕海洋专业领域，为入孵企业提供贴合海洋产业特点的高水平、专业化服务。针对初创企业提供孵化服务，对于成长型和成熟型企业提供深入的催化服务，如联合办公空间、政策指导、资金申请、技术鉴定、咨询策划、项目顾问、人才培训等，满足入驻企业多层次的创业发展需求。产业孵化服务平台运营模式如图 9－14 所示。

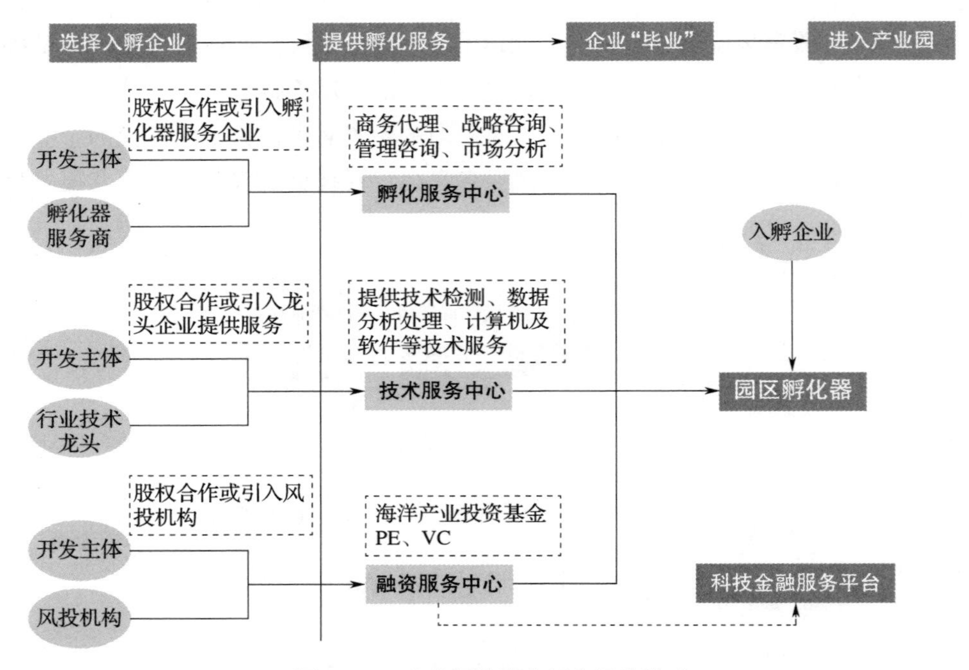

图 9－14　产业孵化服务平台运营模式

资料来源：根据调研所得。

三是搭建蓝色产业研发创新服务平台。构建以企业为主体、市场为导向、产学研相结合的园区技术创新体系，促进创新要素流动与共享，加强知识产权保护，营造良好的创新氛围和创新文化。围绕优势产业和产业集群实施深度对接，连接各方多元创新、创业资源，构建虚拟大学园、产学研中心和技术服务中心，提供技术支持、资源嫁接、行业交流、人才交流等服务，协同营造创新环境、打造创新机制，共同构建园区内创新氛围活跃、创新要素集聚的创新、创业生态，增强主导产业竞争优势，培育创新型产业集群。研发创新服务平台运营模式如图 9－15 所示。

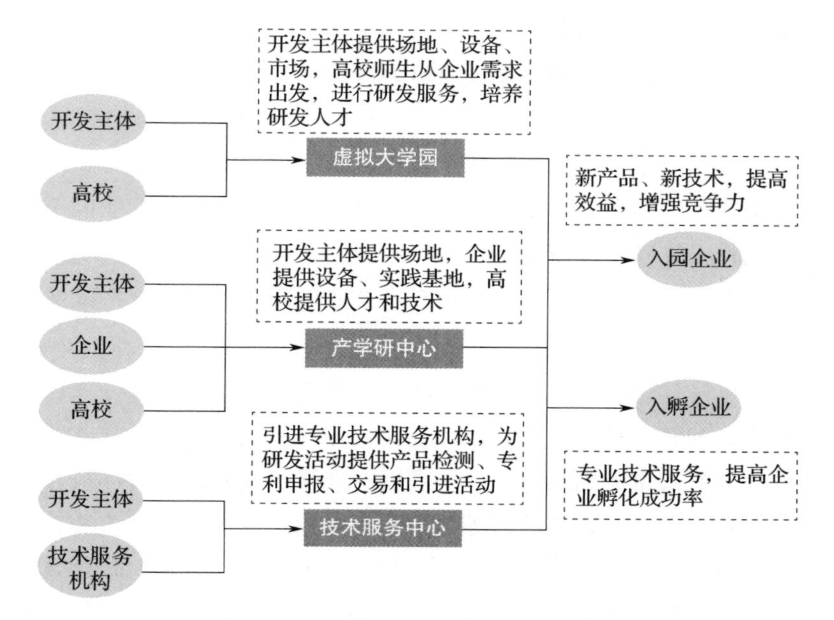

图 9-15　研发创新服务平台运营模式

资料来源：根据调研所得。

四是成立园区产业服务创新联盟。参考深圳湾产业园区及北科建嘉兴创新园，由园区开发主体公司牵头发起，联合商业银行、VC/PE、担保与再担保公司、券商、会计师事务所、商业咨询以及知识产权技术转移、专业人才、工商、法律、媒体、行业协会等服务资源，共同成立中欧蓝色产业园产业服务创新联盟，为企业汇聚行业信息和资源，为中欧蓝色产业园内企业提供产业促进服务，加速园区内企业成长。

（四）创新中欧园区合作模式

创新中欧园区合作模式，在园区规划建设中对接国际规划理念和标准，为中欧资源对接和蓝色产业发展搭建合作交流平台，推动与欧盟及世界各国在海洋经济、产业、贸易、科技成果转化等方面的合作。

一是对接国际园区建设理念和标准。在园区规划设计中坚持生态节能的环保理念，园区建筑体现与国际接轨的科技、环保和人文色彩，重点建设国际标准的研发试验平台、国际化的金融商务及商业服务设施，提供多元化的文体活动场所和品牌化的医疗服务设施等。在产业规划中注重结合本地和国际合作方的产业优势，实现产业的集约化、低碳化和高端化。高水平对接国际规则标准，在项目审批、知识产权保护和签证等管理制度方面进行创新。

二是构筑中欧资源双向对接平台。设立深圳中欧海洋交流中心，为中欧的涉海企业、科研机构、金融机构以及行业协会搭建常态化的交流平台，推动务实合作。构建深圳与欧洲各国领馆、商协会、中介咨询机构等机构的高层次合作平台，促进中欧双向对接合作活动实现常态化、制度化。定期举办中欧海洋经济主题论坛，吸引国际知名专家、学者和海外留学人员到中欧蓝色产业园工作、讲学或开展研究工作。推动中欧资源双向对接，包括海洋产业、科技、金融、市场、人才、知识产权、检验检测等领域，推动中欧蓝色产业园内建立中欧双向对接的海洋产业体系。

三是组建国际蓝色产业联盟。积极联合欧盟国家及其他国家涉及蓝色经济的企业、行业协会和其他社会组织，以市场化运作的模式，组建开放式、创新型的国际蓝色产业联盟。重点围绕海洋经济发展、海洋产业升级、海洋科技创新等主题开展欧洲产业资源对接，与欧洲等地区在海洋信息技术、海洋生物技术、海洋生态环保等领域开展科技合作。发挥联盟成员在市场、技术、资金等方面的优势，共建全球蓝色经济发展产业服务平台，联合开展技术攻关、制定行业标准、加强人才交流与技术培训等。推动国际蓝色产业合作项目落地，争取国家对企业的优惠政策，为企业提供优惠便利的投融资支持。国际蓝色产业联盟如图9－16所示。

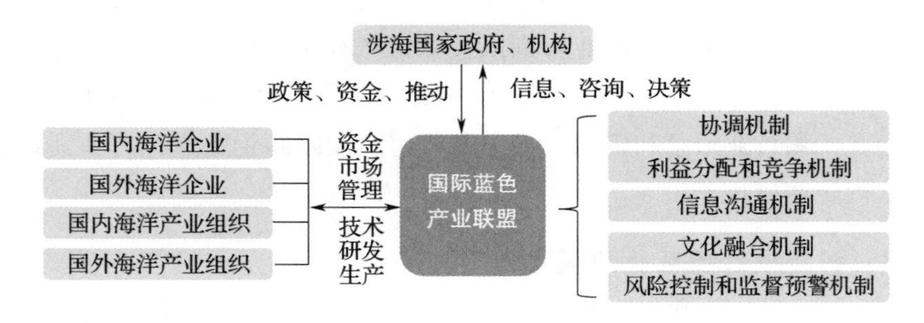

图9－16　国际蓝色产业联盟

资料来源：根据调研所得。

四是推进中欧蓝色产业项目落地。争取国际海洋研究院落地，重点开展海洋信息化、海洋工程技术、海洋新材料、海水综合利用、海洋生态保护等领域的先进技术研究。借助中欧蓝色合作等契机，构建全球协同创新网络，与国际著名涉海科研单位建立联合实验室，建立全球协同创新网络。与国际知名船级社合作，争取挪威船级社、法国船级社等在产业内具有影响力的权威船级社入驻中欧蓝色产业园。争取承办伦敦海事仲裁员协会支持会员年度会议，举办一系列海洋领域重大活动。

六、风险管控与制度创新

（一）加强风险防范

一是加强财务管控。强化项目资金一体化管理，建立资金结算中心，提升融资能力并推进资金集中管理。整合内部资源，分阶段建立以银行账户管理为核心的资金集中管理体系，对资金计划、融资管理、资金使用监控管理等关键环节进行把控，保证资金合理、有序流动，保证资金的使用效率，降低项目运作成本。

二是防范安全风险。项目填海工程面积大、作业环境复杂、涉及单位多、管理范围广，应建立安全生产管理机构、健全安全生产责任制、完善规章制度和操作规程，加强设计、施工等各相关方安全管理，签订安全管理协议书，加强安全检查和隐患治理工作，加大安全投入，加强应急管理，增强预防和处置突发事件的能力。

三是协调周边关系。协调宝安综合港区项目和周边村民、渔民等利益相关者的用海关系，积极主动防止出现问题，形成冲突处理机制；加强与国际会展中心等其他项目单位之间的沟通，在基础设施等方面实现区域统筹，共谋发展。

四是加强生态先行先试。项目实施过程中坚持务实低调，加强科学生态用海宣贯，深化填海生态环保研究，通过增殖放流等方式进行海洋生物资源补偿，在施工和运营期间严控船舶向水体排放生活垃圾、废渣、废水等，对周边海域生态环境影响实时跟踪监测，降低项目实施对海洋生态环境的影响以应对社会舆论。

五是应对政策风险。项目围填海及后续土地开发面临政策不确定性较大，在围填海验收方面要积极与国、省、市自然资源部门沟通，争取分证验收，实施多种土地开发模式，加快推进重点产业发展和基础设施项目运行。

（二）优化营商环境

一是精减企业办事环节。按照“能减则减、能免则免、能合则合、能快则快”的原则，优化“一网通办”服务模式，减少审批环节，压缩办事时限，创新服务方式。简化企业开办手续，优化工程建设项目审批流程，提高环境影响评价审批效率，打造企业办事环节最少、政府服务效率最高的营商示范区。

二是降低企业运营成本。坚持行政引导与市场主导相结合的原则，为企业减负松绑，压降企业显性和隐性运营成本。深化财税体制改革，落实国家及省市减税降费优惠政策，清理、规范涉企收费，优化企业人力资源保障服务，推动资源要素向优质企业集聚。提升贸易便利化水平，破解中小企业融资难题，打造综合运营成本最低、市场竞争能力最强的营商示范区。

三是优化企业对外投资服务。积极参与“一带一路”建设、粤港澳大湾区等重大战略，对投资园区和合作共建园区的企业一视同仁给予优质服务，帮助企业拓展发展空间，打造利益共享、共同发展的营商示范区。完善企业境外投资政策咨询和融资服务，支持企业开展跨区域产能合作，深化园区与发达国家和地区的科技产业合作，提升创新资源优化配置能力。

四是优化公共服务供给。更好地发挥政府在资源配置中的作用，以企业需求为导向，以企业评价为标准，推进公共服务领域供给侧结构性改革，打造公共服务品质最佳、现代化治理水平最高的营商示范区。加快社会信用体系建设，加大法治政府建设力度，加强知识产权保护措施，大力弘扬企业家精神，健全企业家参与涉企政策制定和评估的机制，构建园区“亲商”服务体系。

（三）创新体制机制

一是创新园区管理体制。以国企为主导，联合社会资本成立产业园区运营管理公司，承担园区经营和园区综合管理职能。与园区专业运营商和国际战略合作伙伴共同构建国际化运营管理主体，实现共建共享和国际化发展。政府通过派驻专员或授权等方式，为园区提供行政管理服务。

二是创新中欧合作机制。借鉴苏新理事会合作模式和经验，形成常态化、制度化的政府层面合作交流机制，定期对中欧蓝色产业园建设的重大问题进行协调，并在政策层面提供支持。创新与欧洲海洋机构、协会、企业的合作模式，如共同管理园区运行公司、共同建立孵化器等，在管理体制上形成示范效应。

三是创新科技管理机制。以对接国际规则为目标，面向中欧蓝色产业园科技创新和产业发展需求，先行先试成果转化、人才激励、科技金融等方面的改革举措。实行海洋新兴产业准入制度改革，建设新兴产业标准规则创新先行区，对海洋新兴产业的研发创新项目，在孵化运营之前免审批，切实加强对创新成果知识产权的国际化保护。

第十章
文化生态实践

第一节　深圳市海洋文化发展

中国的海洋文明存在于海陆一体结构中，中国既是陆地国家，又是海洋国家，中华文明具有陆地与海洋的双重特性。中华文明以农业文明为主体，同时包容游牧文明和海洋文明，海洋文明是中华文明的源头之一和有机组成部分。中国提出“一带一路”倡议，兼顾陆地与海洋，建立在中国既是陆地国家又是海洋国家的历史土壤上，是统筹陆海大格局、全方位对外开放的大手笔，是国家海洋文明、海洋价值观的集中展现。

《国家“十三五”时期文化发展改革规划纲要》要求“广泛参与世界文明对话，增强国际话语权，展示中华文化独特魅力，增强国家文化软实力”。海洋软实力在“海洋强国”和“一带一路”建设中地位突出、意义重大，无论是国民海洋文化意识的培养提升，还是国际海洋话语权的掌控主导，都需要大量地方实践和国家顶层设计的深度对接。海洋文化既包括海洋文化产业，也包括海洋文化事业，是“拓展蓝色经济空间”的重要内容，积极推动地方海洋文化发展既有长远意义又有现实作用，特别是深圳，作为改革开放先锋城市，其海洋文化方面的先行先试将对其他地方起到示范和引领作用。

从地缘条件看，深圳毗邻中国香港，位于粤港澳大湾区核心，是距南海最近的经济中心城市，在带动珠三角城市群、辐射华南腹地、参与国家“一带一路”建设和国际海洋合作方面资源得天独厚。从历史角度看，深圳所在区域均起到引领先声的作用，经济特区建设等重大事件，都需要文史层面的系统研究和传播层面的统筹运作。深圳拥有漫长的城市岸线，发展湾区经济、构建多元滨海空间、打造全球海洋中心城市极具优势。

一、发展的基础、存在的问题和面临的环境

（一）发展的基础

深圳濒临南海，是我国古代南海海防重镇和海上丝绸之路贸易文化的重要节点，保留了大量海洋历史文化遗存。大鹏所城、赤湾天后宫、左炮台、沙鱼涌古港等集中体现了深圳的海上贸易、海防军事地位。沙头角鱼灯舞、疍家人婚俗、沙井蚝民生产习俗等集中反映了深圳风土人情。随着深圳现代化海洋城市建设，海洋文化已融入城市生活的各个方面。

第一，海洋文化事业稳步推进。一是保护和展示海洋文化历史遗存。建成蛇口海洋博物馆，稳步推进大鹏所城二期工程。二是组织承办海洋文化主题活动。文博会设立“一带一路”馆和主题展区，承办“中国杯”帆船赛、Hobie（霍比）帆船世锦赛等海洋赛事活动。三是积极开展国际海洋文化交流。以“深圳文化周”和深圳艺术团为品牌，积极开展与西欧、太平洋岛国等“一带一路”沿线国家和地区的海洋文化交流，塑造深圳海洋城市形象。

第二，沿海各区海洋文化特色鲜明。大鹏新区突出海洋生态文化特色，积极打造国家级海洋生态文明建设示范区和国家海洋公园，发展运动休闲为特色的高端滨海旅游。盐田区主打海洋事业和滨海休闲美食文化，不断提升海洋文化论坛和“深圳黄金海岸旅游节”的品牌影响力。南山区凸显都市海洋文化特色，建设15千米滨海休闲带和中国国际邮轮游艇（深圳·蛇口）旅游发展实验区，积极推进海洋文化宣传教育。宝安区以传统海洋文化为基础，推动滨海文化公园、西湾公园建设和海上田园改造升级，打造沙井金蚝节和滨海风情小镇。

第三，借助市场力量发掘海洋文化。一是企业下海力度加大。华侨城集团在城市核心区建成欢乐海岸和湿地公园等海洋文化载体，招商蛇口建设太子湾国际邮轮母港，引领海洋休闲文化方向。深圳湾游艇会和浪骑游艇会成功入选“广东省游艇旅游发展示范基地”。二是海洋协会蓬勃发展。由涉海企业组建的深圳海洋产业协会、深圳市海洋石油服务企业协会、深圳市蓝色海洋环境保护协会等海洋社会组织在海洋文化多元化发展方面扮演重要角色。

（二）存在的问题

海洋文化发展水平与建设“全球海洋中心城市”“文化强市”的要求相比，还存在三方面不足：

一是海洋城市特征不足。代表海洋城市形象的标志性文化设施及博物馆等海

洋公共文化基础设施供给不足，滨海空间开发利用未充分考虑海洋因素及特征，海洋城市建设与国内外先进海洋城市相比差距较大。

二是海洋意识教育滞后。海洋知识、海洋意识未系统纳入教育体系，海洋历史文化遗存缺乏系统发掘和保护，市民海洋文化活动参与度亟待提升。

三是海洋文化产业薄弱。缺少海洋文化核心企业和有影响力的海洋文化产品，海洋文化人才储备不足。缺少国际性的海洋文化会展、节事赛事活动品牌。

（三）面临的环境

海洋强国建设明确了海洋文化新方向。党的十九大提出“坚持陆海统筹，加快建设海洋强国”，国家“十三五”规划纲要提出“拓展蓝色经济空间”，要求进一步关心海洋、认识海洋，海洋文化是全面建设海洋强国的重要内容。《全国海洋文化发展纲要》提出“传承、创新和繁荣中华民族海洋文化，使海洋文化成为兴海、富海、强国的思想引领和有效载体，为全面推进海洋事业发展提供坚实的精神文化支撑”。《提升海洋强国软实力——全民海洋意识宣传教育和文化建设“十三五”规划》在“海洋新闻宣传、海洋意识教育和海洋文化建设”方面进一步细化了海洋文化建设的内容和目标。

一方面，“一带一路”倡议与湾区经济建设对海洋文化提出新要求。“一带一路”倡议是国家构建陆海统筹、东西联动全方位开放新格局的重大战略，《推动共建丝绸之路经济带和21世纪海上丝绸之路的愿景与行动》在“民心相通”方面提出“传承和弘扬丝绸之路友好合作精神，广泛开展文化交流、学术往来、人才交流合作、媒体合作等”，对海洋文化“走出去”提出了更高要求。粤港澳大湾区将规划建设国际文化交往中心，打造生态安全、环境优美、社会安定、文化繁荣的美丽湾区。深圳市着力引领湾区经济，建设21世纪海上丝绸之路桥头堡，有必要依托与东盟国家、南太岛国经贸产业合作及民间外交，进一步发挥海洋文化在输出深圳经验、弘扬特区精神、争取国际话语权、密切国际沟通合作等方面的重要作用。

另一方面，全球海洋中心城市与文化强市建设为海洋文化提供新动力。深圳市大力建设与现代化、国际化、创新型城市相匹配的文化强市，承担建设全球海洋中心城市、全国海洋经济科学发展示范市和海洋综合管理示范区的历史使命，迫切需要深入挖掘海洋文化资源价值，构建新时期精神文化坐标，大力提升海洋城市文化软实力。通过海洋文化引导海洋经济全面转型与创新发展，提升海洋科技创新能力，积极践行海洋生态文明，有效促进陆海融合发展，深度参与全球海洋治理，加快建设具有国际吸引力、竞争力、影响力的全球海洋中心城市。

二、指导思想、基本原则、发展思路和规划目标

（一）指导思想

按照党的十九大“坚持陆海统筹，加快建设海洋强国”的要求，紧扣国家战略，突出湾区特色，拓宽感知海洋、认识海洋、传播海洋的渠道，引导海洋生活方式，塑造海洋多元空间，推动海洋文化走向大众、走出国门，增强海洋文化软实力，为深圳建设全球海洋中心城市提供文化支撑。

（二）基本原则

一是坚持创新驱动。创新海洋公共文化服务体系，规范法律保障体系，优化软硬件支撑体系，调动全社会力量参与海洋文化创新，增强对全球海洋文化创新要素的吸引力，吸收各国优秀海洋文化创新成果，提升海洋文化创新能力。

二是坚持海陆联动。统筹海域、海岛、海岸带多元海洋文化元素，把海洋文化融入海洋生态文明建设中，全方位、多角度丰富海洋文化内涵，打造海陆一体的特色海洋文化体系。

三是坚持品牌带动。打造海洋文化区域品牌、产业品牌、企业品牌和产品品牌，促进生产要素聚集，优化产业结构，丰富海洋文化产品，凸显湾区城市特色，依托品牌效应引领示范。

四是坚持融合促动。推动海洋文化跨界融合，提高海洋文化在各领域的渗透力和影响力，建设国际化的海洋文化资源整合、资本对接、商业集聚、合作交易平台，促进海洋文化产品服务的生产、交易和成果转化。

（三）发展思路

围绕全球海洋中心城市建设，分别从海洋城市建设、海洋文化事业、海洋文化产业和海洋文化开放四个维度，构建海洋文化发展主线：

▶ **加强海洋城市建设——规划展示的精神载体**

进一步提升滨海城市空间的规划设计层次和水平，增强海岸带文化和公共空间属性，通过海洋城市地标、海洋公共文化设施等的建设，打造融合历史与现代、彰显科技与人文、更具多元特色和丰富内涵的滨海文化空间载体。

▶ **发展海洋文化事业——宣传教育的内容主体**

强化海洋文化的公共属性，健全海洋文化公共服务体系，增强海洋文化公共

产品供给能力，加强青少年海洋文化宣传教育，提升市民海洋文化意识，进一步保护海洋历史文化遗存，构建海洋文化理论支撑体系。

▶ **壮大海洋文化产业——融合发展的价值实体**

积极发展“海洋文化＋”，通过与科技、旅游、创意和金融多元融合的方式，培育海洋文化产业主体，丰富海洋文化产品，完善海洋文化产业发展环境，壮大海洋文化产业核心竞争力。

▶ **推进海洋文化开放——交流传播的重要媒体**

将海洋文化开放合作作为参与全球治理、国际化海洋城市建设的重要路径，依托大湾区进一步加强深港同源文化合作，依托“一带一路”倡议搭建深圳海洋文化传播推广和国际交流平台，积极参与海洋文化事业国际合作。

（四）规划目标[①]

到2025年，市民海洋意识显著提高，海洋文化重点领域取得跨越式发展，海洋文化资源合理利用，海洋文化遗产得到科学保护、有效传承和适度利用，海洋文化人才队伍基本形成，海洋文化公共产品和服务的供给能力大幅提升，海洋文化传播能力明显增强，海洋文化产业规模进一步扩大，对外海洋文化交流不断深化，建成与“文化强市”、21世纪海上丝绸之路桥头堡相适应、相匹配的全球海洋中心城市，充分体现粤港澳大湾区海洋特色。

一是海洋文化空间目标。生产、生活、生态空间结构持续优化，海岸带范围内陆域、海域、岸线功能统筹协调，海洋城市文化基础进一步夯实，国际化海洋文化氛围更加浓郁，海洋生活方式更加丰富，海洋城市建筑特色突出，建成一批海洋文化地标设施、特色滨海文化空间和海洋文化小镇，塑造开放多元、包容并蓄的海洋城市形象。

二是海洋文化事业目标。推动海洋文化供给侧结构性改革，增加认知、体验海洋的公共文化产品供给。探索建立海洋文化知识体系和海洋文化遗产保护机制，建成一批不同等级的海洋文化博物馆、展览馆、海洋知识教育示范学校，推动海洋设施生活化，定期举办海洋书画、摄影展览，全面提升市民海洋意识。

三是海洋文化产业目标。培育一批具有核心竞争力的海洋文化企业，形成一

---

① 依据《全国海洋文化发展纲要》《提升海洋强国软实力——全民海洋意识宣传教育和文化建设“十三五”规划》《深圳市文化发展“十三五”规划》等制定规划目标。

批拥有自主知识产权的海洋文化产品，打造一批具有国际影响力的海洋文化品牌，海洋文化产业对海洋经济发展的贡献进一步增大。每年推出有影响力的海洋题材影视作品、戏剧曲艺、文学著作、音乐舞蹈、动漫游戏等。

四是海洋文化国际交流目标。密切粤港澳海洋文化交流合作，进一步拓宽21世纪海上丝绸之路沿线交流渠道、拓展合作内容。海洋文化国际推广取得新突破，海洋文化经贸合作取得新进展，建设南海及太平洋海洋文化传播中心和交流合作枢纽。

三、加强海洋城市建设

（一）优化海洋文化空间

统筹海岸带范围内陆域、海域、岸线功能，形成产业、生活、生态空间结构，引导项目落地、城市建设、生态环保，构建科学、有序的海洋文化发展空间格局。

1. 保护利用海洋历史文化空间

提升十大海洋文化历史地标品质，开展海洋文物代表性遗址保护研究，打造深圳海洋文化遗址保护工程，推动大鹏新区开展大鹏所城申请世界文化遗产的可行性研究。充分挖掘赤湾海洋历史文化遗存价值，弘扬海丝文化；依托大鹏所城打造历史人文小镇，开展海防文化宣传教育；依托沙井金蚝美食文化小镇、盐田滨海特色渔港综合体，加快沙鱼涌古港、南澳渔港风情小镇、固戍码头等的规划建设，凸显海渔文化。

2. 构建现代海洋城市文化空间

▶ 生产空间——特区（蛇口）文化

围绕大空港半岛区、前海蛇口自贸片区、国际生物谷坝光核心启动区等重点滨海地区规划建设，以中欧蓝色产业园、国际会展中心、赤湾能源科技城等重点项目为载体，积极宣传特区改革开放、创新创业、海洋经济发展等海洋文化时代新主题。

▶ 生活空间——滨海休闲文化

依托深圳湾滨海休闲带、欢乐海岸、海上世界和宝安滨海文化公园，营造都市休闲文化；依托小梅沙国际滨海旅游小镇、溪涌山海小镇、土洋—官湖民俗文化小镇、新大—龙岐湾滨海活力小镇、坝光银叶小镇、宝安西乡滨海风情小镇以及金沙湾国际乐园、东西涌国际穿越营地及西涌世界级度假区、玫瑰海岸浪漫滨海婚庆基地规划建设，形成旅游节事文化；依托太子湾邮轮母港、深圳湾游艇会、大梅沙游艇会、七星湾游艇会、浪骑游艇会等，发展邮轮游艇文化；依托航海学校、海上运动基地等平台，发展帆船运动文化。

▶ **生态空间——海洋生态文化**

以大鹏新区、深圳湾红树林深圳华侨城片区建设国家级海洋公园为契机，围绕国家海洋公园建设，划定珊瑚保护区，探索海洋公园、海岸公园专项管理，建设海洋生态牧场，创造以大鹏为核心的多维的海洋生态体验空间。

（二）强化海洋城市特色

深入挖掘海洋文化价值，提炼、精选一批凸显都市海洋文化特色的经典性元素和标志性符号，纳入海洋城市规划建设，构建特色滨海公共空间。

首先，打造海洋文化地标。在城市建筑、规划中注入海洋元素，提高城市景观、城市广场、城市标志、城市雕塑、城市绿化等城市公共空间的海洋文化显示度，在形态、色彩、内涵上彰显海洋文化气质。统筹协调城市标识系统与城市海洋文化环境，系统设计并引导城市公共服务标识海洋化，准确传递深圳现代海洋城市气息。

其次，布局海洋文化设施。结合海岸带海洋文化禀赋与功能定位，规划建设一批代表深圳海洋文化形象的重大基础设施项目。打造海洋博物馆、海上科技馆、水族馆、歌剧院等大型公共文化设施，将更多的海洋文化生活引入海岸带。滨海文化设施选址及设计应结合人们对滨海景观的需求及新型用海特点，打造深圳海洋文化新地标。

最后，提升海洋文化价值。统筹海陆文化资源，突出滨海城市特色，强化历史文化资源保护与修复，优化滨海文化资源开发，科学规划、合理开发滨海文化休闲区域。打通陆域向海通道，打造体现海洋风貌、凸显历史文化价值的湾区都市海洋文化景观。充分利用新科技手段，推出虚拟空间和实体空间高度融合的海洋文化产品，彰显 21 世纪海上丝绸之路桥头堡的城市魅力。

（三）孵化海洋文化品牌

把握深圳海洋文化的地域性与广域性，开展多层次海洋文化研讨，推出海洋文化精品，疏通海洋文化传播渠道，通过各种手段深入挖掘、多元展示、集成展示、立体传播，打造海洋文化的深圳品牌。

一是海防文化品牌。从近现代、当代及大区域视角深刻解读大鹏所城、南头古城、赤湾炮台等史迹价值。从学术角度深入挖掘深圳海防思想史、海权观与海洋意识，为当下海权问题提供思想支撑。从大众文化角度开发各种海战影视作品及海战游戏作品，弘扬海上尚武精神。开展海防文化入军营入课堂活动，发展海防文化社会组织。

二是海上丝绸之路文化品牌。从文明演化视角建构深圳海上丝绸之路文化体系，加强航海、人文交往、制度文化、行为文化、海洋法理等方面的研究。从全球化高度，深层次揭示深圳海丝文化内涵，举办各类活动，打造、宣传深圳海丝文化品牌，承担建设和谐海洋、维护国家海洋权益的使命。

三是海渔文化品牌。挖掘深圳及周边地区渔具、渔船、渔场、渔港、渔汛、渔灯、渔歌、渔曲、渔鼓、渔家号子等原生渔文化，构建以渔为核心的海洋文化符号体系、民俗演艺系列。创新渔港（如蛇口、南澳渔港）、渔村（如水湾村、渔民村、渔农村）、渔家展示方式。开展集消费、推介、展示、交易为一体的海洋美食文化活动。把金蚝文化、疍家文化、妈祖文化、沙头角鱼灯舞等传统民间海洋文化融入经贸、旅游、学术交流等活动中。

四是海港文化品牌。海港是大陆文明与海洋文明的交汇点，要深入挖掘深圳因海而生、因港而兴的发生、发育、演化机理，提炼渔港、商港等各类港口特色，总结港城融合规律性，提升海港在全球化、信息化过程中的地标性、话语权和显示度，推出有影响力的海港文化产品。

五是海洋旅游文化品牌。提升华侨城、海上田园等旅游品牌价值，建设太子湾邮轮母港、公共游艇码头，举办海洋节事活动，发展山海房车游等新型海洋旅游项目。以“海上看深圳”为品牌，串联东西部滨海重要旅游景观。传承开发海洋物质、非物质文化遗产，形成一批海洋旅游文化骨干企业，在吃住行游购娱、商养学闲奇情各环节注入海洋旅游文化内容。

六是海洋科技创新文化品牌。围绕无人船、深潜器、浮岛、海洋新能源等海洋新兴产业领域，积极挖掘、吸收可燃冰、海洋风能、核电等海洋科技创新要素资源，丰富海洋科技创新文化内涵，积极形成具有国际影响力的海洋科技创新产业集聚，打造深圳海洋科技创新的全球品牌。

七是海洋生态文化品牌。从物质、制度、精神、行为等层面解读、研究海洋生态文化，深入挖掘海洋生态文化资源。完善个人、家庭、企业、社会组织参与的海洋生态教育、实践、消费、科研机制，优化各类基础设施。开展各类生态活动，设立海洋生态文化节日节目，制作海洋生态纪录片，推出海洋生态纪念品。

提高公众对增殖放流活动及海藻床、海洋生态牧场、大鹏海域珊瑚、红树林等生态资源的认知度。深入实施珊瑚保育计划，组织开展海域珊瑚礁资源普查，建立海域珊瑚礁资源数据库，绘制大鹏海域珊瑚地图。

四、发展海洋文化事业

（一）构建海洋文化服务体系

建设海洋文化公共基础设施。规划建设一批与深圳城市地位相匹配、具有国际先进水平的重大地标性海洋文化设施。引导社会力量参与海洋公共文化服务体系建设，鼓励民办博物馆、图书馆规范发展。创新海洋公共文化设施管理模式，探索开展海洋公共文化设施社会化运营试点，通过委托或招投标等方式吸引有实力的社会组织和企业参与海洋公共文化设施的运营。

建设海洋文化信息化平台设施。一是利用数字化技术推动海洋文化公共基础设施建设，促进海洋数字图书馆、数字美术馆、数字博物馆建设，建设公共文化数字资源库群，形成资源丰富、技术先进、服务便捷的海洋公共文化信息资源共享系统和网络服务平台。二是探索推进海洋公共文化“互联网＋”建设，加强海洋公共文化资源整合开发，加强多网、多终端应用开发，搭建海洋文化公共电子网络服务平台，纳入智慧海洋综合管理平台。三是推动重要海洋公共文化艺术培训、展览、讲座、演出资源的数字化和网络化。四是支持公共文化机构开展海洋数字化研发应用，强化线上、线下互动，提升公共文化服务用户体验。五是利用数字化资源、智能化技术、网络化传播，拓展海洋公共文化服务能力和传播范围。

（二）提高海洋文化供给能力

首先，增加海洋文化公共产品供给。采取政府购买、项目补贴、委托生产等形式，鼓励和支持文化企业生产海洋文化公共产品。支持公共文化事业单位、专业艺术团体、广播影视机构、出版企业和文联、社科联、作协等为市民提供更多更好的海洋文化公共产品。鼓励民间资本投入海洋文化事业，引导社会力量以多种形式参与海洋文化公共服务和产品供给。加强公共图书馆、博物馆、纪念馆、美术馆、非物质文化遗产馆（所）的海洋文化领域藏书、藏品建设，注重对海洋文化相关的地方文献、文物、民俗器物和本土名家创作的艺术精品的收藏，逐步形成品种丰富、结构合理、特色鲜明的海洋文化公共产品体系。

其次，提高海洋公共文化服务效率。以海洋文化创新为契机，引入海洋领域社会组织参与公益性文化场馆的管理，提升公共文化场馆海洋文化主题展示的专业性和科学性。推动各类海洋文化公益性展览在公共图书馆、博物馆、纪念馆、非物质文化遗产馆（所）、展览馆、科学馆等展出，推动音乐厅、美术馆等定期提供海洋文化专场免费或低票价服务，推动高校、科研机构图书馆海洋文化资源向社会开放，促进海洋公共文化服务的社会化。在各年度《深圳市公共文化服务指引》中加入介绍深圳海洋文化特色和公共文化设施的内容。以行业联盟等形式，促进图书馆、文化馆、博物馆等公共文化服务机构开展馆际合作，统筹开展公共文化巡展、巡讲、巡演等，实现互联互通、共建共享。

最后，优化海洋文化精品创作。坚持社会效益与经济效益统一，支持海洋题材原创文艺精品，着力打造推广一批反映特区海洋精神、体现海洋文化特点的音乐、舞蹈、戏剧、电影、电视剧和动画精品。支持举办海洋文化艺术活动，鼓励海洋文艺作品申报精神文明建设“五个一工程”等全国性文艺奖项评选。支持开展“世界海洋日暨全国海洋宣传日”海洋读书周系列活动，鼓励评选优秀海洋科普图书，举办以讴歌海洋精神为主题诗歌朗诵会、读书会、交流会等活动。

（三）加强海洋文化宣传教育

增强海洋基础知识教育。开展航海知识和海上安全知识教育，积极引入国家海洋基础教材和适龄海洋读物，开展海洋相关课程课件研究与开发，推动海洋知识进课堂。加快建设中国红树林博物馆，形成一批海洋知识科普基地，争取“全国海洋意识教育基地”挂牌。开设海洋社会实践课程，组织开展青少年海洋夏令营活动，组织海模、航模比赛，举办中小学海洋知识讲座和海洋知识普及图书赠阅活动。

提高公众海洋意识。以社会教育为重点，在党政干部、涉海企业、青少年、社会公众中开展“海洋大讲堂”巡讲活动，组织多种形式、多种层次的海洋专题报告会。打造面向公众、普及性的“海洋公开课”，探索海洋教育和海洋创新人才培养新型模式。创新“深圳学习讲坛”“百课下基层”“市民文化大讲堂”“社科普及周”等活动，推动海洋主题活动走进社区、走向基层。定期举办大型海洋环境保护宣传活动，充分利用“三微一端”（微信、微博、微视频、新闻客户端）新媒体传播渠道，打造海洋传播新媒体平台以及3～5个知名海洋数字传播新媒体品牌。大力提倡民间团体、企事业单位及个人参与海洋生态保护与建设事业，强化公民海洋意识、法制观念及对环保工作的参与意识。吸引更多志愿者参与海洋生态保护，全面推动海洋生态保护公众教育，提高海洋生态文明建设公众参与度。

（四）保护海洋文化历史遗产

一是开展海洋文化物质与非物质资源普查。借助第一次全国可移动文物普查工作的实施，深入挖掘和系统整理深圳海洋文化资源，开展涉及海洋渔业文化、民俗文化、海上移民文化以及水下文化遗产等方面的资源普查，划定海洋历史文化资源保护紫线。全面掌握海洋文化资源分布状况、保存现状和保护需求，建立深圳海洋文化资源总目录和数据资源库。结合《深圳海岛保护与利用规划》，开展对海岛文化记忆、海洋重大历史遗迹及重大历史事件的田野调查，开展海岛文化遗产资源调查工作，开展海上丝绸之路、明清海防、古代航线等的遗址遗迹调查，适时开展航海活动历史和航线实地勘察。

二是建设海洋文化资源信息数据库和管理系统。推进海洋文物调查及馆藏文物数据库项目建设，建立第三次全国文物普查数据库、全市古籍普查数据库、文化遗产保护和安全监控平台等信息库，绘制海洋遗产电子地图。加大海洋文化古籍保护力度，完成全市海洋古籍普查，建立全市海洋古籍联合编目和地方特色数据资源库群。编制海洋非物质文化遗产传承人谱系。鼓励商业性海洋调查活动，推动海洋调查资料与成果共享，建立健全资料共享与服务保障机制，搭建海洋调查资料和调查数据产品共享平台。系统梳理海岸带地区地名情况，逐步完善海洋地名标志设置，在命名和更名过程中传播海洋文化。

三是深入开展非物质文化遗产调查和整理研究工作。搜集、整理和出版涉海民间故事、民俗传说和口述历史，搜集、整理和出版民间海洋文艺作品。建立完善的全市非物质文化遗产名录库，积累“海洋城市记忆”。保护和传承沿海群众的传统海洋习俗，鼓励沿海群众传承特有的海洋生产生活方式，注重挖掘传统饮食、服饰、建筑、节庆、婚丧、礼仪、娱乐等海洋民俗文化内容。深入挖掘和展示古代海洋科技、涉海技术发明的历史价值、科学价值和艺术价值。整理、研究和传播古代海运、海防、海商、外交、海洋信仰方面的历史名人相关事迹。

四是创新海洋文化遗产保护传承方式。充分利用数字化技术、虚拟现实技术、移动互联网技术等现代信息技术的发展，创新海洋文化遗产的保护、传承、利用、发展方式。研发水下文物探测与保护装备，完善海洋文化遗产探测与保护科学技术支撑体系。加强海洋文化遗产保护技术研发，推动海洋文化遗产保护和现代信息技术有效结合，充分利用数字化复原技术等高科技手段，推动海洋文化遗产信息资源开发利用，提升海洋文化展示水平和传播能力。以文化遗产日、国际博物馆日、传统节日等为契机，开展形式多样的宣传展示活动。

五是拓展海洋文化遗产传承利用途径。建立健全非国有不可移动文物保护补偿机制，调动非国有文物所有权人参与文物保护的积极性。鼓励对海洋文化遗址遗迹和古建筑群进行综合利用，推动海洋经济发展与海洋文化遗产保护同步进行。发挥海洋文化遗产资源在旅游业中的重要作用，打造海洋文化遗产旅游品牌，培育以海洋文化遗产为支撑的体验旅游、海岛和渔村休闲旅游线路。鼓励各类海洋文化艺术作品创作、展示发行，促进艺术衍生产品、艺术授权产品的开发生产，加快工艺美术产品、传统手工艺品与现代科技和时代元素融合。引导社会资本参与海洋文化遗产合理利用，鼓励依托海洋文化遗产发展海洋文化创意产业，打造特色海洋文化品牌。举办国际海洋工艺产品设计大赛，主动对接国家有关部门海洋艺术类研究课题，收集、展出海洋文化作品。

（五）完善海洋文化理论体系

一是深化海洋文化理论研究。对标全球海洋文化发展先进城市，结合深圳“全球海洋中心城市”和“文化强市”建设实际需求，系统梳理海洋文化历史脉络，深入研究海洋文化内涵、外延及其作用，力求在基础理论研究和应用理论研究上有新的突破。着力在海洋文化创新研究、海洋文化开放研究等方面形成一批特色优势学科，打造富有特色、结构合理、充满活力的海洋文化学科集群。

二是提升海洋文化综合研究水平。加强海洋文化智库建设，适时组建海洋文化研究院，促进海洋文化研究社会化和学术成果转化，不断提升海洋文化研究综合创新能力和学术竞争力。依托深圳学术年会打造海洋文化高端学术交流平台，加强海洋文化学术理论刊物建设，创办在全国学术界有影响力的刊物，发表一批具有全国核心刊物水平的研究成果，提升海洋文化研究与国内外学术前沿对话交流能力。

三是建立海洋文化评价指标和标准体系。开展海洋文化名城、海洋城市核心竞争力指标体系研究，推动海洋文化产业竞争力（海洋文化指数）评价研究。围绕海洋文化与相关产业融合发展，制定一批海洋文化领域的重要国家标准，鼓励行业组织、中介组织和企业参与制定海洋文化国际标准。

四是研究和弘扬特区海洋文化价值观。深入研究特区海洋的资源价值、环境价值、经济价值和战略价值，引导形成正确的特区海洋文化价值观。总结具有鲜明时代特征的海洋文化核心价值，凝练体现爱国主义、集体主义、和谐发展的海洋精神，推动当代海洋先进思想建设和发展创新。传承开拓创新、诚信守法、务实高效、团结奉献的深圳精神，提炼富有时代内涵的城市核心价值观，将新时期特区精神融入海洋文化。

五是开展海上丝绸之路文化研究。充分发挥国家智库、高校和社会机构作用，深入挖掘海上丝绸之路文化内涵，为制定海洋文化发展战略、国际交流与公共外交政策提供依据。围绕海上丝绸之路历史文化、现代海洋文明、海洋公共文化服务、海洋文化产业发展、品牌塑造、遗产保护、海上丝绸之路与陆上丝绸之路的关系和对接，以及深圳建设海上丝绸之路枢纽城市等方面的重大战略课题，加强港口史、造船史、航运史和海洋水利工程史等的研究，实行产学研协同攻关，为国家和深圳市决策提供高质量的研究成果，保障21世纪海上丝绸之路建设的顺利实施。

六是推进南海海洋文化研究。继承和发扬中国传统海洋文化，重点研究作为中国海洋文化重要组成部分之一的南海海洋文化的内涵。组织南海周边省市的南海海洋文化研究力量，搜集、整理和出版南海海洋文化文献资料，设立南海海洋文化研究课题，举办南海海洋文化国际学术研讨交流活动。鼓励开设以南海海洋文化为主要内容的海洋旅游项目，将南海海洋文化纳入全国海洋意识宣传教育内容。

五、壮大海洋文化产业

（一）推动海洋文化产业融合

大力促进文化与科技、旅游、创意、金融等的融合，积极发展海洋文化新业态，推动特色海洋文化产业发展。

1. 海洋文化科技融合

一是建设海洋文化与科技融合创新载体。依托深圳高新技术园区等建立国家级海洋文化和科技融合示范基地，把重大文化科技项目纳入相关科技发展规划和计划，支持产学研战略联盟和公共服务平台建设。以中欧蓝色产业合作论坛为契机，交流中欧海洋产业战略政策和技术研发重点，展示新型涉海技术和产品，搭建中欧海洋技术和产业合作平台。

二是建设海洋文化数字化、网络化中心。依托深圳高新技术企业，深入实施国家文化科技创新工程，运用虚拟现实技术、三维图形图像技术、计算机网络技术、立体显示系统、互动娱乐技术、特种视频技术等高新技术支撑海洋文化内容、装备、材料、工艺、系统的开发和利用，推动海洋文化产品和服务的生产、传播、消费的数字化、网络化进程。

三是建立海洋文化信息网络服务平台。推进海洋文化互联网建设，建立健全海洋文化信息网络服务体系，支持各类新闻网站、政府门户网站、商业网站加快发展，推动传统海洋文化与当代海洋文化精品网络构建，打造在国内外有较强影响力的海洋文化网站。

2. 海洋文化旅游融合

一是创建亚太最具创新活力的国际滨海旅游城市。充分利用深圳滨海区位优势、资源优势和空间优势，以滨海为主导和龙头，打造国际著名湾区。建设东部滨海度假酒店群、生态型滨海景区等高端旅游设施，整合西部沿海地区旅游资源，建设一批海洋文化旅游核心区和滨海国际会议中心，逐步形成区域特色鲜明、海陆互补、自然风光与人文资源相得益彰的海洋文化旅游格局。

二是打造海洋文化旅游精品。围绕海洋观光娱乐、休闲度假、康体健身、海洋生态、海洋科普、海洋民俗等，发展具有鲜明深圳特色和海洋风情的海洋生态旅游和海洋文化旅游产品。支持开发康体、养生、运动、娱乐、体验等多样化、综合性海洋旅游休闲产品以及具有地域特色和民族风情的旅游演艺精品，建设一批滨海休闲度假区、海洋特色小镇，鼓励发展特色旅游餐饮和主题酒店。

三是开辟海洋文化旅游邮轮专线。争取实施更加优化简便的邮轮通关、邮轮航线审批和邮轮货物保税、免税退税和邮轮船供物资审批等政策。鼓励企业开辟以东盟为重点的21世纪海上丝绸之路沿线区域邮轮旅游线路，形成面向世界、联结港澳、辐射内地的多层次旅游网络。鼓励航空公司联手品牌旅游企业开展海外选点和旅游区建设，开展包机旅游，构建海空一体的海洋文化复合产品。筹办第十三届中国邮轮产业发展大会暨国际邮轮博览会（CCS13），进一步宣传推广深圳邮轮旅游，提高深圳蛇口邮轮母港的市场地位和在华南邮轮市场的份额。

3. 海洋文化创意融合

一是打造海洋文化创意产品。促进文化创意与海洋科技创新深度融合，提高海洋特色文化产品的科技含量和创意水平。支持涉海题材广播影视、动漫游戏、艺术衍生品、美术工艺品设计快速发展。支持文艺工作者深入基层，创作反映国家海洋事业发展新貌和海洋人丰富多彩生活的艺术作品，举办海洋题材大型演出和相关演艺项目，增强海洋题材作品的创作和生产能力。

二是搭建海洋文化国际创意平台。推动海洋文化创意设计企业积极参与深圳创意设计产业投资贸易推介活动，与国际海洋文化产业强国开展广泛合作。依托深圳设计行业协会平台，推动海洋主题设计产品打入全球市场。

三是构建海洋文化创意教育载体。鼓励高等院校、职业学院开办海洋文化创意相关专业，重点培育一批数字技术、广播影视、广告创意制作、新媒体开发、动漫游戏、工艺设计、旅游策划、表演艺术、书画艺术等方面的海洋文化创意群体。鼓励教育机构与企业共同建立海洋文化创意孵化器、加速器等产业载体，以科研教育促进海洋文化产业发展壮大，以企业资源推动海洋文化突破、创新。

4. 海洋文化金融融合

一是设立海洋文化发展基金。以深圳市成立海洋发展基金为契机，争取设立海洋文化产业发展引导子基金，在政策扶持、资金保障、平台搭建等方面给予支持。拓宽海洋文化创意产业投融资渠道，鼓励有实力的企业、团体、个人依法组建各类海洋文化创意产业投资基金和机构，引导风险投资基金进入。

二是搭建海洋文化产业投融资平台。支持海洋文化企业发行中长期企业债券和短期融资债券，用市场运作方式筹措发展资金，通过海洋文化与金融服务融合，不断壮大深圳海洋文化产业。

（二）培育海洋文化主体

支持一批现有基础好、实力较雄厚的游艇、培训、演艺、主题公园等海洋文化企业，发挥骨干企业在海洋特色文化产品的创意研发、品牌培育、渠道建设、市场推广等方面的龙头作用，打造具有核心竞争力的海洋特色文化品牌。扶持一批中小微海洋文化创意企业，有效推进资源配置和信息共享，完善研发创作、生产制造、加工设计、营销服务、消费体验等主要环节的海洋文化创意产业链。发挥文化创意产业专项资金的引导作用，撬动金融资本、社会资本以产业投资基金、众筹、P2P等多种形式投资海洋文化产业，支持个人工作室、独立策划机构、“文化创客”等小微创意企业开发海洋特色文化资源。培育发展海洋文化类行业协会、产业联盟组织。

（三）丰富海洋文化产品

一是海洋节事活动。重点支持举办具有国际影响力的海洋节事活动，将海洋文化作为文博会重点打造的特色主题，打造展示、推广海洋事业发展成就的重要平台。抓住世界海洋日暨全国海洋宣传日、中国航海日、减灾日、全国科普日、海军成立纪念日等节庆时机，开展广泛深入的海洋宣传活动。充分发挥黄金海岸旅游节、沙滩音乐节、国际风筝节等节事活动的品牌影响力，通过积极举办诸如沙滩文化旅游节、滨海狂欢节、滨海摄影大赛等海洋文化节事活动，全面增强深圳海洋文化的感召力和影响力。

二是海洋会议会展。积极争取“中欧蓝色论坛”永久落户深圳，加强中欧双方在蓝色经济和蓝色产业方面的务实合作，促进中欧蓝色经济互联互通与经贸合作。加快引入海博会，举办海洋科技专业和科普展会，围绕海洋电子信息、遥感、生物医药、海洋装备等领域，凸显深圳现代海洋科技成果与文化。委托专业机构开展海洋文化展会宣传活动，形成一批参与度高、影响力大、社会效益和经济效益好的会议、会展项目。

三是海上运动休闲。依托深圳海上运动基地暨航海学校，发挥“中国杯”帆船赛的品牌影响力，围绕摩托艇、潜水等热点领域，引进和培育一批具有国际影响力的品牌赛事活动。积极举办深圳市青少年帆船锦标赛、全国大学生摩托艇挑战赛、世界青少年冲浪锦标赛等系列活动。建立海上运动知识普及教学体系，把海上运动知识普及教育列入全市中小学体育艺术活动工程。引导和规范海钓、潜水、冲浪、帆船帆板、海岛野外生存俱乐部等海洋体育俱乐部发展，鼓励连锁娱乐企业参与涉海体育休闲项目开发。

四是海洋休闲渔业。以渔业生产为依托，围绕渔业资源、渔业产品、渔业设备、渔业生态等，支持开发具有休闲价值的渔文化新业态。发挥深圳市远洋渔业产业优势，打造以金枪鱼等高端海产为主的海洋美食休闲区。发挥大鹏海域自然生态系统优势，通过投放人工生态礁、种植珊瑚等方式改善海底环境、净化水质，建设以休闲、潜水为特色的新兴海洋生态旅游综合体。

（四）完善海洋文化环境

一是构建海洋文化产权交易平台。围绕海洋主题打造文学作品、动漫、影视作品、游戏、综艺节目等优质 IP（知识产权），推动实现单一内容产品的 IP 化和 IP 全产业链运营。依托深圳文交所，建立以海洋文化版权、股权、物权、债权等各类文化产权为交易对象的海洋文化产权交易平台，为海洋文化主体提供灵活、便捷的投融资服务，推动创意设计成果交易和知识产权转化。推动海洋文化与资本市场对接，促进各类海洋文化产权跨行业、跨区域、跨国界的流动，建设面向世界、服务全国的综合性海洋文化产权市场。

二是构建品牌发展环境。全面推进实施海洋文化品牌发展战略，加强海洋文化品牌建设，全社会共同营造良好的海洋文化品牌发展环境。鼓励支持重要海洋文化产品的研制开发，积极探索以知识产权、技术要素及无形资产等参与收益分配的新机制。创新海洋文化服务体系，为业界提供宽松的营商环境、规范的法律保障和优质的软硬件支撑，增强对全球海洋文化要素的吸引力。

三是引导海洋文化消费。适应海洋文化市场需求，培育海洋文化产品消费热点，拓展消费市场，引导社会公众提高海洋文化消费水平。提升市民的海洋文化消费意识，增加教育培训、体育健身、旅游休闲等与海洋文化紧密结合的服务性消费。改善海洋文化消费环境，规范市场秩序，保证公平竞争，维护消费者的合法权益。

(五) 提升海洋文化竞争力

加快“走出去”。一是充分利用国家文化传播平台，加强深圳海洋文化输出，增强深圳海洋文化对外影响力。依托“文博会”等平台，推动优秀文化创意产品和服务走出去，使深圳成为中华文化“走出去”的重要基地。二是扶持一批具有海洋特色和国际竞争力的重点文化企业和项目。重点支持企业开发契合国内外市场需求的海洋文化精品，提高海洋文化产品与服务占文化出口的比重。三是按照园区主体运营、政府扶持的原则，通过友城合作等渠道，鼓励有条件的文化创意产业园区加快走出去的速度，在境外设立国家创意产业孵化中心和分支机构。四是举办深圳海洋文化创意产业投资贸易推介活动，加强与国际文化企业集团合作。支持海洋文化企业参加国际会展、开展国际巡演，形成一批有国际竞争力的海洋文化跨国企业。

加快“引进来”。一是支持海洋文化企业开展跨境服务和国际服务外包，加强海洋文化产品服务交易平台建设。建设国家对外文化贸易基地（深圳）“一带一路”专业服务平台，吸引泛珠三角有关企业加入，建立泛珠三角对外文化贸易辐射圈。二是研究制定针对海上丝绸之路沿线国家游客的特殊免签政策，对于直航深圳的沿线国家游客进入深圳旅游给予便利签证，不断提高深圳的开放性。

六、推进海洋文化开放合作

(一) 加强深港海洋文化合作

首先，加强海洋文化事业合作。加强深港海洋领域图书馆、博物馆交流合作，联合打造“深港数字图书馆联盟”平台，实现图书馆文献资源共享。加强深港高校和科研机构的合作，支持各大学、科研机构联合设立深港海洋文化研究所，共同研究保护和开发文化资源。推进青少年人文交流，提升深港海洋文化合作水平，拓展合作领域。

其次，深化海洋文化产业合作。传承和弘扬中华海洋文化，深化深港文化产业合作，推动深港在创意设计、动漫游戏、影视传媒等产业中的分工协作和优势互补。围绕海洋文化专题，继续办好深港创意艺术双周、深港设计双年展等活动。依托深港海洋文化特色资源优势，发挥深港创意设计廊等合作平台的作用，延伸文化创意产业链，打造具有国际影响力和辐射力的海洋文化创意产业集聚区和示范区。

最后，拓展海洋文化民间交流。积极推动深港民间海洋文化交流和民俗文艺活动、民俗文化研究、民俗文化产品开发生产以及民间交流活动等领域的交流合作，建设海洋民俗文化馆。推动深港海洋文化领域在表演艺术交流、文艺作品联合制作以及艺术人员培训等方面深化合作。加强两地民间社团的联络和沟通，促进民间海洋文化交流合作。

（二）构建“一带一路”倡议开放平台

充分利用深圳作为海上丝绸之路桥头堡和改革开放“窗口”的地缘人文优势，拓展海洋文化对外交流渠道和合作领域，在交流互鉴中展示中华海洋文化的独特魅力，推动中华海洋文化走向世界。

首先，承担国家使命。一是参与国家“丝绸之路影视桥工程”和“丝路书香工程”建设，探索加强与东盟、澳大利亚、东非等海上丝绸之路沿线地区的合作与交流，参与海外中国文化中心、孔子学院等机构的合作共建，争取在深设立海丝文化交流中心，提升城市国际化水平和软实力。二是推动深圳本土优秀海洋文化品牌参与我国在外举办的“欢乐春节”“中国文化年（节、月）”“逢五逢十”建交庆祝演出等重大的国家对外文化品牌活动，深化与友好城市的交流与合作，推动深圳优秀文艺团体及海洋文化精品“走出去”。三是建立健全中外海洋文化学术交流机制，加强与国际上有影响的海洋文化科学研究机构、国际组织、专家学者的交流与合作，积极借鉴国际海洋文化新理念、新做法。

其次，加强国民外交。一是把政府交流和民间交流结合起来。支持鼓励华人、华侨和中介组织发挥对外文化交流桥梁纽带作用。构建官民并举、多方参与的人文交流机制，互办文化年、艺术节、电影节、博览会等活动，鼓励丰富多样的民间文化交流，发挥民间文化的积极作用。二是通过互办文化周、缔结友好城市，加强友城海洋文化交流，培育多元包容开放的海洋文化。加强与联合国教科文组织在文化、教育、城市规划等领域的合作，建立与友城、创意城市网络、“一带一路”沿线主要城市和地区以及其他世界文化名城的常态交流机制。积极参与世界城市文化论坛和“世界博物馆日”相关活动。

最后，凸显城市特色。一是积极引进世界优秀海洋文化产品，举办中国（深圳）国际海洋文化艺术节，营造国际化海洋城市文化氛围。筹办双多边国际艺术节庆活动，举办“中国深圳丝绸之路国际青少年音乐比赛”和“深圳国际现代艺术节”。办好文博会“一带一路”专馆，积极吸引“一带一路”沿线国家和地区参展。二是落实与国外文化机构确定的合作计划，通过演员客座交流、联合出品及互派巡演等形式加大与国际主流机构的横向联系，提升城市的国际文化形象和美誉度。三是依托深圳与“一带一路”沿线国家和地区在海洋油气、海洋工程装备、邮轮游艇、海洋渔业及海洋文化、海洋旅游等产业领域的合作基础，积极培育和引进国际品牌海洋展会，开展全方位城市营销。

（三）搭建海洋文化传播推广平台

以先进技术为支撑、内容建设为根本，推动传统媒体和新兴媒体在内容、渠道、平台、经营、管理等方面深度融合，建设“内容 + 平台 + 终端”的新型传播体系，打造一批新型主流媒体和传播载体。

第一，内容精品化。鼓励支持本地媒体策划播出海洋特色鲜明、宣传效果良好的节目。加大优秀海洋文化产品推广力度，推动大学、作协、演艺机构、影视文化企业开发海洋文化精品，运用主流媒体、公共文化场所等资源，在资金、频道、版面、场地等方面为展演、展映、展播、展览海洋文化精品提供条件，支持海洋文化精品进入网络终端，培育一批海洋文化品牌网络服务商。

第二，渠道多元化。一是依托海洋职能部门信息中心和海洋社会组织建设海洋文化网站，在重点网站开辟海洋文化专版，开通网络、舞台、院线、纸质媒体等多元传播渠道。二是充分利用城市联合网络电视台（CUTV），围绕海洋文化主题建设云媒体平台、云出版平台、云阅读平台等。三是加强重点网站与国外海洋领域知名网络媒体合作，提升网络媒体对外传播能力。四是通过举办图片展、开设专题讲座、拍摄宣传片、编发宣传材料、制作挂图等手段，有重点、有计划、有策略地开展海洋文化传播。

第三，舆论引导化。加强与国家海洋文化类网站合作，开通海洋文化信息交流平台，增强市民海洋意识，鼓励公众参与，营造良好的保护海洋文化遗产、传承人类文明的氛围。通过文艺演出、书画展等文化活动，面向全社会宣传海洋，增强市民海洋意识。

第四，传播国际化。拓展海外传播网络，丰富传播渠道和手段。打造旗舰媒体，推进合作传播，加强与国际大型传媒集团的合资合作，发挥各类信息网络设施的文化传播作用。打造符合国际惯例和国别特征、具有海洋文化特色的话语体系，运用生动多样的表达方式，增强海洋文化传播亲和力。

（四）推动海洋文化事业国际合作

首先，加强对外文化合作载体建设。依托本地高校、研究机构探索设立海上丝绸之路研究中心和特色学院，积极开展国际学术论坛、研讨会和报告会等海洋文化学术交流活动。重视与海外学术机构、学者和智库的交流，加强海外海洋文化的回归和反哺，引入海外华人的优秀文学、影视等海洋文化艺术产品。

其次，加强海洋文化遗产水下考古调查。积极联合周边国家重点开展保护南海水下文化遗产的合作项目，鼓励联合进行海上丝绸之路海底考古，共同开展海上丝绸之路海外遗存研究与调查。共同开展世界遗产的联合保护工作，联合申请世界文化遗产。

最后，加强文化旅游合作。扩大海洋文化旅游规模，互办旅游推广周、宣传月等活动，联合打造具有海上丝绸之路特色的国际精品文化旅游线路。积极参与国际重大海洋文化活动，借助世界著名的海洋文化博览会平台，积极推介海洋文化产品与服务。

第二节　惠州市海洋生态文明建设

党的十八大将生态文明建设纳入中国特色社会主义事业“五位一体”总体布局，党中央、国务院就加快推进生态文明建设作出一系列决策部署。《中华人民共和国国民经济和社会发展第十三个五年规划纲要》提出“坚持陆海统筹，发展海洋经济，科学开发海洋资源，保护海洋生态环境，维护我国海洋权益，建设海洋强国”。海洋生态文明是生态文明建设的重要内容，2011 年和 2012 年国家海洋局先后下发《关于开展“海洋生态文明示范区”建设工作的意见》《关于海洋生态文明示范区建设管理暂行办法》和《关于海洋生态文明示范区建设指标体系（试行）〉的通知》，就推动沿海地区海洋生态文明示范区建设提出了明确意见和目标。2013 年《广东省海洋生态保护实施方案》提出，要把广东打造成全国海洋生态文明建设的示范区。

广东是我国海洋大省，海洋生产总值已连续 21 年领跑全国。“十二五”期间，广东积极推进海洋经济综合试验区建设，并取得阶段性成效。惠州市为广东省海洋大市，海域面积广阔，拥有大亚湾和红海湾部分海域，海洋资源丰富，海洋生态系统典型，海域海水水质为全省最优，海洋生物多样性丰富，海洋环境质量总体持续向好发展。同时，该区域集聚了海洋交通运输业、滨海旅游业、海洋渔业等海洋产业和石化、能源等临海产业，海洋经济与海洋生态环境保护协调发展极具代表性，是建设国家级海洋生态文明示范区的典型区域。

为实现珠江三角洲地区生态文明第一梯队目标，促进海洋生态文明建设与经济建设、政治建设、文化建设、社会建设协调发展，惠州市以海洋产业健康发展与生态文明建设为主线，开创基于海洋生态环境的海洋利用新模式，开展大亚湾全国海洋减灾综合示范区和大亚湾海域排污总量控制试点。为有效指导海洋生态文明示范区建设，依据国家海洋局相关要求，惠州市开展海洋生态文明建设专题研究。

一、基础优势

（一）海洋生态资源丰富

一是海域岸线海岛禀赋优良。惠州市拥有大亚湾大部分海域，拥有考洲洋、红海湾西部海域和大亚湾口外近岸海域，海域面积达4519平方千米，位居广东沿海地级市第六位。大陆海岸线长达281千米，位居广东沿海地级市第五位。岛屿星罗棋布，拥有大小海岛140个（见表10－1），约占广东省海岛总数的10%，大部分属于无居民海岛，目前不同程度开发的海岛有15个，其中4个为有居民岛（盐洲、大洲头、大三门和小三门），11个为无居民岛。海岛产业以渔业为主，兼有港口和旅游等资源开发。无居民海岛的开发以旅游、港口、仓储物流及石化等为主。

表10－1　海域、海岛与海岸线现状

区域	沿海地市	海域面积（平方千米）	岸线长度（千米）		海岛数量（个）
			总计	大陆岸线长度	
珠三角	深圳	1145	274	248	32
	东莞	81	119	97	3
	广州	236	275	157	14
	珠海	6000	732	225	218
	中山	176	112	57	5
	惠州	4519	422	281	140
	江门	2918	791	415	271

（续表）

区域	沿海地市	海域面积（平方千米）	岸线长度（千米）		海岛数量（个）
			总计	大陆岸线长度	
粤东	潮州	680	133	75	106
	揭阳	7689	152	137	79
	汕头	2570	416	218	82
	汕尾	6178	525	455	293
粤西	湛江	20000	1619	1244	140
	阳江	12300	469	324	116
	茂名	9600	201	182	8

资料来源：《广东统计年鉴》(2015) 和广东省海洋与渔业局资料。

二是海洋生物资源种类多样。惠州海域生物种类多达1300多种，其中有浮游植物241种、浮游动物300多种、鱼类400多种、贝类200多种、甲壳类100多种、棘皮类60多种、藻类30多种。海域有石斑鱼类、龙虾、鲍鱼等名贵种类的幼体，岛屿周围还有大量的马尾藻和囊藻生长。

惠州海域渔业资源极为丰富，栖息着800多种海洋经济物种和部分濒危物种，被誉为南海海洋生物种质库。大亚湾海区是我国唯一的真鲷鱼类繁育场、广东省唯一的马氏珠母贝自然采苗场和鲷科鱼类、赤点石斑鱼、斜带石斑鱼、青石斑鱼、龙虾、鲍鱼等名贵海水鱼类仔稚幼鱼及种苗的密集分布区，是广东省重要的水产增养殖基地。

惠州现有红树植物9科12属17种，主要有红海榄、木榄、白骨壤、秋茄、桐花树、老鼠簕、海桑等，红树林占地面积为4.1平方千米，主要集中在惠东县的稔山、盐洲、吉隆、巽寮、铁涌以及大亚湾的澳头等地区的滩涂地带。大亚湾海区是我国沿海少数有珊瑚分布的海区之一。据科研机构调查，惠州大亚湾海域有珊瑚30余种，主要分布在大亚湾北部沿岸和岛屿附近水深2～7.8米的海域内，3～6米水深处珊瑚分布量较高，主要有精巧扁脑珊瑚、十字牡丹珊瑚、蜂巢珊瑚、滨珊瑚、盾形陀螺珊瑚、双鹿珊瑚和刺叶珊瑚等。

三是滨海旅游资源丰富。惠州市海岸带自然和人文景观资源众多，具备“山、海、岛、镇、湾、滩、村”等不同类型的旅游资源，旅游基础条件优越。海岸带旅游资源以滨海沙滩景观为主，包括大亚湾、巽寮湾、平海湾、双月湾滨海沙滩景观资源。其中，巽寮碧海平沙、港口双月湾和平海南门海，体量大、沙质细腻、海水清澈，非常适于发展滨海旅游，是非常难得的旅游资源；同时，惠州还拥有以考洲洋为代表的湖区景观资源。

（二）海洋生态环境优良

惠州市海岸带拥有相对完整且保持较好的陆域生态本底和植被系统，丰富的生物多样性以及多个自然保护区（国家级海龟自然保护区、省级大亚湾水产资源自然保护区、市级红树林自然保护区）使惠州市成为粤东重要的生态屏障。另外，惠州市还有优良的空气质量和水环境质量，空气质量排名在全国 74 个重点监测城市中位列第 6。

一是海域水质优良。2015 年全市约 95% 的海域水质符合第一、二类海水水质标准，属较清洁海水，海水水质状况为全省最佳，远远高于国家海洋生态文明示范区 70% 的建设标准，海洋环境总体水平位居全省前列。

二是保护区建设初具规模。惠州市设立海洋自然保护区，保护海洋生物多样性。惠州市已建立了大亚湾水产资源省级自然保护区、惠东港口国家级海龟自然保护区、针头岩海洋特别保护区和红树林自然保护区等海洋自然保护区，海洋保护区总面积达 857 平方千米，占海域总面积的 19%，海洋保护区面积占比为全省最高，远高于国家海洋生态文明示范区 3% 的建设标准；自然岸线保有率为 48.2%，高于国家海洋生态文明示范区 42% 的建设标准。

三是开展重点海域生态保护与修复。惠州建成 6 个人工鱼礁区，面积为 34 平方千米，持续开展海洋牧场建设与人工增殖放流，历年增殖放流投放各类水产种苗超过 15 亿单位。修复受损岸线 31 千米。重点开展以种植红树林为主要修复手段，结合岸线整治修复的考洲洋地区和惠州海洋生态园两大湿地公园建设，已育出本土红树苗 200 多万株，种植面积多达 2.67 平方千米。

（三）海洋生态文化多样

惠州市政府高度注重海洋生态文明建设，逐年加大海洋生态文明基础设施投入，由市政府投入建设的涉海公共文化设施全部免费向市民开放，定期组织开展大型海洋科普宣教活动，不遗余力保护海洋遗址及文化，使得海洋文化深入民心，公众海洋保护意识显著提高。

一是有力保护海洋遗址及文化。惠州市重视区域内涉海物质文化遗产的保护，对涉海文化遗产保护均从资金、设施、制度、宣教等方面给予重点倾斜，平海古城、大星山炮台遗址保护工作卓有成效，“惠东渔歌”被评为国家级非物质文化遗产，范和古村落至今保存完好，兼具广府风格和潮汕风格，在保持原有的古建筑风格的同时，依然散发着勃勃生机，为国家级海洋生态文明建设示范区奠定了扎实的基础。

二是高度关注海洋物质遗产保护。惠州市居民重视区域内涉海物质文化遗产的保护。惠州市特别是惠东县居民视平海古城如珍宝，非常重视古城的保护，对其进行定期的维护，从而使这一涉海物质文化遗产至今保存完好。社会各界对平海古城的关注度很高。

三是惠州市居民定期参与海洋文化遗产保护传承活动。例如惠东渔歌。惠东渔歌于2006年入选广东省第一批非物质文化遗产代表作名录，后又入选第二批国家级非物质文化遗产代表作名录。舞鲤鱼在平海古城流传已有360多年，为了使这项民间艺术活动代代相传，平海成立了民间艺术协会，建立了有200多人的“老中青”相结合的民间艺术表演队，每年多次举办培训班，且定期表演。吉隆镇舞龙闹元宵的习俗流传至今，获得了“民族民间特色（舞龙）之乡”“广东省舞龙之乡”等称号，每到农历正月十五、十六两晚，吉隆都要以隆重的仪式舞龙，以村为单位，村村舞龙，惠州对“惠州市民间艺术师”和传承人进行重点保护，对承传人（继承人）及青少年进行“传习”培养。

四是海洋科普宣教活动。惠州市重视海洋环境保护及防灾减灾等宣传及科普宣传，每年组织数次、参加人数在300人以上的大型海洋宣传活动，包括题为“魅力海洋·美丽惠州”的大型海洋宣传活动、休渔放生节、海洋日纪念活动、水产品质量安全宣传周、妈祖文化旅游节、海洋防灾减灾宣传日等形式多样的活动。

（四）海洋生态管理先进

一是海洋监管能力日益提高。惠州重点提升海洋环境监管能力，对全市入海排污口、入海河口及邻近海域实施跟踪监测，全市近岸共设置各类监测站位64个，监测项目覆盖水文、气象、水环境、沉积物环境和海洋生态等共96项，每年获取样品和数据多达2000余个，累计出海130多个航次，并发布《惠州市海洋环境质量公报》；通过中心实验室系统改造，购置一批高端实验检测仪器设备，检测项目由原来的6大类、38项增至7大类、84项，监测检测能力获得大幅提升；在全省率先使用建项目用海实时视频监控，实现国家、省、市三级同时对该区域海域动态的实时监管，最大限度降低用海项目工程对海洋环境的影响；实现赤潮日常业务化监测；全面启动“智慧海洋”建设，建立集海域海岛动态监视监测、海洋环境在线监测、渔业资源环境监测、海洋预报减灾、公众服务等为一体的"智慧海洋平台；进一步提升惠州市海域监管的科学化、规范化水平，为海洋环境管理提供了有力的技术支撑，有效促进海洋经济可持续发展。

二是防灾减灾体系不断完善。惠州积极推动大亚湾海域防灾减灾综合能力建设。惠州市成为全国四个海洋减灾能力综合评估试点之一，大亚湾获评全国首批海洋减灾综合示范区。近年来，通过海岸侵蚀监测，惠州初步掌握海域海平面变化及海岸侵蚀现状，完成波浪浮标和验潮井的选址、施工及警戒潮位核定，安装海洋预报信息户外电子显示屏及视频监控，划定避险场所和撤离路线。凭借建立全国防灾减灾综合示范区的机遇，惠州逐步建立海洋灾害观测预报体系，拓宽预警预报信息发布渠道，有效提升海洋灾害预警预报水平。

三是政策试点不断创新。惠州市积极参与国家、省生态文明建设先行示范工作，是全国第二批水生态文明城市建设试点、全国第二批国家级海洋生态文明建设示范区、全国四个海洋减灾能力综合评估试点城市之一，被纳入珠三角海洋经济优化发展区，是广东海洋经济综合试验区的核心区域。惠州市大力推进大亚湾污染物排海总量控制试点工作，为全省探索实施入海污染物总量控制制度提供经验。实施示范区生态文明建设考核评价制度，优化要素配置机制，建立并完善海洋生态文明建设的部门、区域协调机制。探索和尝试以"招拍挂"等市场化方式配置海域使用权，在全省第一个完成养殖用海市场化配置改革工作。全省第一个全面推进"两法衔接"工作，印发《惠州市关于加强海洋与渔业行政执法与刑事司法衔接的工作意见》，建立了海洋与渔业"两法衔接"联席会议制度和打击非法捕捞违法犯罪行为的联合执法机制，有效打击了破坏渔业资源的违法行为。

（五）海洋经济发展协调

惠州市在保护好海洋生态环境的同时，大力发展海洋经济。"十二五"期间，惠州市海洋产业总产值从 2011 年的 525 亿元增长到 2015 年的 930 亿元，年均增长率达到 19.4%，高于 16.7% 的国家海洋生态文明示范区建设标准（如图 10－1）；海洋产业总产值占 GDP 比重由 2011 年的 25% 提高到 2015 年的 29.6%，且远高于国家海洋生态文明示范区 10% 的建设标准；2015 年海洋第三产业增加值占海洋产业总产值比重为 40.8%，高于国家海洋生态文明示范区 40% 的建设标准，单位岸线海洋产业总产值为 3.3 亿元/千米，远远高于 1.28 亿元/千米的国家海洋生态文明示范区建设标准。惠州市海洋经济对国民经济的贡献率分别高于国家和广东省 20 和 8.7 个百分点。

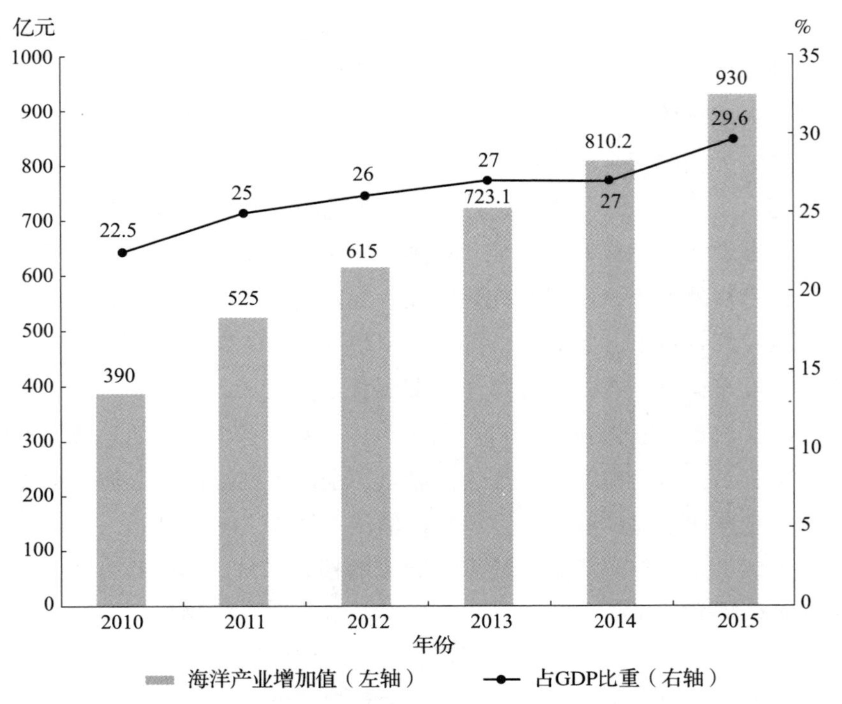

图 10－1　2010—2015 年惠州市海洋产业总产值及占 GDP 比重

资料来源：《惠州市国民经济和社会发展统计公报》(2010—2015 年)

与此同时，惠州市海洋生态文明建设还面临一些问题：海洋条块管理与陆海分割管理现象仍较明显，尚未建立起统一的管理协调机制，海岸带利用粗放、岸线功能单一，海岸带保护与利用矛盾日益突出；沿海地区产业和人口快速集聚，特别是港口运输、石化延伸产业的发展，使近海海域出现生态功能区退化、生物多样性减少等状况，海洋生态安全潜在风险不容忽视；海洋公共服务体系基础较为薄弱，海洋环境监测、监察执法、防灾减灾等亟待加强。

二、愿景与目标

（一）总体愿景

至 2020 年，惠州市力争进入国家海洋生态环境发展第一梯队，建立“陆海一体、两湾联动、三线管控、四区共筑”海洋生态环境空间大格局。秉承“创新、协调、绿色、开放、共享”的新发展理念，突出国家海洋生态文明示范区先行先试的先导作用，将其纳入惠州市国家生态文明示范市重点建设体系，围绕实施“三大示范、八大工程、一图一账一网一平台”①，促进海洋生态环境质量逐步改善，海洋环境基础保障能力进一步提升，海洋与陆域统筹管理体制完善创新，海洋环境保护意识在全市得到推行。实现滨海地区经济发展质量和效益显著提高，海洋生态文明建设水平与全面建成小康社会目标相适应，协调生态空间、生产空间和生活空间，打造多个沿海生态文明示范乡村，塑造惠州市“宜居、宜业、宜游”的蔚蓝都市形象。

一是打造海洋空间先导区。开展海陆空间整合规划编制试点，推进将海洋空间纳入“多规合一”体系，实现全域覆盖，健全海洋空间开发保护制度，划定并严守海洋生态保护红线，加快构建以空间规划为基础、以用途管制为主要手段的海洋空间治理体系。

二是打造生态补偿先行区。积极推动建立海洋自然资源资产产权制度，推行海洋生态产品市场化改革，建立完善多元化的生态保护补偿机制，加快构建更多体现海洋生态产品价值、运用经济杠杆进行海洋环境治理和生态保护的制度体系。

三是打造海洋污染防治示范区。完善流域和海洋生态环境治理机制，建立农村环境治理体系，健全防灾减灾体系，完善环境管理制度，健全环境资源司法保护机制，加快构建监管统一、执法严明、多方参与的环境治理体系。

四是打造绿色发展导向实践区。探索建立生态文明建设目标评价考核制度，开展海洋自然资源资产负债表编制、领导干部自然资源资产离任审计和生态系统价值核算试点，加快构建充分反映资源消耗、环境损害和生态效益的生态文明绩效评价考核体系。

（二）总体目标

惠州市海洋资源利用效率进一步提升。海域、海岛空间开发强度和规模得到有效控制，涉海工程建设更加科学合理。建立全市海洋生态红线制度，大陆自然岸线保有长度不小于155千米，保留区面积不小于8.9平方千米，

---

① “三大示范”指国家级海洋生态文明示范区、全国海洋减灾综合示范区、入海污染物总量控制示范工程试点；“八大工程”指入海污染物总量控制工程、“美丽海湾”“美丽海岸”“绿色湿地”“生态海岛”“能力强海”“科技兴海”“蓝色家底”；“一图”指形成多规合一“一张图”；“一账”指海洋资源资产产权账户；“一网”指海洋立体监测网；“一平台”指智慧海洋平台。

围填海利用率达 100%。

一是近岸生态环境质量进一步好转。入海污染物排放总量得到有效控制，海域环境质量得到明显改善，海水水质达到或优于二类水质标准的海域面积达到 96% 以上，海洋沉积物质量、海洋生物质量监测达标率提高到 90% 以上，沿海重点直排海工业企业和城镇污水集中处理厂污水排放达标率达 100%。

二是海洋环境保护效果进一步凸显。深入推进海洋生态文明示范建设，重点海域整治和生态修复取得明显成效，滨海红树林湿地、珊瑚礁、重要渔业水域等典型脆弱的海洋生态系统得到恢复和重建，实现良性循环。各类海洋保护区管理日趋完善、布局逐步优化，海洋保护区用海保有量不少于 850 平方千米。完成整治和修复海岸线长度不少于 35 千米。

三是海洋综合管理能力进一步增强。构建基于生态系统的海岸带管理模式，落实海洋生态红线、海洋生态补偿、海洋自然资源资产产权三大制度；推进海洋信息化建设，"智慧海洋"综合管理平台实现日常业务化运行，数据成果集成"一张图"；完成海洋自然资源资产负债表编制，建立海域、海岛等资源实物账户和价值账户，实行统一确权登记。

四是海洋产业转型进一步升级。初步形成具有海湾、海岛特色和比较优势的集约型生态工业文明体系，第三产业占 GDP 比重达到 40% 以上，海洋战略性新兴产业增加值逐年增长，成为惠州市经济新的增长点。

五是海洋生态文化进一步传承。基本形成政府主导，企业、公众积极参与的海洋生态文明宣教体系，海洋生态文明理念深入人心，海洋生态文明知识全面普及，公众对生态文明知识知晓度达到 80% 以上。实施政府绿色绩效考核制度，基本建成绿色决策管理体系。

三、构建"蓝色惠州"生态格局

（一）陆海一体

以海岸带为主要承载衔接主体，加强"多规合一"引导，推动海洋功能区划、海洋环境保护规划等海洋相关规划与国民经济和社会发展规划、城乡规划、土地利用规划、陆地生态环境保护规划等多个规划相互融合。打破行政区划分割和部门壁垒，对全市的土地、林地、岸线、岛礁、海域、江河湖泊、地下资源进行梳理，绘制海洋生态建设蓝图。基于生态导向的"多规合一"空间布局思路框架如图 10－2 所示。

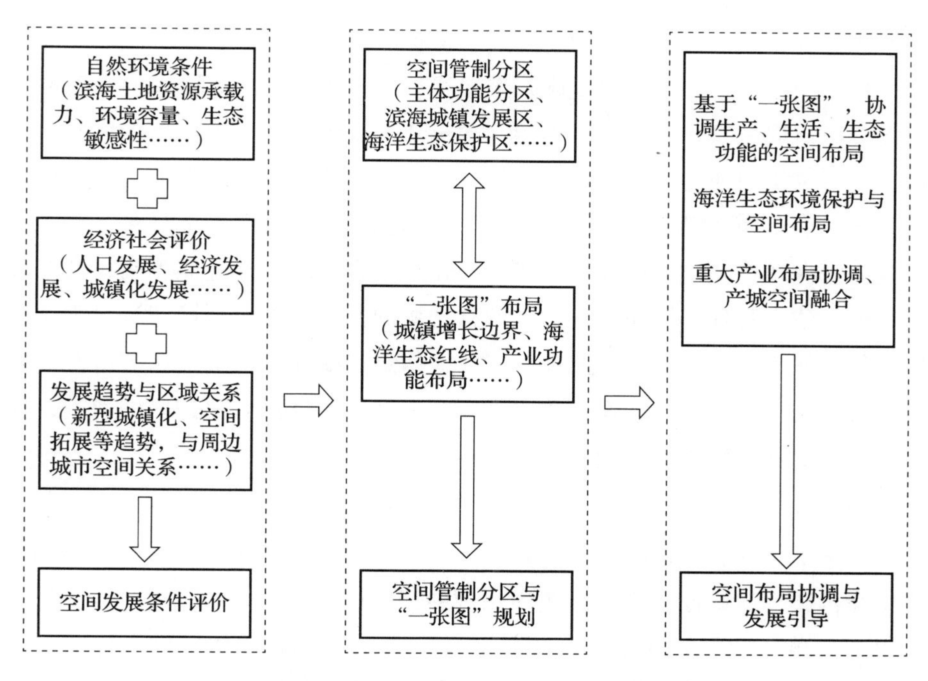

图 10－2　基于生态导向的"多规合一"空间布局思路框架

资料来源：根据调研所得。

（二）两湾联动

1. 惠深汕三市跨区域横向联动

以环大亚湾湾区和大红海湾湾区为自然保护开发单元，与深圳市、深汕合作区共同制定实施湾区发展和区域环境行政协议和保护规划，推动海洋资源开发与保护上升至深莞惠经济圈（3＋2）发展议题，力争实现跨市区海洋环境保护一体化综合管理，推进跨行政区海洋资源整合，共建美丽海湾。

拓展跨行政区域海洋污染治理行政协助方式，包括建立区域海洋环境信息通报机制、推动跨区域海洋环境联合执法、构建跨区域突发海洋事件应急协作联动机制。

启动编制深惠汕区域海洋生态空间规划，从深惠汕区域整体上编制包含蓝色生态空间、其他生态空间及农业空间在内的生态空间规划，统一划分滨海生态用地，组建深惠汕滨海生态保育空间结构，实现国土空间的全覆盖生态化管理。

2. 环大亚湾湾区重点协作方向

联动深圳大鹏新区共同建设国家级海洋生态文明示范区，相互借鉴交流海洋生态示范建设经验，定期通报大亚湾地区拟建涉海产业项目，强化规划协调，优化现有海洋开发利用格局，实现在开发中保护。

构建惠深两地百公里河道走廊、海岸线、绿道等生态走廊构成的生态网络体系，促进两市滨海森林湿地有机连接，构筑环大亚湾湾区大型绿色板块和生态过渡带，构建惠深两地之间、城市与功能区之间的滨海绿色生态屏障区，建设跨界海岸公园，深惠两地联合开发、联合管理，形成良好的城市生态体系。

建立惠深环境监测数据互动机制，率先建立惠深海洋环境监测网，共享环境监测数据，建立跨界环境违法案件区域移送机制，打击跨界环境违法行为，加强环境宣传工作互动，实现惠深两地海洋环境信息定期通报。加强保护区范围内涉及深圳方面的沟通和管理工作，争取掌握核电站运营过程对保护区的影响，探讨协同开展资源保护管理等方面的合作。

3. 大红海湾湾区重点协作方向

联合深汕特别合作区统筹规划产业布局，以生态理念核心，布局滨海旅游、海洋生命健康等高端新兴产业，实现保护中开发。

以考洲洋沿岸和东山海海滩（平海段）为主要承载主体，重点打造美丽海湾和美丽海岸，严格执行海洋生态红线管控，严禁破坏湾口、沙滩、滩涂等生态敏感区域的开发活动，加紧清查清退侵占岸线和滩涂行为。鼓励考洲洋地区申报国家级海洋公园。科学论证核电项目建设导致的海洋环境影响，鼓励以离岸式、离岛式的方式进行围填海。

发挥先天渔业资源优势，共同投入大规模人工渔礁建设，打造珠江三角洲东部海洋牧场示范区。

（三）三线管制

以海洋生态红线、陆域生态红线、围填海控制线“三线”为划分标准，严格把控滨海湿地、入海河口、海湾等重点地区生态环境建设，提高重点区域和重点流域生态环境质量，实施入海污染物总量控制，科学划定石化区和核电区安全防灾范围，构建蓝色生态屏障与绿色生态屏障相互支撑的海岸带生态安全格局。优化海岸带沿线公共开放空间的整体组织方式，划分海岸带景观岸段等级，避免景观生态破碎化，建立以海洋生态园、巽寮湾森林公园、环考洲洋绿道等为代表的亲民滨海公园系统。

（四）四区共筑

依据《惠州市海洋功能区划（2013—2020年）》《海洋生态红线划定技术指

南》对各类海洋基本功能区的环境保护要求，结合惠州市海洋自然环境条件、经济社会发展和生态文明建设的需求，构建基于生态系统的海洋功能区划，将惠州市海洋区域划分为重点开发区和优化开发区、禁止开发区和限制开发区。

2016年国家海洋局印发《关于全面建立实施海洋生态红线制度的意见》，提出要将海洋保护区、重要滨海湿地、重要河口、特殊保护海岛和沙源保护海域、重要砂质岸线、自然景观与文化历史遗迹、重要旅游区和重要渔业海域等区域划定为海洋生态红线区，并进一步细分为禁止开发区和限制开发区，依据生态特点和管理需求，分区分类制定红线管控措施。

重点开发区指正在开发利用，规划期内有一定数量或规模性填海需求的海域，该类型海域多为重点项目建设用海保障区域，或用于实现区域建设用海规划的海域。包括惠州港港口区。

优化开发区指海洋开发活动较集中，需加强海洋环境监督管理，防治开发活动污染损害海洋环境的区域。包括工业与城镇利用区、港口航运利用区、渔业基础设施利用区和海洋特殊利用区。

限制开发区指生态功能重要，生态环境敏感、脆弱，需要对开发利用活动的内容、方式和强度进行约束的区域。包括海洋自然保护区和海洋特别保护区中除禁止开发区外的其他区域、重要河口生态系统、重要滨海湿地、重要渔业海域、特别保护海岛、自然景观与历史文化遗迹、重要砂质岸线及邻近海域、重要滨海旅游区、珍稀濒危物种集中分布区、红树林、珊瑚礁等区域。

禁止开发区指具有重大生态功能或生态环境极其敏感、脆弱，需要严格保护的区域。包括海洋自然保护区的核心区和缓冲区、海洋特别保护区的重点保护区和预留区。

四、落实“蓝色惠州”六大任务

（一）创新海洋生态文明制度

1. 建立具有国际视野的海岸带综合管理机制

一是构建海岸带综合管理委员会。委员会成员由市委领导和相关部门主要负责人组成，负责制定重大战略决策、反馈、组织排查、责任分派、监督执行、协调沟通等。涉海部门如环保、渔业、海事等相互合作建立海陆一体的综合管理机构，加强政府部门、私人部门和当地社区的密切合作，促进近岸海域海洋环境保护协调联动机制高效运行，每年定期召开工作会议，部署工作及落实责任。

二是实施基于生态系统的海岸带管理模式。实施基于生态系统的海岸带管理模式，亟待根据海洋生态系统分布的空间范围划定管理边界，明确惠州海岸带自然、社会经济矛盾关系，客观系统地制定、平衡协调相关决策。重视长远期管理目标，对海岸带管理进行超前投资，减少资源和环境消耗，力争创建基于生态系统的海洋综合管理示范区。

2. 健全落实海洋生态红线制度

随着全省海洋生态红线划定工作开展，惠州市亟待超前布局、制定并实施海洋生态保护红线的配套管理措施，切实保障海洋生态红线制度能够尽快落地。紧握海洋生态红线区面积、大陆自然岸线保有率、海岛自然岸线保有率、海水质量4项管控指标。严格项目环保准入，强化建设项目前期审核，实施“流域限批”“区域限批”和“行业限批”，对大亚湾区沿岸实行水污染项目流域限批，对存在重点环境问题、对海域环境存在威胁的项目实施区域限批，对电镀、印染等重污染行业实行“行业限批”，慎重审批基地或园区外新建项目。严控海水养殖环境准入。

3. 建立海洋资源资产产权制度

一是健全海洋资源资产产权制度。加强海域权属管理，对全市海域、海岛、滩涂、湿地等海洋自然生态空间进行统一确权登记，建立归属清晰、权责明确、保护严格、流转顺畅的现代海洋资源资产产权制度。开展海洋资源资产产权制度改革试点，推动设立惠州市海洋产权交易中心。建立惠州海洋资源资产核算体系，将海洋资源纳入国民经济核算体系，编制海洋资产负债表，探索建立实物量核算账户。

二是推进海域、海岛资源市场化配置。深化海域、海岛资源市场化配置方式改革，创新海域、海岛资源市场化配置方式，逐步减少行政审批，继续推行海域、海岛资源招拍挂出让。开展海域使用价格监测评估试点，建立海域使用金征收标准的动态调整机制以及海域基准价格体系，研究起草海域使用金管理条例，建立无居民海岛使用金评估制度，制定无居民海岛使用权价值评估管理办法及技术规范，建立无居民海岛使用金征收标准动态调整机制，探索无居民海岛使用权招拍挂和无居民海岛使用权流转制度，逐步规范无居民海岛使用权市场化配置。建立海域使用权交易平台。

三是探索海洋资源开发经营新模式。推广海洋公共资源、准公共资源市场化开发运营。以深圳华侨城湿地为样板，推广以企业为主体的海洋公共资源委托经营模式，形成国家、城市、企业、社会多方投入的海洋公共资源投入机制。借鉴深圳海上运动基地暨航海运动学校运营权竞价拍卖经验，探索准公共产品的市场化运作模式。制定合理的项目投资回报机制，形成一批有稳定、合理回报率的海洋公益性项目，引入有 BOT、BT、TOT、PPP 经验的企业参与建设开发。

4. 高效驱动海洋生态补偿双轨制

一是实行海洋生态保护补偿和海洋生态损失补偿“双轨制”①。科学界定生态保护者与受益者权利义务，加快形成生态损害者赔偿、受益者付费、保护者得到合理补偿的运行机制。

二是健全海洋生态补偿制度体系。按照“谁开发谁保护，谁收益谁补偿”的原则，研究制定惠州市海洋生态补偿实施方案，对因实施海洋生态建设和生态修复而失去发展机会的社会机构、法人、自然人进行补偿；对为保护海洋生态而转产转业的法人、自然人给予补助。完善海洋生态补偿技术体系，建立海洋生态损害评估体系、海洋生态补偿量核算指标体系。

三是开展多元化补偿方式探索和试点工作。充分应用经济手段和法律手段，探索多元化生态补偿方式。健全生态保护财力支持机制，增加资源税等一般性财政收入向海洋生态补偿的倾斜力度，加大对限制开发区、禁止开发区，特别是重点生态功能区的财政转移支付力度。积极运用私人交易、排污权交易、生态标签等补偿方式，探索市场化补偿模式。探索开展海洋生态补偿示范建设，设立海洋生态补偿基金。重要领域生态补偿机制框架见表 10－2。

表 10－2　重要领域生态补偿机制框架

分类	流域	森林	自然保护区
主体确定	一切从利用流域水资源中受益的地区和群体；一切生活或生产过程中向外界排放污染物，影响流域水量和流域水质的个人、企业或单位。根据流域大小和上下游的范围确定利益相关者的责任和义务	对森林资源进行保育的政府、单位和个人；受益于森林生态效益、从事生产经营活动的单位和个人；破坏森林资源的企业和个人	政府购买保护区的生态服务；保护前提下的有限开发，由生产经营的单位或个人支付

① 海洋生态补偿制度“双轨制”：海洋生态保护补偿是指各级政府通过人工鱼礁、增殖放流、生态修复等形式，对海洋生态系统进行保护和修复的投入；损失补偿是指用海者对开发利用海洋资源造成的海洋生态系统服务价值和生物资源价值损失进行的资金补偿，补偿资金优先用于海洋生态环境保护修复工作和捕捞渔民转产转业补助等。

（续表）

分类	流域	森林	自然保护区
补偿方式	政府搭台由利益相关者进行协商，行政区域内部协商，采用公共支付、一对一交易、实物补偿、政策补偿、智力补偿、生态标志等	重大工程的转移支付、减免税收、移民补贴、市场贸易、生态标记等	政府购买、国家财政支付转移、政策优惠、税收减免、发放补贴、设立自然保护区生态补偿专项基金、项目补偿、国际支持
补偿资金来源	征收流域生态补偿税、建立流域生态补偿基金、实行信贷优惠、引进国外资金和项目等	政府对已有森林生态工程增加支付强度；增设生态保护有直接关联的专项；培育森林生态效益补偿多元化融资渠道；建立“生态税”制度	保护区性质属公益事业，以财政投入为主，同时积极开拓社会筹资渠道
补偿标准确定依据	以上游地区的直接投入、上游地区丧失的发展机会的损失、上游地区新建流域水环境保护设施以及受惠地区所接受的水量与水质等为依据	按照新造林及现有林两类森林，补偿标准应考虑造林和营林的直接投入、为了保护森林生态功能而放弃经济发展的机会成本和森林生态系统服务功能的效益	基于生态系统服务价值评估确定；基于保护成本确定；基于因保护而造成的损失确定

资料来源：根据调研所得。

（二）优化海洋空间开发

1. 构建基于生态系统的海洋空间规划体系

建立由海洋发展策略、海洋功能区划、海洋主体功能区划、海岸带保护与利用规划、海岛保护规划、海域使用详细规划以及相关专项规划组成的海洋规划体系，明确海洋功能区划、海域使用详细规划的法定规划地位，适时开展海洋功能区划修编和海域使用详细规划编制工作，加强海域总体层面和分区层面的管控，提高海洋开发控制的综合管理能力。

以海洋功能区划为基础和依据，编制惠州市海洋主体功能区划，在综合考虑海洋开发现状和海洋环境保护等不同因素的前提下，对全市海域进行具体的主体划分，加强海洋主体功能区划和海洋功能区划的符合性分析及衔接。在海洋主体功能区划的编制过程中，正确处理好产业结构调整、布局优化与生态环境保护之间的关系，实现海洋经济发展与海洋资源环境承载能力相适应。

2. 实施围填海总量和自然岸线保有率目标控制

严格控制围填海活动，实施围填海总量控制。合理安排围填海计划指标，不得超过年度计划指标总规模，优先保障国家、省级重点基础设施、产业政策鼓励发展项目和民生领域项目的围填海活动。严格执行围填海禁填限填要求，从严限制单纯获取土地性质的围填海项目，引导新增建设项目向存量围填海区域聚集。严格围填海项目审查，出台禁止围填海的重点海湾、重要河口、重要滨海湿地、重要砂质岸线及沙源保护海域、特殊保护海岛名录，以及限制围填海的生态脆弱敏感区和自净能力差的海域名录。对于已获批围填海工程，要根据海洋资源禀赋条件，结合城市发展需求，适度有序开展。

科学规划海岸带空间开发格局，理顺岸线开发利用与保护管理机制，实施海岸线分区分级保护。根据海岸线自然属性，将全市大陆海岸线划分不同区段，明确不同区段的管理要求和目标。建立自然岸线空间信息库，划定自然岸线保护地带，对具有重要生态价值的自然岸线实施重点保护，严格限制改变海岸自然属性的开发利用活动，尽最大努力保留原生态海岸线。节约集约利用岸线资源和近岸海域，集中布局确需占用岸线的建设用海，将自然岸线占用长度作为项目用海审查的重要内容，对占用自然岸线的围填海工程、海洋工程等实施生态补偿。

（三）加强污染防治与海洋生态环境保护修复

1. 实施海洋生态环境整治修复

建立陆海统筹、区域联动的海洋生态环境整治修复机制，实施近岸海域、陆域和流域环境协同综合整治修复。围绕浅海、海湾、河口、海岸带、潮间带湿地生态系统实施区域性整治修复，以重大生态修复工程为带动，重点实施“美丽海湾”综合治理、“美丽海岸”岸滩整治、“绿色湿地”等保护修复工程，有效恢复受损海洋生态系统。加强海湾环境综合整治，以红树林种植为主要修复手段，重点开展大亚湾、考洲洋等海湾综合整治；实施“生态海岛”保护修复，选取典型海岛开展整治修复工程，恢复受损地形地貌和生态系统；加强受损自然岸线修复与整治，开展“银色海滩”岸滩整治工程；加强惠州港区、亚婆角港区、港口大澳塘港区、平海碧甲港区等重点物流港口码头及澳头、港口、巽寮、范和、亚婆角、盐洲六大渔港的污染综合整治，实现交通运输和渔业船只排放的废水、废油、废渣集中回收、岸上处理，实现达标排放。

2. 加强海洋生物多样性保护

加强海洋生物物种的研究和保护，开展珍稀濒危物种监测救护和繁育养护，建立海洋生物基因库，防止外来海洋生物入侵。开展重点海域生物多样性普查、评估和规划工作，重点加强各保护区建设和管理。加强水产种质资源保护区建设和管理，严格实施休渔制度，保护水生生物物种资源，加大渔业水域环境修复和资源恢复力度，改善渔业水域生态环境；加强对鱼类产卵场、索饵场和洄游通道的保护，控制近海捕捞强度，逐步修复渔业资源以及典型海洋生态系统生物多样性。

（四）提升海洋防灾减灾应急响应能力

建立大亚湾“精细化”海洋灾害预报减灾中心，建立集“海洋精细化观测、预警预报、信息发布、灾害监控、风险评估、减灾避灾、防灾减灾宣传”为一体的防灾减灾辅助决策平台和应急反应机制，建立防灾减灾综合监测系统和重大灾害预警预报应急系统工程，提升整体防灾减灾能力。

1. 健全防灾减灾体系

一是风险评估。开展海洋减灾风险评估与区划工作，针对赤潮（绿潮）高发、石油炼化、油气储运、核电站等重点区域，建立海洋灾害风险评估体系，把灾害风险的防控前移到灾前的风险分析、风险评估和风险应对计划中。加强赤潮日常观测力度，分析研究海域富氧化现状及变化规律，预测重点赤潮发生区，追踪赤潮预测、预警新技术方法，落实赤潮灾害应急响应机制，开发赤潮治理的物理、化学和生物技术，用以提高赤潮的预测、预警、预防、治理能力。通过核定风暴潮警戒标准，建立业务化风暴潮的数值预报、预警系统，建立风暴潮信息数据库和风暴潮实时监测系统。建设大亚湾水域溢油监测系统，增加溢油雷达，实现对溢油风险较大、溢油事故频发水域进行全方位覆盖的、实时的、不间断的监视。

二是预警预报。实施海洋生态环境风险预警工程，根据各监测网监测情况，进行海洋灾害中、短期趋势预测等警情分析，并根据警情等级，及时预报灾害信息。建立陆海一体的地质灾害预报预警系统，提高海洋防灾减灾能力。建设集风险源信息查询、等级划分、空间分析和事故模拟服务于一体的危险化学品辅助决策信息系统，掌握重大危险化学品风险源的分布、安全特性和安全现状等，建立全市沿岸及岛屿岸线重点危险化学品风险源名录，绘制沿岸主要危险化学品风险源分布图。

三是应急响应。坚持“预防为主、综合减灾”的原则，强化防海潮、防洪排涝、抗震、防风、控溢油等防灾体系建设，增强防灾减灾和应对突发事件的能力。结合《广东惠州环大亚湾新区发展总体规划（2013—2030 年）》，建立综合协同的防灾应急系统。建立海洋减灾中心和移动应急指挥平台，指导各类主体采取有效减灾避灾手段，对海洋灾害进行有针对性的处理，最大程度减少和消除海洋灾害造成的损害。

四是信息发布。依托互联网等新兴传媒技术手段，统一发布海洋生态环境监测预警信息。建立惠州市海洋生态环境监测预警信息发布机制，规范发布内容、流程、权限、渠道等，通过政府公众信息服务网、移动App等服务平台，及时准确发布海洋灾害信息，保障公众知情权。

五是开展灾后损失评估。强化海洋灾害影响评估，建立海洋灾害损失定量评估模型，在对海洋灾害损失进行评估的基础上，以核灾为切入点，实现海洋灾害损失评估工作由简单的数据汇总向定性定量分析转变，为保险部门及企业充分掌握海洋灾害风险、设计保险产品、建立海洋灾害保险体系提供技术支撑，推动海洋灾害损失风险转移机制的建立。

六是防灾减灾宣传。借助互联网、电视、广播、报纸等宣传平台，对公众开展海洋防灾减灾以及灾害应急教育，包括海洋灾害原因、种类、特点和应对等，增强全民的防灾减灾意识；编制海洋灾害预警与自救宣传材料，对社会发放；借助“全国防灾减灾日”等机会，开展海洋灾害防灾减灾知识宣传。

2. 完善灾害风险管理制度

一是灾害风险评价制度。以大亚湾为重点，配备必要的应急设施，提高企业处置海洋污染事故的能力。建立区域内学校、医院、机关团体单位、化工企业等脆弱性承载体目录，绘制风暴潮淹没图、应急疏散图等，并以此指导城市建设规划和区域产业布局，减少海洋灾害造成的损失。在海洋灾害重点防御区内设立产业园区、进行重大项目建设时，要进行海洋灾害风险评估，预测和评估海啸、风暴潮等海洋灾害的影响。

二是应急预案管理制度。完善海洋应急预案管理，明确灾害应急管理的工作原则、启动条件、组织指挥、预警预报与信息管理等重大事项，明确不同的灾害救援响应等级。不断开展各级海洋减灾应急预案的制（修）订工作，增强灾害风险管理的预见性和有序性。

三是灾情调查统计制度。完善对灾害的等级或规模、次数或频率、表现形态、程度、受灾范围或面积等方面进行统计的灾情统计指标体系。依次开展灾因统计和灾情统计工作、灾损统计工作、减灾统计和补偿统计工作，以提升海洋灾情调查评估分析工作的科学性和合理性。

3. 常态化运行灾害防治机制

一是灾害管理信息数据共享机制。畅通海洋减灾基础数据和数据产品的来源渠道，推动海洋局各相关单位、海洋系统内部及海洋系统与其他涉海单位间的数据共享，实现相关部门涉灾业务的信息联动与信息资源共用。

二是灾害应急响应工作机制。加强对应急预案的管理和指导，合理划分各相关机构的职责，科学设定一整套应急响应程序，健全条块结合、属地管理、部门联动的灾害应急响应工作机制。建设区域协调应急机制，强化与中国香港、深圳、东莞、汕尾等周边城市的海洋灾害区域协调应急协作与互动，实现与珠三角核心区和粤东地区海洋灾害区域协调应急的联动发展。

三是灾害损失救助风险分摊机制。构建灾害风险分摊共担制度，实现灾害保险和风险转移的制度化、组织化和可持续运行；构建政府部门之间灾害损失风险共担以及政府、社会和受灾群众为核心的风险分摊机制。

4. 提升公众灾害应急响应能力

建立“防灾型社区”，长期以社区为基础进行减灾的工作单位，组织受到良好培训的志愿者，定期对公众开展海洋灾害避险、自救、互救等应对海洋灾害的宣传教育，提升公众应对海洋灾害的处理能力。内容包括灾害准备、灭火、急救医疗基础知识、轻型搜索救援行动理论知识以及救灾模拟演习等实践活动。重点在一些中学成立中学生应急反应小组，帮助学校中教职员工完成火灾和地震的模拟训练。

（五）建立绿色海洋生态经济

1. 推动海洋产业转型升级

一是大力培育壮大海洋战略性新兴产业。积极扶持培育海洋药物和生物制品以及海洋可再生能源产业，有效提升产业竞争力。大力发展海洋生物资源利用、海水淡化与综合利用，在沿海地区电力、化工、石化等行业，推行直接利用海水作为循环冷却等工业用水。重点发展海洋物流、海洋能开发、海洋旅游（包括邮轮旅游、游艇旅游、水上运动、低空旅游等）等海洋新兴产业，发展循环经济、低碳经济、绿色经济。

二是加快推进海洋循环经济产业园区建设。坚持“减量化、再利用、资源化”的原则，推动不同行业企业通过产业链延伸，形成废弃物和副产品循环利用的工业梯级利用生态链网，实现资源利用率最大化和废物排放量最小化。推动产业园区循环化改造，实现产业废物交换利用、能量梯级利用、废水循环利用和污染物集中处理。建立临海循环经济产业园区，围绕海洋，重点打造食品及生物技术生态产业链，加大终端开发产业培植，对贝壳、低值鱼虾及食品加工废料进行生物提取及生物肥料、饲料等终端制造，同时聚焦海洋动力装备、绿色化工、生物医药、临港物流、滨海旅游等产业，有针对性地造链、补链、强链，优化结构、提高质量，构建绿色低碳循环发展的海洋产业体系。

2. 加大绿色金融投入支持力度

一是完善生态经济政策。健全价格、财税、金融等政策，激励、引导各类主体积极投身海洋生态文明建设。深化自然资源及其产品价格改革，体现生态环境损害成本和修复效益。对资源节约和循环利用、新能源和可再生能源开发利用、环境基础设施建设、海洋生态修复与建设、先进适用技术研发示范等给予支持。将高耗能、高污染产品纳入消费税征收范围。加快资源税从价计征改革，清理取消相关收费基金，逐步将资源税征收范围扩展到占用各种自然生态空间的项目。深化环境污染责任保险试点，研究建立巨灾保险制度。实施企业环境信用评价制度，在环境高风险领域建立环境污染强制责任保险制度。完善对节能低碳、生态环保项目的各类担保机制，加大风险补偿力度。建立企业和金融机构环境信息公开披露制度，建立绿色信贷和绿色债券评级体系，建立公益性的环境成本核算体系和数据库。

二是大力发展绿色信贷。鼓励金融机构加大绿色信贷发放力度，探索建立财政贴息、助保金等绿色信贷扶持机制，明确贷款人的尽职免责要求和环境保护法律责任。创新海洋环境治理 PPP 模式，完善绿色投资政策激励机制，通过财政、税收、贷款优惠等鼓励政策，促进海洋环境治理领域政府和社会资本合作，并逐步向市场开放。

三是建立海洋生态环境基金。积极推进海洋生态环境基金建设，用于修复、治理、更新受损害的海洋环境资源，支持海洋环保项目技术的开发与引进，以及海洋环境保护基础设施的开发和建设。建立环境产业股权引导基金，吸引社会资本进入海洋中小企业、海洋新兴产业，以及海洋环保科技、海洋节能减排等关键领域和薄弱环节。

四是推进海洋生态产品市场化交易。建立健全海洋生态产品市场交易制度。建立用水权、排污权、碳排放权初始分配制度，完善有偿使用、预算管理、投融资机制，培育和发展交易平台。探索地区间、流域间、流域上下游的水权交易方式。推进重点流域、重点区域排污权交易，扩大排污权有偿使用和交易试点范围。逐步建立碳排放权交易制度。

（六）提升海洋生态文化水平

1. 构建海洋生态文明宣传教育体系

引导公众树立海洋生态文明观，推动全市形成人人关心海洋、爱护海洋的社会风尚。利用世界海洋日等节庆日和论坛、科普周、夏令营等主题活动，以及微信、微博等新媒体媒介，大力宣传推广海洋生态文明新理念、新经验、新成就，推动海洋生态文明意识的大众传播。健全海洋意识教育队伍，构建多形式、多层次、全覆盖的海洋教育格局，推动海洋生态环境保护知识“进学校、进课堂、进教材”。加快推进大亚湾森林公园、惠州市海洋生态园建设，同时布局海洋博物馆、海洋展览馆、海洋科技馆、海洋档案馆、全国海洋意识教育基地等各级各类海洋公共文化服务设施建设，充分利用保护区、博物馆、图书馆等平台开展海洋生态文明公众教育。

2. 保护传承创新海洋生态文化

定期开展海洋文化遗产保护传承活动，每年举办多种海洋节庆及海洋传统习俗庆典活动，唤起人们对海洋文化的共鸣。着重保护平海古城、范和古村落、大星山炮台遗址等，传承和发扬沿海生活习俗、节日庆典、体育活动等特色民俗文化，进一步整合惠东渔歌、妈祖文化等非物质文化遗产资源。创新大亚湾婚嫁、惠东渔歌等民俗活动；创新惠东渔歌，采用多种途径传播渔歌生态文化，增加渔歌的环保文化元素，整合专业人员和业余爱好者的力量，对部分渔歌进行实验性的整理加工，创造一批具有海洋环境保护教育意义的新时代渔歌。